阵列雷达最优子阵技术

Optimal Subarray Techniques for Array Radars

徐振海　熊子源　董　玮　肖顺平　著

科学出版社

北京

内 容 简 介

对于大型阵列雷达而言,子阵技术大大降低了系统实现难度和工程代价。目前已广泛应用在地基 GBR、地基 THAAD、海基 SBX、舰载 Aegis 等先进的雷达装备中,国内在研的新一代大型阵列雷达均遇到子阵技术这一瓶颈难题。本书详细阐述了子阵技术的研究现状和装备应用,系统总结了作者多年来在最优子阵设计及子阵级处理方面的研究成果。

全书共分 7 章。首先从子阵技术的内涵及应用出发,给出了子阵划分的数学建模方法,揭示了子阵结构对阵列方向图性能的影响机理。然后在波束形成层面研究了非规则子阵技术和重叠子阵技术,通过不同方式最终实现抑制栅瓣、降低副瓣的目的。最后在阵列处理层面研究了单脉冲处理、旁瓣对消和空时处理中的最优子阵划分问题,针对不同应用建立了子阵划分代价函数,并实现了最优子阵划分和子阵级处理。

本书内容新颖,体系性强,理论联系实践。可供从事电子工程技术领域的科研人员阅读,也可作为高等院校电子工程专业的学习参考书。

图书在版编目(CIP)数据

阵列雷达最优子阵技术/徐振海等著. —北京: 科学出版社, 2021.6
ISBN 978-7-03-068068-6

I. ①阵⋯ II. ①徐⋯ III. ①阵列雷达-雷达技术 IV. ①TN959

中国版本图书馆 CIP 数据核字 (2021) 第 027508 号

责任编辑: 阚 瑞 / 责任校对: 胡小洁
责任印制: 吴兆东 / 封面设计: 迷底书装

科学出版社 出版
北京东黄城根北街 16 号
邮政编码: 100717
http://www.sciencep.com

北京中石油彩色印刷有限责任公司 印刷
科学出版社发行 各地新华书店经销

*

2021 年 6 月第 一 版   开本: 720×1000 1/16
2021 年 6 月第一次印刷   印张: 14 3/4 插页: 5
字数: 310 000
定价: 149.00 元
(如有印装质量问题, 我社负责调换)

作 者 简 介

徐振海　男，汉族，1977年9月生，博士，研究员，博士生导师。2004年6月博士毕业于国防科技大学并留校工作。2006~2008年在中国电子科技集团第十四研究所做博士后，2017年在荷兰代尔夫特理工大学做访问学者。出版学术专著《极化敏感阵列信号处理》、《阵列雷达低角跟踪技术》，在IEEE Trans、IET RSN、IEEE Letter等国际/国内期刊/会议发表论文50余篇，主持和参与多项国家级科研项目，获军队和部委级科技进步奖一等奖1项、二等奖3项，国防/国家专利授权/受理10余项，荣立三等功1次。目前从事阵列雷达设计与处理方面的研究，包括非规则子阵、重叠子阵等阵列设计技术和低角跟踪、抗（主瓣）干扰、超分辨等阵列处理技术。

熊子源　男，汉族，1986年10月生，博士，助理研究员。2015年6月毕业于国防科技大学电子科学学院。在IEEE Trans、IEEE Letter、电子学报等期刊发表论文10余篇，参与国家自然科学基金、863、武器装备预研等项目，目前从事阵列雷达与电子对抗研究。

董玮　男，汉族，1992年10月生，博士，讲师。2020年12月毕业于国防科技大学电子科学学院。在IEEE Journal、IEEE Trans、IEEE Letter及IEEE-APS、PAST等国内外期刊会议发表论文10余篇，担任IEEE Transactions on Antennas & Propagation、IEEE Antennas & Wireless Propagation Letters等期刊审稿人。国防/国家专利授权/受理4项。参与国家自然科学基金项目、武器装备预研等项目3项，研究方向为相控阵非规则子阵设计与处理技术。

肖顺平　男，汉族，1964年4月生，博士，教授，博士生导师。电子信息系统复杂电磁环境效应国家重点实验室副主任。国防科技大学国家重点学科信息与通信工程学术带头人之一，军口863专家，装备发展部军用仿真技术专业组专家，享受政府特殊津贴。目前从事信号处理与目标识别、综合电子战等方面的教学与科研工作。

序　言

该书作者从事相控阵雷达信号处理与数据处理已有多年，并与有关研究单位合作，取得了可贵的实际应用成果与工作经验。近十年来，作者特别关注相控阵雷达子阵技术及最优子阵实现等问题，研读了大量公开发表的关于大型相控阵雷达资料，对相控阵雷达子阵划分问题进行了深入分析、研究，并结合新一代相控阵雷达，特别是新一代大型相控阵雷达发展需求，对相控阵雷达子阵技术做了多视角创新探讨，对相控阵雷达技术的深入发展与推广应用有重要作用。

相控阵雷达天线系统是复杂的多通道系统，包括高功率发射天线阵面与低噪声接收天线阵面，馈线网络与监测网络三大主要分系统。天线阵面由众多按一定规律分布在不同空间位置上的天线单元构成，除具有发射与接收功能的有源天线单元外，还可能包括一些不具备发射功能的无源天线单元与部分非雷达应用的天线单元。得益于固态半导体微波功率器件技术的进步，收发共用的有源相控阵天线中每一个天线单元通道中都设置发射接收组件（TRM）。这类有源相控阵天线（APAA）又称为有源电子扫描阵列天线（AESA）。在相控阵雷达天线系统中，馈线网络通常是在雷达工作频段内工作的多输入、多输出射频网络系统，用于对各天线单元进行"馈电"与"馈相"。如果说发射馈线网络是信号功率分配网络，则接收馈线网络便是信号相加网络，它的输入端口与天线阵面上接收天线单元输出端或发射接收组件（TRM）的接收输出端口相连接，信号流向与发射网络中的相逆，其输出端口的数量与需要形成的接收波束数目一致。相控阵天线系统中的发射与接收馈线网络按传输信号的功率量级、传输损耗、结构设计与加工工艺等多种因素来选择。可以是完全由波导、同轴线、电缆、微带线等构成的组合馈电网络，也可以是全部或部分以"空间馈电"方式实现的网络。当雷达工作载频很高，需要形成的发射、接收波束数目不是很多时，"空间馈电"有较大的优势，可同时形成多个波束，包括单脉冲测角需要的和、差波束。该技术被应用于具有方位和俯仰两维扫描能力的战术三坐标雷达与弹道导弹防御及空间目标监视雷达上，同时也有以多个封闭"空间馈电"子阵构成大孔径相控阵雷达的例子。相控阵雷达天线系统中的监测网络是保证天线、馈线系统有效工作的重要分系统，监测对象包括天线单元与各馈线通道中大量有源、无源部件的传输特性与工作状态，主要任务是保证雷达信号在复杂的多通道相控阵天线系统中传输特性的一致性。国外某大孔径有源相控阵雷达中,将每一个发射接收组件(TRM)中的发射功率放大器与接收低噪声放大器均列在被监测和可自动调整状态,并由组件中的微处理器加以调控。

相控阵雷达子阵技术是相控阵雷达天线系统总体设计或架构设计中的一个重要题目。在早期,其主要研究内容是简化相控阵天线设计,降低研制成本,包括子阵划分、子阵尺寸选择、子阵相位中心与子阵方向图计算、综合因子方向图与最终形成的天线方向图的计算、子阵尺寸对天线波束副瓣电平的提升、对天线波束形状的不对称性,以及对天线同时多波束数目的限制等。本书中详细讨论的重叠子阵技术等效扩展了子阵尺寸,压缩了子阵方向图零点宽度,使由天线单元方向图、子天线阵方向图与综合因子方向图三者乘积获得的方向图性能得到改善,降低了天线方向图栅瓣引起的副瓣电平。

相控阵雷达子阵技术研究受到普遍关注,20 世纪 50 年代末、60 年代初,特别是苏联 1957 年成功发射第一颗人造地球卫星之后,用于观测卫星与远程弹道导弹等目标的大型相控阵雷达与精密跟踪雷达成为各主要大国的研制重点。对相控阵雷达战术性能的要求很高,如应能同时检测、跟踪多批高速飞行的空间目标,快速计算出目标飞行轨道参数,提取目标特征,进行目标分类、识别,预测目标飞行轨迹,区分卫星与导弹,实时计算导弹目标的弹着点与发射点位置,对卫星目标提供多圈与多日预报等。在雷达技术性能指标方面,与观测飞机目标为主的战术三坐标相控阵雷达相比,雷达作用距离要提高一个数量级以上,在无须转动天线阵面条件下能对远距离多批高速飞行的空间目标进行快速搜索、捕获与跟踪。相控阵雷达应具有多种信号形式、工作模式,可以方便地改变雷达搜索与跟踪的数据,实现雷达资源的合理调度,可根据空情态势变化适时调整各项使用指标。为满足这些要求,相控阵雷达必须具有足够高的能量资源,即雷达应具有很高的功率孔径积与有效功率孔径积。为此,需要增加发射机平均功率、接收天线面积与发射天线增益。为满足以上指标要求,必须采用大孔径乃至特大孔径的相控阵雷达天线。利用相控阵雷达天线的空间多通道特性,天线阵规模才可灵活扩大或缩小,满足不同的任务需求。在计算机控制下,快速改变信号在各个发射或接收天线单元通道之间传输的相位差或时间差,使天线波束在雷达探测空域内快速扫描,消除机械转动天线及其传动装置对大孔径相控阵雷达天线的限制。"空间功率合成"是相控阵雷达天线多通道特性的重要应用,为获得很高的功率孔径积与有效功率孔径积这两个重要指标提供了条件,也是按探测需要调节雷达发射机输出功率,实现相控阵雷达能量资源管理的前提。相控阵雷达天线可形成多个发射波束与多个接收波束,灵活改变天线波束形状(包括天线波束的半功率点宽度、副瓣电平、不对称波束形状等)及改变天线波束增益,使相控阵雷达具有更灵活的空域滤波与自适应空时自适应处理（STAP）能力。此外，相控阵天线的多通道特性是在各种复杂平台表面上安装共形相控阵雷达天线的基本条件。

相控阵天线多通道特性具有的这些特有功能，正是推高相控阵雷达成本的主因。因此，降低相控阵雷达天线的成本一直是研发过程的重点。相控阵雷达子阵技术对简化相控阵雷达天线设计、降低成本具有重要意义。在相控阵雷达研制的早期阶段，降低相控阵天线成本的努力之一是减少数字式移相器的位数与简化天线波束控制器及大量波束控制电路的设计。采用"虚位技术"、"随机馈相"技术，等效于将若干天线单元归入不同尺寸的多个"子阵"。前者不仅减少了波束控制器的设备量，也大大降低了移相器的制造难度与传输损耗；后者在数字式移相器位数不高的条件下能获得很小的天线波束"跃度"，即天线波束空间指向的最小间距，用于满足相控阵雷达单脉冲跟踪测角的需求。国外不乏利用子阵技术降低相控阵雷达天线成本的例子，例如，国外某大型相控阵雷达发射天线阵为包含 $M \times M$ 个天线单元的矩形阵，曾经采用"中频移相"代替"射频移相"的方案，其实质是将该面阵等效为 $M + 1$ 个线阵，缓解了研制射频移相器的困难并相应简化了波控运算。大孔径密度加权相控阵天线技术即相控阵天线稀疏分布技术对大型相控阵雷达的发展起了很大作用，用有限数目的天线单元构建一个较大孔径的相控阵天线，虽然不能提高天线增益，但能获得更高的角分辨率；在天线阵内只要有一部分部件加工完成后，即可进行安装、调试，需要时可通过增加天线阵内的有源单元数目以实现或提高原定的性能指标。在密度加权相控阵雷达天线阵中，将数目相等或大致相等的相邻有源单元组成若干个子天线阵，再在子天线阵层面，而不是在天线单元层面进行各种波束形成处理，使空域处理的降维效果更加明显，这是降低相控阵雷达天线系统研制成本的一项重要措施。在密度加权接收天线阵中，为了提高单脉冲测角的性能，希望先将阵面四个象限对称位置上的四个子阵的输出先送去形成子阵层面的"和"、"方位差"与"仰角差"波束，然后再分别合成得到相控阵雷达单脉冲精密跟踪需要的测角波束。

相控阵雷达天线系统的发展与快速推广应用从一个侧面反映了当代电子信息科技的快速进步及其推动作用，对相控阵雷达天线系统架构的理论分析与工程设计影响最大的是计算机科学技术、数字与微波集成电路、高功率宽禁带半导体器件、光纤与光电子集成、高可靠发射接收组件、子阵模块的结构设计与高成品率批量生产工艺等。基于这些技术支撑，数字多波束形成 (DBF)、更高功率与效率的发射接收组件（TRM）、直接数字频综器（DDS）与数字发射接收组件（Dig.TRM）、以光纤与光电子集成电路实现的实时时间延迟线（TTD）等逐渐推广应用，给相控阵雷达天线系统的总体设计或架构设计带来巨大变化，增加了方案选择的自由度与应用潜力，使相控阵天线的子阵划分具有更大的灵活性，有利于实现本书中论述的可重构子阵与最优子阵技术，有利于拓展相控阵雷达天线的工作带宽，实现与各类平台共形的相控阵雷达天线，提高各类相控阵电子信息系统性能，降低成本，推广应用。

从该书各章所列参考文献中可以看出，该书可能是国内外有关相控阵雷达子阵技术的首部专著。可以预期，该书将会受到雷达界的高度关注，促进相控阵雷达技术的发展与推广应用。相控阵天线不仅在雷达探测，而且在通信、导航、电子对抗与信息对抗等多个方面均获得了广泛应用，并分别形成了相控阵通信系统、相控阵导航系统、相控阵电子对抗/信息对抗系统等新的技术领域。可以预期，随着这些新技术领域的发展，也会逐渐采用更大孔径的相控阵天线，例如，可形成大量高增益点状波束的星载相控阵卫星通信天线。随着相控阵雷达天线工作频率范围的不断拓宽，包含雷达探测、通信、导航、电子/信息对抗等功能将可共用同一相控阵天线。随着相控阵天线系统的推广与相关支撑技术的发展，可以预见，该书研讨的相控阵雷达天线最优子阵技术将会引来更多探讨、应用与提高。

中国工程院院士　张光义

2020 年 8 月于南京

前　　言

对于大型阵列雷达而言，子阵技术是一种折中、有效的工程实现方案，伴随着相控阵技术的出现而出现。子阵技术被国际雷达界视为核心关键技术并备受关注，已应用在地基 GBR 雷达、地基 THAAD 雷达、海基 SBX 雷达、舰载 Aegis 雷达等国外先进雷达装备。国内在研的新一代地基反导雷达、舰载预警雷达、机载预警雷达、星载成像雷达等许多装备均遇到最优子阵技术这一瓶颈难题。

针对阵列雷达装备发展对子阵技术的迫切需求，作者从 2009 年开始，历经十余年时间，研读了大量文献，并开展了理论推导与算法仿真。在波束形成层面研究了非规则子阵和重叠子阵设计技术，在阵列处理层面研究了单脉冲、旁瓣对消、空时处理中的子阵处理技术，取得了一批富有工程应用价值的研究成果，构建了阵列雷达最优子阵技术理论框架。

本书全面、系统地研究了大型阵列雷达最优子阵划分及子阵级处理技术。全书共 7 章。第 1 章绪论，系统介绍阵列雷达子阵技术的概念和技术优势，总结了子阵技术在雷达装备中的应用和学术研究现状。第 2 章研究了子阵技术基础，从子阵技术的内涵和应用出发，给出了子阵的数学建模方法，揭示了子阵结构对天线方向图性能的影响机理。第 3 章研究了非规则子阵技术，提出了基于 X 算法的阵面精确划分和准精确划分方法，解决了大型矩形栅格阵列的精确划分问题。针对三角栅格阵列首次提出了多联六边形的非规则子阵结构，实现了圆形阵面准精确划分。研究了最优低副瓣加权方法及主瓣赋形方法。针对不同方案间的电扫性能差异，提出了最优遴选准则。针对大型阵面子阵划分提出了分层子阵设计方法。最后联合中国电科第十四研究所研制加工了非规则子阵并进行了暗室测试，初步验证了非规则子阵的性能优势。第 4 章研究了重叠子阵技术，提出了基于交替优化思想的重叠子阵天线的权值优化方法，与传统的两级低副瓣加权方法相比，旁瓣电平下降可达 20dB，锥削效率、主瓣增益平坦度均有改善。第 5 章研究了单脉冲处理中的子阵技术，提出了聚类子阵划分和分级聚类子阵划分方法，差方向图最大副瓣电平比 Nickel 方法下降 10dB，比 CPM 方法下降 5dB。第 6 章研究了阵列自适应处理中的子阵技术，提出了基于蚁群优化的阵面划分方法，有效地解决机载阵列雷达最优子阵划分问题，显著提升杂波抑制性能。第 7 章结束语，详细总结了本书的工作及创新之处，并指出了值得进一步研究的方向。本书具有以下三个鲜明特色。

(1) 选题新颖。关于阵列雷达子阵技术研究，相关成果都散见于各类文献，据作者所知，本书是国内外集中论述阵列雷达子阵技术的首部学术著作。

(2) 体系性强。全书自成体系，每种子阵技术独立成章，便于读者查阅使用。

(3) 理论联系实践。该研究选题来源于雷达工程实践，研究成果还要经过雷达工程实践检验，最终将指导雷达工程实践。

本书由徐振海研究员、熊子源博士、董玮博士执笔，肖顺平教授审校全稿。感谢出版过程中刘兴华、王罗胜斌等博士生及杨功清、曾晖等硕士生的帮助，更感谢你们伴随我在"大阵列、大空间、大未来"的学术道路上铿锵前行。感谢朱畅博士通读全书，并提出务实中肯的修订建议。

研究成果得益于与国内雷达工业部门的学术交流。子阵技术选题来源于我国雷达工程实践，作者博士后出站与专家话别时首次了解到雷达装备发展过程中面临的子阵技术瓶颈及迫切需求。研究过程中受邀到工业部门做学术报告，交流阶段性研究成果，杨文军、孙俊、刘爱芳等专家也为我们的学术研究把握了正确方向，并提出了宝贵的研究建议。

研究成果得益于与国际雷达学术界的学术交流。感谢意大利特伦托大学 ELE-DIA 研究中心 Andrea Massa 教授和 Paolo Rocca 副教授盛情学术邀请。感谢美国著名相控阵专家 Robert J. Mailloux、Eli Brookner、Jeffrey Herd 以及德国 FGAN 的子阵技术专家 Ulrich Nickel 等的 Email 交流。在荷兰代尔夫特理工大学做访问学者期间，Alexander Yarovoy 教授和 François LE Chevalier 教授对子阵技术的研究提出了宝贵建议。

特别感谢我国著名相控阵雷达专家张光义院士。张院士分享了子阵技术在我国首部战略相控阵雷达中的应用情况，指出了子阵技术重大的工程应用价值，并鼓励和支持我们进行持续深入的研究。张院士全面、细致地审阅了书稿，提出了许多中肯的建议，并亲自为本书作序。也特别感谢王国玉老师长期以来对我的鼓励、鞭策、支持和帮助。

本书将丰富阵列雷达设计与处理理论，为大型阵列雷达装备工程研制提供理论指导。目前已与中国电科第十四研究所合作研制了基于八联骨牌子阵的矩形阵列天线，在国内尚属首次，现在正进行新一轮的加工、测试、试验，原理验证成功后将力争应用到雷达型号装备中去。为我国雷达装备的发展尽绵薄之力是作者莫大的荣耀和毕生的追求。

研究过程中得到了国家自然科学基金和天线与微波国防科技重点实验室基金的资助，在此一并感谢。

由于时间仓促，水平有限，再加之该领域仍处于持续发展之中，书中疏漏在所难免，恳请读者批评指正。

2020 年 4 月于长沙

目　　录

第 1 章 绪 论

近年来，现代雷达面临的目标威胁和电磁环境日趋复杂，除了有源/无源干扰、反辐射武器、低空/超低空突防及隐身目标等传统"四大威胁"之外，不可分辨目标、诱饵假目标、高超声速目标、大机动目标等都对雷达装备提出了更高的要求[1-3]。阵列雷达将阵列天线技术和阵列信号处理技术有机结合起来，探测性能具有巨大的提升空间。阵列雷达正大量取代反射面机械扫描雷达，已成为现代雷达发展的主流[4,5]，具有波束捷变、波束赋形、同时多波束、抗干扰、超分辨、空时处理等能力的阵列雷达广泛应用于陆基、舰载、机载、星载等几乎所有领域[6-8]，在战略预警、反导防御、空间监视等军事任务中发挥了举足轻重的作用。

1.1 阵列雷达结构演化

20 世纪 40 年代，相控阵天线技术从构想变成现实，通过机械控制每个单元的移相器来实现天线波束捷变，之后相控阵天线技术逐渐成熟并成功应用于雷达领域。发展至今，阵列雷达经历了无源相控阵雷达、有源相控阵雷达和数字阵列雷达三个大的发展阶段。无源相控阵雷达和有源相控阵雷达均采用模拟网络进行波束形成，因此也统称为模拟阵列雷达。数字阵列雷达在单元级或子阵级将射频信号转换为数字信号，并利用数字信号处理技术实现波束形成、单脉冲、超分辨、抗干扰、空时处理等功能。数字化包含：数字采样与数字处理，根据数字化的程度不同，单元级数字阵也可称为全数字阵，子阵级数字阵也可称为部分数字阵。总之，数字化是阵列雷达的发展趋势之一，数字化越来越接近阵列天线前端，未来的阵列雷达将由高度集成的天线阵面和高性能数字信号处理器构成[9-11]。

1.1.1 无源相控阵雷达

早期的无源相控阵雷达采用集中式高功率发射机馈电，能量通过有损波束形成网络分配到各个单元，通过控制各个单元上的移相器实现天线波束无惯性扫描，其结构如图 1.1 所示。无源相控阵雷达与反射面雷达的唯一区别就是天线形式，除了用相控阵天线代替反射面天线外，发射机、接收机和处理器都不变，仍然是集中式。典型的高功率集中式发射机采用速调管放大器或者行波管放大器，两者都能在微波频段输出兆瓦级峰值功率。波束形成网络和移相器会带来能量损失，将导致雷达探测威力的下降，并且需要配置冷却系统吸收电磁能量损耗产生的热量。典型的电控移相器是铁氧体和 PIN 二极管，铁氧体移相器因其具有非常高的微波功率承受能力和相对较低的插入损耗而被广泛应用。

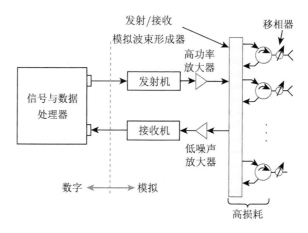

图 1.1   无源相控阵雷达结构示意图

相对反射面雷达，无源相控阵雷达具有波束捷变和数据率高的优势。其缺点主要有：① 由于采用高功率集中式发射，雷达的可靠性较低；② 波束形成网络和移相器中的射频损耗极大地限制了雷达探测性能；③ 波束形成网络规模大且质量重，很难集成应用到机载或空基平台。

1.1.2   有源相控阵雷达

有源相控阵雷达采用分布式收、发系统，每个天线单元（或几个单元）后面接一个有源 T/R 组件，天线系统与发射机、接收机在结构上交织在一起，其结构如图 1.2所示[12,13]。有源 T/R 组件由高功率发射放大器、低噪声接收放大器、移相器和可变衰减器集成在一起，其结构如图 1.3所示。有源相控阵技术得益于基于砷化钾（GaAs）的单片微波集成电路（MMIC）的技术进步。

有源阵列结构大大降低了收、发射频损耗，射频损耗的降低将雷达噪声系数减少了两倍甚至两倍以上，进而提高了雷达灵敏度，增加了雷达威力范围。另外，有源相控阵雷达不需要高功率器件，因此系统可靠性大大提高。如果失效单元在阵面上随机分布，当单元失效率小于 10% 时，雷达性能稍有下降，当单元失效率小于 30% 时，雷达仍然可以正常工作。

有源相控阵雷达虽然克服了无源相控阵雷达高损耗、低可靠性等缺点，但是同样作为模拟阵列，仍然存在以下不足：① 移相器位数通常只有 5～6 位，移相精度不够高，阵列天线波束大角度扫描时将出现较高的量化瓣；② 实际应用中根据单脉冲测角的需要，形成和波束、方位差波束及俯仰差波束，阵列信号的维度大大降低，不具备阵列信号处理的可能性；③ 每一个波束都要设计一套独特的波束形成网络，而高性能波束形成网络造价昂贵；④ 阵列天线波束性能（旁瓣电平和波束形状）通常被硬件结构所固定。上述不足极大地限制了相控阵雷达多功能、多模式工作灵活性的进一步提升。

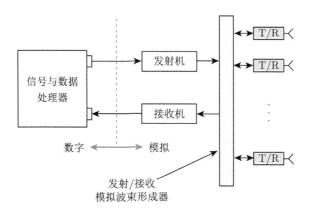

图 1.2　有源相控阵雷达结构示意图

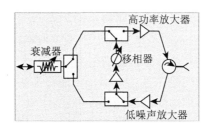

图 1.3　有源 T/R 组件结构示意图

1.1.3　单元级数字阵列雷达

随着数字接收机、数字信号处理器等器件的尺寸、功耗及成本的进一步降低，单元级数字化在雷达工程实践中逐渐成为可能，单元级数字阵列雷达结构如图 1.4所示。每一个单元都有独立的数字 T/R 组件，在单元级实现波束形成及其他阵列处理，因此也称为全数字阵列（fully digital array）。数字 T/R 组件基于直接数字综合器（DDS）实现相位和幅度加权，而不再使用移相器和衰减器，其结构如图 1.5所示。发射时经幅度、相位加权的发射信号用数字化的方法合成，再上变频到射频发射出去，接收时对回波进行数字化采样后送到数字处理器[14-17]。

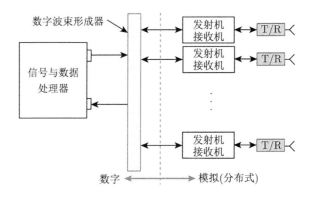

图 1.4   单元级数字阵列雷达结构示意图

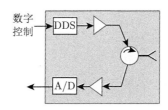

图 1.5   简化的数字 T/R 组件结构示意图

单元级数字阵列雷达有两个重要特征：① 阵列信号自由度极大保存，阵列信号自由度等于单元数减一，而模拟阵列通过波束形成后，仅形成和波束、方位差波束以及俯仰差波束等少数几个波束，阵列信号自由度大大降低；② 阵列信号可以被无限次操作，因为处理的是信号的数字表示而不是实际接收到的信号幅度。上述特点为复杂而灵活的阵列信号处理提供了可能。

单元级数字阵列雷达可以实现数字波束形成，阵列信号通过幅度、相位加权求和实现波束扫描、超低副瓣及波束赋形等。对于宽带阵列雷达，可以采用 FIR 滤波器实现任意时间的延迟，提高雷达的瞬时带宽。相比模拟阵列雷达，数字波束形成简单灵活，并且幅度和相位加权及时间延迟能够达到更高的精度，比如数字移相可达 14 位。

单元级数字阵列雷达可以实现接收同时多波束，同时提供多个独立、任意指向的接收波束，对提高雷达搜索、跟踪数据率，改善波束形状信噪比损失及提高测角精度均有重要意义。接收同时多波束的个数受限于硬件系统数据存储、传输及处理能力。单元级数字阵列雷达可以实现数字信号处理，包括空域抗干扰、超分辨角度估计及空时自适应处理等。

与模拟阵列雷达相比，单元级数字阵列雷达的接收校准更为简单，窄带情况下当获得已知平面波入射到阵列的单元级数据后，可以直接实现幅度和相位校准。

此外，单元级数字阵列不需要复杂的波束形成网络，阵列孔径易于扩展和重构，可以实现综合射频孔径及雷达、通信、电抗一体化。

综上所述，单元级数字阵列雷达极大地保留了阵列自由度，同时也带来了极大的数据存储量和阵列信号处理计算量，尤其是对于大规模阵列或者宽带阵列情况[18]。因此，从现阶段来看单元级数字阵列结构仅适合带宽较窄、中小规模阵列的情况，用于数字阵列雷达原理演示验证系统。

1.1.4　子阵级数字阵列雷达

对于大型阵列雷达，为了降低单元级数字化带来的巨大的数据量、存储量和计算量，可以将阵列天线划分为若干子阵，数字化仅在子阵级实现，因此称为子阵级数字阵列雷达，也称为部分数字阵（mostly digital array）雷达，其结构如图 1.6所示。

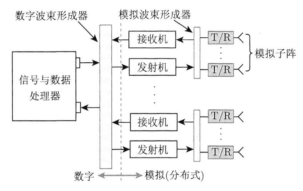

图 1.6　子阵级数字阵列雷达结构示意图

子阵级数字阵列雷达包含子阵内模拟波束形成网络和子阵间数字波束形成网络，模拟子阵的输出进行下变频和数字化，所有子阵的输出通过数字信号处理器进行波束形成及其他子阵级信号处理。由于子阵间距远大于半波长，因此在波束形成时很可能产生栅瓣问题，采用子阵优化设计技术可以克服或抑制栅瓣问题，一种思路是打破子阵相位中心的周期性，另一思路是形成"窄的平顶"子阵方向图抑制扫描范围以外的栅瓣，但是子阵技术也额外增加了子阵内模拟波束形成的硬件复杂性。

子阵级数字阵列雷达可以实现接收同时多波束，只是多波束被严格限制在子阵波束范围之内。接收同时多波束在子阵级采用数字波束形成实现，同时多波束的最大数量由子阵波束宽度和超阵阵因子波束宽度决定。子阵级阵列信号自由度为子阵数目减一，在实践中依然能够提供足够的自适应能力，可以在子阵级实现空域抗干扰、超分辨及空时自适应处理。

综合来看，与单元级数字阵列雷达相比，子阵级数字阵列雷达在保持充裕阵列处理灵活性的同时减少信号通道数，降低硬件设备量和阵列处理运算量。并且在有限视场工作模式下，阵列处理性能与单元级数字阵列雷达性能差别不大，这对于大型阵列雷达而言优势非常明显，子阵级数字阵列不失为一种折中、有效的工程设计方案。

需要特别指出的是，对于某些大型阵列雷达，可能在单元级进行数字化采样与光纤传输，但是在后续处理过程中仍然降维合称为若干子阵，这样的结构仍然称为子阵级数字阵列雷达。

1.2　大规模阵列雷达与子阵技术

1.2.1　子阵技术概念

子阵技术伴随着相控阵技术的诞生而产生，并广泛应用于阵列雷达装备中。在阵列雷达设计过程中，将整个天线阵面划分为若干小阵面，每个小阵面就称为一个子阵，如图 1.7 所示。子阵内部和子阵间分别进行阵列信号处理。每个子阵可以共用一个收发通道和控制器件，采用子阵技术使得阵列收发通道数和控制端数远小于阵列单元数，降低阵列雷达工程实现代价。需要说明的是，子阵技术概念包含广义和狭义两个层次，广义子阵技术采用阵面划分；狭义子阵技术采用阵面划分并且控制端数远小于阵列单元数[19]。

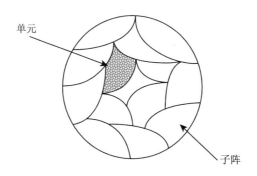

图 1.7　子阵划分示意图

阵列划分之后，阵列可以看作超级阵列（简称"超阵"），超阵单元是子阵，其位置为子阵的相位中心，在阵面上离散分布；超阵单元大小、形状各异，方向图也各不相同，但是各个单元方向图指向相同期望方向。理论上，子阵级数字阵列的方向图为单元方向图、子阵方向图及超阵阵因子的乘积，称为广义方向图乘积定理。所有子阵方向图在子阵内模拟形成，超阵阵因子在子阵级数字形成，并在子阵方向图波束范围内扫描，当超阵阵因子偏离子阵波束指向时，受到子阵方向图调制的影响,全阵方向图增益下降,因此子阵级数字阵列雷达通常只能工作在有限视场模式,这正是硬件设备量减少带来的副作用,但是在许多应用场合,并不要求波束全视场扫描,因此子阵技术有着强大的生命力。

对于均匀规则邻接子阵划分,子阵间距远大于半波长,子阵相位中心在阵面上均匀等间隔分布,超阵阵因子存在周期性栅瓣。如果子阵内部没有附加移相器,受到子阵方向图的调制,阵列扫描方向图增益下降并且将出现高旁瓣。采用子阵优化设计技术可以降低子阵间隔过大而导致的阵列方向图中的高旁瓣,主要技术思路可以分为两大类:① 打破子阵相位中心的周期性,包括非规则子阵(irregular subarray)、随机子阵(randomly subarray)、错位子阵(displaced subarray)、旋转子阵(rotation subarray)技术等。但是该类技术会导致阵列方向图具有较高的平均副瓣。② 形成"窄的平顶"子阵方向图来抑制扫描范围之外的阵因子栅瓣引起的高旁瓣,包括重叠子阵(overlapped subarray)和交叉子阵(interlaced subarray)技术等。

阵列雷达也可以采用多层子阵结构,这一点类似社会管理中的多层组织架构(图 1.8)。需要指出的是,子阵技术不局限于硬件实现,也可通过软件实现,图 1.9 给出了子阵技术在各信号处理阶段的实现框图。为区别起见,将处理模拟信号

图 1.8 多层组织架构示意图

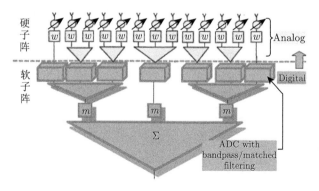

图 1.9 "硬"子阵与"软"子阵

的子阵称为"硬子阵",将数字实现的子阵称为"软子阵"。"硬子阵"是一种物理上的降维处理,"软子阵"是一种数学上的降维处理。子阵技术包含阵列结构设计层次和阵列信号处理层次。阵列结构直接决定了阵列处理性能,反过来,阵列处理性能又对阵列结构的优化设计提供指导。因此,子阵设计通常需要多次迭代优化。

1.2.2 子阵技术必要性

对大型阵列雷达而言,子阵技术是联接阵列天线与雷达信号处理的桥梁。相关的研究既涉及阵列天线设计的问题,也涉及子阵级阵列信号处理的问题。子阵划分的优劣将直接影响后续信号处理的性能,反过来,为了提高信号处理的性能,会对子阵的设计提出一定的指标要求。可以说,子阵技术是整个阵列雷达系统中的核心关键技术,它与阵列雷达的具体应用、信号处理方法紧密相关,直接影响了雷达系统的性能。

为进一步提升雷达装备的作用距离、测量精度及识别能力,需求方对阵列雷达的增益、旁瓣电平、波束宽度、工作带宽等技术指标的要求越来越高,推动着阵列雷达向大型化发展。大型阵列雷达单元数目通常在十万量级,甚至百万量级。若采用单元级独立架构方案将耗费巨大(阵列雷达有近一半的成本用在 T/R 组件上)。此外,现代雷达装备还需要满足多功能(multifunction)、大带宽(large bandwidth)、可拓展重构(scable and reconfigurable)、低成本(low cost)等要求,这将对阵列雷达系统的整体成本及工程复杂度提出巨大的挑战。对于大型阵列雷达而言,子阵技术优势主要体现在工程实现和阵列处理两个方面。

1)子阵技术可以大大降低大型阵列雷达工程实现难度

子阵技术可以大大减少阵列信号通道数,减少数据采集和控制设备数量。比如对于有限视场扫描的窄带阵列雷达,没必要对每个阵元都接入移相器。将阵元分组形成子阵,子阵内部不移相,只要在子阵级接入移相器就能满足有限视场扫描的要求,子阵技术可以成倍减少移相器和控制组件的数量。

对于宽带宽角扫描阵列雷达,考虑到宽带条件下雷达波束空间色散效应和雷达波形时域色散效应,每个单元采用时延器几乎是不可能的,不仅造价高,有损耗,并且还引入额外误差。将阵元分组形成子阵,子阵内部采用移相器,只要子阵间接入时延器就能满足宽带宽角扫描的要求,阵因子扫描依靠控制与频率无关的时延器来实现。子阵技术成倍减少了延时器的数量,同时大大扩展了阵列雷达系统的瞬时工作带宽,瞬时工作带宽受子阵孔径限制,而非整个阵面。

子阵技术可以实现阵列雷达模块化、可扩展、可重构。模块化架构的优点众多,其带来的可拓展(scalability)、易维护(maintainability)、可升级(upgradeability)等特性使其在制造、安装及后期维护上都能够大幅降低工程复杂度及雷达成本。在信号处理方面，模块化的子阵架构还能够有效避免非等功率接收的问题，不需要增加额外的处理流程。事实上，模块化架构下更关注单个子阵模块的功能完整性，极端情况下即使仅采用一个模块化组件，仍然能够连接馈源及后端信号处理模块，构建完整的系统回路以实现探测功能。而对于不同的场景需求，仅需要将多个模块进行拼接就能够实现任意孔径的扩展，进而实现定制化阵面设计。通过制造高一致性的模块化子阵并对其进行合理布局设计来实现阵列方向图性能指标，将阵列雷达问题交给了方案设计者而非制造者解决，这正是模块化子阵技术的未来发展魅力所在。因此，发展模块化子阵架构是阵列雷达的必经之路。总之，子阵技术可以大大降低大型阵列雷达的研制、安装和调试的工程代价。

2）子阵技术可以大大降低阵列信号处理实现难度

姑且对工程实现问题避而不谈，即使阵列雷达在单元级实现数字化，经典的阵列信号处理算法（空域抗干扰、超分辨测角、空时自适应处理）也无法直接应用。阵列自由度太大使得算法复杂度、计算量、存储量急剧增大，收敛速度严重下降，需要的快拍数成倍增加，工程上难以应用。因此，在单元级实现阵列处理几乎是不可能的。另外，在雷达探测过程中，需要的目标自由度、抗干扰自由度及约束自由度都相当有限，远小于阵列自由度。因此，在单元级实现阵列信号处理也是不必要的。美国佐治亚技术研究所 David Aalfs 在《Principles of Modern Radar: Advanced Techniques》指出："Element level DBF is often impractical for large arrays operating at high frequencies. DBF at the subarray level reduces the receiver count for easer implementation. The subarray architecture choice heavily impacts performance due to grating lobes and grating nulls." 即使某些阵列雷达在单元级实现数字化，也不可能采用单元级阵列信号处理，采用软子阵方式，通过两层甚至多层的子阵结构将复杂的阵列信号处理任务分解，可以在保证阵列雷达系统性能的同时最大限度地降低系统信号处理实现难度。

简而言之，阵列规模的大型化促成了子阵技术的出现、发展与应用。子阵技术大大降低了阵列雷达工程的实现难度，降低阵列信号处理的自由度，最终降低雷达成本。子阵技术不失为一种折衷、有效的实现方案。

1.3　子阵技术装备应用

公开资料表明，许多大型陆基、舰载、机载、星载阵列雷达都涉及子阵技术的应用。本节简要介绍国际上典型的雷达、通信、电子战装备及装备发展计划，以及子阵技术在其中的应用情况。

1.3.1　陆基相控阵雷达装备中的子阵技术

1）Pave Paws 雷达

Pave Paws（AN/FPS-115）"铺路爪"相控阵雷达是美国研制的战略预警相

控阵雷达，主要用于探测、跟踪潜射弹道导弹和洲际弹道导弹，提供导弹预警信息；其次是用于监视、跟踪和识别空间目标，提供绕地球轨道运行卫星的位置、速度等数据。雷达工作在 UHF 波段，采用双面阵天线，两个天线阵面彼此成 60°，每个阵面后倾 20°，天线波束方位角覆盖 240°，俯仰角覆盖 85°，天线阵面直径 30.6m，雷达波束宽度约 2°，单元数为 2677 个，其中有源单元 1792 个，无源单元 885 个，分成 56 个子阵，每个子阵大小不等，形状不规则，近似成圆环分布 (图 1.10)。阵列采用密度加权，稀疏因子从阵列中心向边缘逐渐降低，其中阵列中心子阵的稀疏因子为 0.78，阵列边缘子阵的稀疏因子为 0.37。

(a) 铺路爪雷达

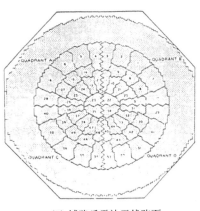
(b) 铺路爪雷达天线阵面

图 1.10   铺路爪雷达系统及天线阵面

2) Cobra Dane 雷达

Cobra Dane(AN/FPS-108) "丹麦眼镜蛇" 相控阵雷达主要任务是洲际弹道导弹和潜射弹道导弹试验目标跟踪及特征数据搜集，辅助进行空间目标监视、跟踪与分类。2003 年该雷达被纳入美国陆基中段防御（GMD）国家导弹防御系统（NMD）。雷达阵列天线直径 29m，阵列后倾 20°，共有 34768 个单元，其中 15360 个有源单元，其余为无源单元。阵列采用密度加权，从阵列中心到阵列边缘，阵列稀疏度由 0.8 降低到 0.2。该雷达工作在 L 波段，中心频率 1.275GHz，窄带工作频段为 1215~1250MHz，最大方位扫描角为 60°。宽带工作频带 1175~1375MHz，瞬时工作带宽 200MHz，最大方位扫描角 22°。宽带工作时，子阵内部采用移相器，子阵间采用延时器。雷达共采用 96 个子阵，子阵最大尺寸为 2.7m，每个子阵有 160 个有源天线单元 (图 1.11)。

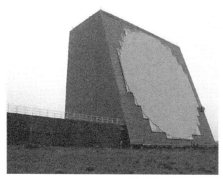

(a) Cobra Dane雷达系统组成   (b) Cobra Dane雷达天线阵面

图 1.11 Cobra Dane 雷达系统及天线阵面

3) GBR-P 雷达

GBR-P 雷达是美国国家导弹防御（NMD）系统中首要的火控雷达，它为 NMD 系统提供目标监视、截获、跟踪、鉴别、火控支持及杀伤评估。首个 GBR 的工程样机 GBR-P 于 1998 年安装到靶场。天线阵面为正八边形，近似于圆形孔径，其有效孔径约为 12.5m，含 16896 个天线单元。天线单元为方形介质加载喇叭，能够形成较窄的波束，从而抑制远区栅瓣，当波束指向阵列法向时，对临近栅瓣也起到一定抑制作用。单元按正方形栅格排列，天线单元的间距为 76mm，接近 2.7 倍波长。该天线阵面被分为 8 个超级子阵，又进一步划分为 48 个二级子阵 (图 1.12)。超级子阵仍是大单元间距周期性阵，每个超级子阵方向图都有较高栅瓣。每个超级子阵被旋转了一个小角度，通过子阵旋转打破单元排布的周期性，降低天线的栅瓣电平。天线波束宽度 0.14°，方位和俯仰电扫范围 50°。指向法向时方位面和俯仰面的栅瓣电平小于 −19dB，扫描到 12.5° 时栅瓣电平小于 −18dB，可见栅瓣抑制效果是明显的。

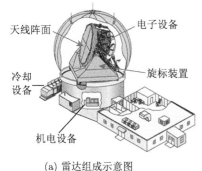

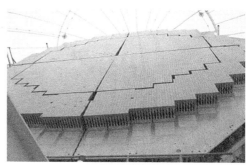

(a) 雷达组成示意图   (b) 天线阵面

图 1.12 GBR-P 雷达系统及天线阵面

4) THAAD 雷达

THAAD(AN/TPY-2) "萨德" 宽带相控阵雷达是目前世界上最大、性能最强的陆基移动弹道导弹预警和防御雷达。该雷达是美国战区高空区域防御系统 (THAAD) 的火控雷达，主要负责目标探测与跟踪、威胁分类和弹道导弹的落点估算，并实时引导拦截弹飞行及拦截后毁伤效果评估，是 THAAD 系统的重要组成部分。雷达探测距离远、分辨率高，战略战术机动性好，既可单独部署成为早期弹道导弹预警雷达（前置部署模式），也可和 THAAD 系统的发射车、拦截弹、火控和通信单元一同部署，充当导弹防御系统的火控雷达（末端部署模式）。该雷达由美国雷声公司研制。雷达工作于 X 波段，工作频率 9.5GHz，方位视场 70°，俯仰视场 40°，角分辨率 0.5°。其天线孔径面积约 9.2m^2，由 25344 个单元组成，采用模块化设计，划分为 72 个子阵，每个子阵有 44 个微波收发模块，每个模块有 8 个 T/R 组件，整个阵列大约有 1650 个波束形成器，雷达系统及阵面如图 1.13 所示。

(a) 雷达系统   (b) 天线阵面

图 1.13   THAAD 雷达系统及天线阵面

5) MPAR 研发计划

美国联邦航空局、国家海洋与大气局和海军研究局联合资助了多功能相控阵雷达（multifunction phased array radar, MPAR）研发计划。该计划拟采用多功能相控阵雷达替代已有的 8 种单任务雷达，实现气象监测、空中交通管制和国土防空等功能。该计划中新一代基于重叠子阵的阵面天线架构研发任务由麻省理工学院林肯实验室（MIT LL）承担，前后经历了 3 代研发周期并已于 2018 年第四季度开始进行阵面校准验证工作。该型模块化子阵拥有同时双极化能力，且同时具备航空监视和气象监测等能力。该计划将列装约 366 部 MPAR 雷达并代替全美境内约 350 部机场监视雷达及 200 部气象雷达，在全寿命周期内能够节省约 48 亿美元的开发和制造成本。

MPAR 的阵面结构是一个八边形阵列，采用子阵级重叠子阵技术。阵面直径大约 4m。共有 4846 个阵元，构成 76 个子阵模块，最终组成 24 个重叠子阵。每个模块由 64（8×8）个单元构成；每个子阵由 8（4×2）个模块组成，每个子阵中包含 512 个单元；24 个子阵通过重叠构成整个天线阵面。雷达系统及阵面如图 1.14所示。

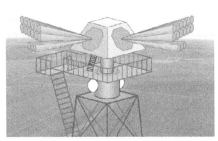

(a) MPAR雷达场景

(b) MPAR雷达阵面样机

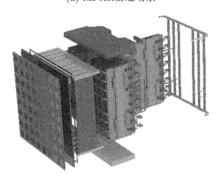

(c) MPAR单个子阵模块

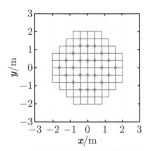

(d) MPAR重叠子阵架构

图 1.14　MPAR 雷达系统及阵面结构

1.3.2　舰载相控阵雷达装备中的子阵技术

1) SBX 雷达

SBX 是美国弹道导弹防御系统中的一部可移动海基 X 波段火控雷达，根据需要部署到全球各个海域。主要功能与 GBR 相同，具有目标搜索截获、精密跟踪、目标识别和杀伤评估能力。2006 年建成，目前该雷达仍处于服役期，定期进行改造升级。该雷达采用有源相控阵技术，天线阵列物理孔径 384m²，采用机械扫描加电子扫描方式，电子扫描最大角度 12.5°。

该雷达共使用了 45056 个单元，划分为 352 个子阵，每个子阵包含 128 阵元，在子阵的基础上进一步形成 9 个超级子阵 (图 1.15)，子阵级采用了时间延迟器，子阵的非规则划分及旋转起到抑制栅瓣、降低副瓣的效果。

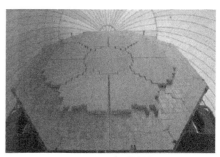

(a) SBX运载平台"蓝枪鱼"号   (b) SBX阵面近照

图 1.15   SBX 雷达及天线阵面

2) AEGIS 雷达

AEGIS（AN/SPY-1）"宙斯盾"雷达是美国舰载区域防空武器系统（AEGIS）的心脏，能够对空中和海面目标同时进行搜索、检测、跟踪并对 SM-2 导弹进行中段制导。AN/SPY-1 共出现过四种型号：AN/SPY-1A、AN/SPY-1B、AN/SPY-1C 和 AN/SPY-1D，几种型号的雷达结构和特点基本相同。

AN/SPY-1B 雷达工作在 S 波段（3.1~3.5GHz），该雷达为无源相控阵雷达，采用四面阵天线结构，每部天线方位角覆盖 90°，仰角覆盖 90°。每部天线直径 3.66m。雷达天线划分成 140 个子阵，每个子阵含 32 个单元，共计 4480 个单元，其中 128 个子阵用作发射，136 个子阵用于接收，4 个子阵用于旁瓣对消（图 1.16）。该雷达采用新型移相器和波束形成技术降低旁瓣电平，采用分布式微处理器系统实现快速信号处理。

(a) 提康德罗加级巡洋舰   (b) AN/SPY-1雷达阵面

图 1.16   AN/SPY-1 雷达

3) AMDR 雷达

AMDR（AN/SPY-6）是美国海军防空/ 反导防御雷达（air/missile defense radar, AMDR）计划中重点研发的下一代舰载雷达型号 AN/SPY-6，预计将装备

DDG-51 第三代驱逐舰及福特级航母，与 AN/SPY-1D 相比其拥有超过 30 倍的探测灵敏度，该雷达还具有导航和电子战能力。2016 年 10 月该雷达首次跟踪多颗卫星，2017 年 3 月该雷达完成弹道导弹防御试验。

该雷达主要特点是采用了开放式架构的模块化雷达组件技术（radar modular assemblies, RMA），亦可视为模块化子阵技术。每个子阵大小为 2×2×2 英寸，单部雷达通过若干个 RMA 组件拼接而成 (图 1.17)，通过子阵级数字波束形成技术满足探测、跟踪、末端制导等多功能需求。值得一提的是，该方案可以任意堆叠形成任意尺寸大小的阵列，以适应不同的作战任务需求，能够极大降低后续的雷达开发成本，提升了可靠性及可维护性。

(a) AN/SPY-6雷达子阵模块   (b) AN/SPY-6阵面样机

图 1.17   AN/SPY-6 雷达

4) NS50 雷达

2018 年泰利斯公司在欧洲防务展上推出了 X 波段 4D 有源相控阵雷达 NS50，其系统示意及 16 个子阵阵面结构如图 1.18所示。

(a) NS50系统示意   (b) NS50 16个子阵阵面结构

图 1.18   NS50 雷达系统

该雷达具有对空和对海监视能力，是一款双轴多波束雷达，能够提供目标方位、距离、高度及速度信息。未来 NS 系列雷达将覆盖各级水面舰艇并取代该公司的其他系列雷达。该雷达采用子阵模块、可拓展、可升级、软件定义的面向未来雷达架构。该雷达可以与最新的舰载武器系统集成，为武器系统提供军用级 4D 跟踪数据，提高反舰和防空作战能力。

5) 意大利 DBR 雷达

意大利防务供应商莱昂纳多公司也推出了克罗诺斯（KRONOS）双波段多功能有源相控阵雷达系统，该雷达是在多项新需求牵引下研制。该雷达采用四面阵设计，提供 360° 全向覆盖。每个阵面包含 C 波段和 X 波段阵面。C 波段雷达主要用于跟踪、电子攻击等任务；X 波段雷达则用于监视、火控，根据任务优先级和执行任务时间，协调各个阵面传感器资源，使得资源最优配置。该系统采用子阵化可扩展架构，每个阵面均由列状子阵组成 (图 1.19)。值得一提的是，该型架构首创了插入式 T/R 组件的概念，能够实现维护时的快速替换。

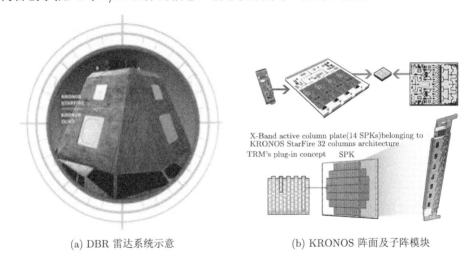

(a) DBR 雷达系统示意 (b) KRONOS 阵面及子阵模块

图 1.19 意大利 DBR 雷达系统

1.3.3 机载相控阵雷达装备中的子阵技术

为了提高机载雷达的作战能力和验证有源电扫描阵列（active electronically scanned array, AESA）的巨大潜力，英、法、德联合发起了机载多功能固态有源相控阵雷达（airborne multi-role solid−state active-array radar, AMSAR）的研究项目 [20,21]。该项目自 1993 年由英法两国建立，1995 年德国正式加入。项目在 2005 ∼ 2006 年完成了对 AESA 天线的集成、调试与性能评估，最终在 2008 年将雷达系统搭载在英国奎奈蒂克公司（QinetiQ）的 BAC 1−11 试验机上，完成了整机的飞行试验。

X 波段 AESA 天线是该雷达系统的核心部件,使用约 1000 个 T/R 组件,每个 T/R 组件具备幅度衰减和相位控制功能,可以实现较为精确的相位和幅度控制,天线阵面划分为 8 个子阵,子阵级实现数字化,其阵面结构如图 1.20 所示。法国将项目成果应用于"阵风"战斗机项目,装备 RBE2 AESA 雷达的第四批次"阵风"。英国、德国联合意大利和西班牙将项目成果应用于"台风"战斗机项目 [21]。

 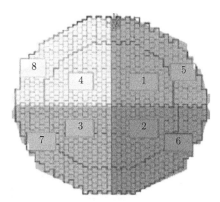

(a) AMSAR暗室测量图   (b) AMSAR阵面子阵结构

图 1.20   AMSAR 装备情况及其阵面结构

1.3.4   星载相控阵雷达装备中的子阵技术

2019 年,德国空客公司公布了其为德国宇航中心及欧洲空间局研制的下一代星载 SAR 天线系统架构方案,主要包括 C 波段 Sentinel-1 和 X 波段 KOMPSAT-6 两个项目(图 1.21)。其中,C 波段双极化 Sentinel-1 系统采用 14 个子组件拼接,每个组件内拥有 20 个子阵及 T/R 组件来实现快速波束扫描、赋形及极化选择。

(a) Sentinel-1天线阵面结构   (b) KOMPSAT-6集成前端子阵模块

图 1.21   两种星载阵列子阵结构

X 波段 KOMPSAT-6 天线系统由统一的 SCOUT 生产线生产的模块化构建块组成,其中每个构建块含 16 个子阵,拥有子阵级数字波束形成能力。其中心频率为 9.6GHz,带宽 600MHz。虽然具体的子阵结构布局方案并没有给出,但是可以推断这两种星载天线均采用了基于有限视场(LFOV)的子阵架构来满足电扫性能及平台物理约束。

1.3.5 星载通信装备中的子阵技术

新一代的通信卫星对系统的效率、灵活性、数据率和可靠性方面的需求日益增长。实际应用中需要得到较窄的波束宽度(小于 0.5°)和较大的扫描范围(大于 10 倍波束宽度),同时还要求天线具备一定的主极化和交叉极化隔离度,而且对天线波束的指向精度要求很高,这需要非常精细的天线设计。在这样的背景下,欧洲宇航防务集团 (EADS) 欧洲航天技术中心(European Space Technology Centre,ESTEC)提出了基于重叠子阵技术的通信卫星天线设计方案 (图 1.22)。该天线采用了四种不同的子阵,分别工作在不同的频带和极化状态。图中给出了阵面设计的示意图,使用红、黄、绿、蓝四种颜色标记不同工作模式的子阵,子阵之间有重叠,重叠的部分其对应的颜色也相互叠加。

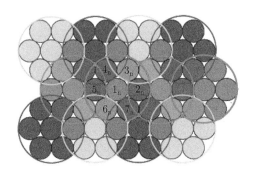

图 1.22   EADS 星载天线阵面重叠子阵划分示意图 (见彩图)

重叠子阵设计方案不仅具有较好的辐射特性,而且能够减少反射面的个数,该方案只需使用发射、接收两个反射面。而采用传统的设计方案一般要采用 8 个发射面,收发共用一个反射面的方案可以将数目减少一半。因此重叠子阵的设计方案能够在保证满足性能要求的同时,降低系统的复杂性,使天线重量更轻、更易于安装,且天线波束指向精度的控制也更为灵活。鉴于重叠子阵的这些优点,欧洲宇航防务集团的研究人员正在考虑制造天线原型,开展进一步的研究工作。

1.3.6 电子战装备中的子阵技术

2018 年 12 月，美国诺斯普格鲁曼公司获得美国海军水面电子战改进计划（SEWIP）中的 BlockIII 系统订单。该系统采用新一代模块化子阵设计方案 (图 1.23)，可以通过重构阵面天线规模以集成到不同级别水面舰艇，相比上一代舰载电子战系统拥有更高的软硬件集成能力。此外，该公司公布的的"前卫"（Vanguard）雷达架构使机载电子战侦察系统具有模块化、可扩展性和可修复性等功能。该侦察雷达由单个子阵面板构建块组成，可以灵活地用于吊舱平台。其优势在于，当模块出现故障时，只需更换面板而不是整个天线，更不需要将整个天线阵面返回工厂进行维修及重新校准。

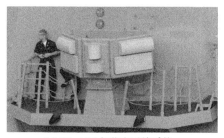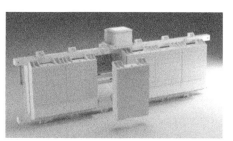

(a) BlockIII 舰载电子战系统   (b) 机载"前卫"雷达子阵模块

图 1.23 电子战阵列的子阵结构

1.4 子阵技术学术研究

对于子阵技术的学术研究，通常结合具体的雷达应用展开，这是因为不同的应用对阵列雷达的性能需求不同，最优子阵划分的代价函数也不同，设计准则依赖于具体的信号处理方式。总的来说，目前相关的研究比较分散，不成体系。阵列雷达的主要优势在于快速和灵活的波束形成能力及先进的阵列信号处理技术[22-25]，本书将从波束形成和信号处理两个层次具体阐述子阵技术的研究现状及发展动态。

(1) 在波束形成方面，规则邻接子阵扫描过程中较大的栅瓣会严重影响方向图的性能。文献中提出许多特殊的子阵结构来消除扫描中的栅瓣问题[26-30]，典型的方法主要有两种：非规则子阵技术和重叠子阵技术。因此在波束形成层次上，本书重点分析这两种子阵技术。

(2) 在信号处理方面，纵观阵列技术的发展历程，阵列雷达信号处理的主要任务是对目标角度的测量以及对不需要信号的对消（如干扰或杂波）[31,32]。其中典型的目标角度测量方法是单脉冲技术[33-38]，而干扰和杂波的对消主要通过自适应阵列处理实现[39-44]。因此在信号处理层次上，本书重点分析单脉冲技术、自适应阵列处理技术（包括旁瓣对消、自适应波束形成及空时自适应处理技术等）。

1.4.1 非规则子阵技术

非规则子阵结构，又称为非周期子阵结构，与之相对的是规则（周期）子阵结构。通常所指的规则和非规则子阵，阵面上都没有复用的阵元，即各子阵之间不存在重叠，这种结构的馈电网络相对来说比较容易实现。但是非规则子阵不像规则子阵那样易于批量生产、拼接和组装。规则的子阵划分使得方向图在扫描过程中受到子阵阵因子栅瓣的影响，而出现高旁瓣（又称为量化瓣[45,46]）。非规则子阵的划分打乱了子阵相位中心的周期性，能对栅瓣起到较好的抑制作用。

非规则子阵结构的研究出现得较早[47,48]，如德国的电扫描阵列雷达 ELRA（electronic steerable radar）[47] 的接收阵（图 1.24）。

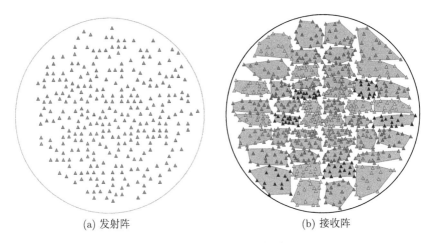

(a) 发射阵   (b) 接收阵

图 1.24   ELRA 天线阵面

该实验雷达采用了子阵级数字波束形成技术，天线为 S 波段的圆口径密度加权阵，发射天线阵有 300 个天线单元；接收阵中有源天线单元 768 个，孔径达 39 个波长，被划分为 48 个子阵，每个子阵包含 16 个天线单元。每一个子阵均有一套接收组件，接收信号经零中频输出，由两路 A/D 变换器变换成数字信号，送入计算机并在其中进行波束形成处理。近年来关于非规则子阵的研究主要集中在如何提高子阵工程实现的便利性上。工程应用中对于便于模块化的子阵结构较为青睐，这样的子阵利于制造、组装和维护。因此，通常希望子阵的种类尽可能的少，同时子阵的划分又要具备非周期的特性。相关的理论研究具有极强的跨学科性，下面从非周期镶嵌理论和多联骨牌（polyomino）两个方面对非规则子阵技术进行归纳总结。

1.4.1.1 基于非周期镶嵌理论的子阵技术

非周期镶嵌（aperiodic tilings，或非周期平铺、非周期密铺）是指使用一些较小的表面填满一个较大的表面而不留任何空隙，且不形成周期重复的图案。该问题涉及应用物理学（晶体学、固态物理学），纯粹数学与应用数学（计算逻辑学、离散几何学、群论、遍历理论）等学科[49-51]。

将非周期镶嵌的内容应用到阵列雷达中属于比较新的课题，典型的例子包括钻石形镶嵌结构[52]（diamond tile shape，即菱形结构）、彭罗斯镶嵌结构（penrose tile shape）[53-55]、风车形镶嵌结构（pinwheel tile shape）[54,56]等组成的非周期阵。

日本学者 Shigeru Makino 2009 年提出钻石形镶嵌法的子阵划分技术，其基本步骤如图 1.25(a)，首先将阵面口径以阵面中心为圆心划分为 N 个全等扇区，然后在每个扇区内以扇区的圆心角为菱形内角构造各个扇区的菱形划分。每个菱形包含 5 个阵元，构成一个子阵，阵元最小间距为半波长，图 1.25(b) 给出了扇区个数 N 等于 4、11 和 15 时单个子阵的构造方式。当扇区个数为 11 时，阵面的划分方式如图 1.25(d)。文献 [52] 对比了不同扇区个数下，阵列子阵级波束扫描的最大旁瓣电平统计值，可以看出当 $N = 11$ 时，旁瓣电平最低，约为 -18dB。

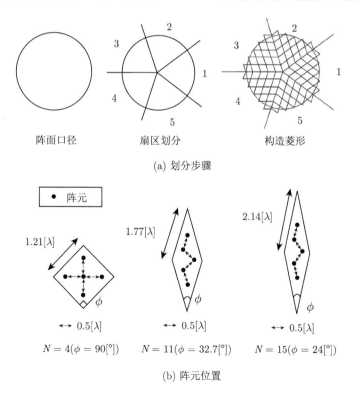

(a) 划分步骤

(b) 阵元位置

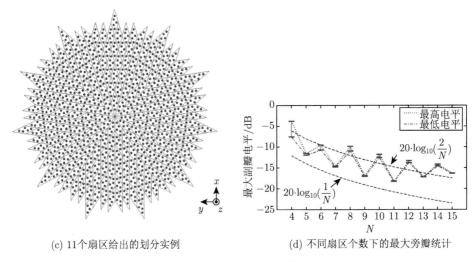

(c) 11个扇区给出的划分实例   (d) 不同扇区个数下的最大旁瓣统计

图 1.25   扇区划分 & 菱形子阵的子阵划分研究

通过多种基本图形的重复组合可以形成平面的非周期镶嵌，这些图形的存在性证明在 19 世纪 60 年代初期由计算逻辑学领域的专家完成[57]。1974 年，著名的数学家、物理学家 Sir Roger Penrose（彭罗斯）发现了只用两种基本图形就能实现非周期镶嵌[58]，该结果在数学界享誉盛名，被称为彭罗斯镶嵌（Penrose tiling）。图 1.26 给出了两种典型的彭罗斯镶嵌。其中，图 1.26(a) 中的两种基本图形被称为 Kite 和 Dart，而图 1.26(b) 中的两种特殊菱形则为 36° 菱形和 72° 菱形。文献 [54] 分析了彭罗斯镶嵌给出的子阵天线的辐射特性。

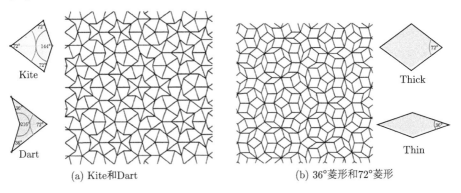

(a) Kite和Dart   (b) 36°菱形和72°菱形

图 1.26   彭罗斯镶嵌得出的子阵划分

除上述的几种非周期镶嵌外，还有 Octagonal、Ammann、Chair、Table、Sphinx、Danzer、Binary 等多种不同子图形。文献 [54] 分析了几类具有非周期镶嵌结构的阵面的方向图特性。类似于图 1.25(b)，这些镶嵌结构中，通常每一个基本图形对应一个子阵。为了简化分析，上述非周期镶嵌中阵元在子阵中的位置一般有

3 种设置方法：① 阵元位于每个子图的顶点上[53,54]；② 阵元为子图顶点加上子图内部点，如图 1.27(a) 所示；③ 阵元仅为子图内部点，如图 1.27(b) 所示。

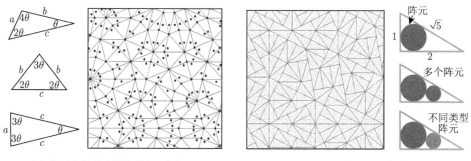

(a) 位于非规则子图的顶点及内点   (b) 位于非规则子图的内点

图 1.27 非规则子阵中阵元布置方式示意图

目前，从公开的报道来看，上述非规则子阵结构的研究尚停留在理论分析层次，且研究还有许多不成熟之处。这些研究有两个显著的特点：① 能够做到非周期镶嵌的基本图形都是非常特殊的图形，基本图形的形状稍作变动就可能得不到非周期镶嵌；② 这些非周期镶嵌结构使得阵元是非规则分布的，这是因为阵元分布依赖于特殊的子阵形状。

1.4.1.2   多联骨牌形状的子阵结构

著名的雷达专家 Mailloux 将多联骨牌结构引入到了阵列天线的子阵设计中。所谓多联骨牌是指多个形状和尺寸一致的正方形相邻地拼接在一起所构成的图形（图 1.28）。多米诺骨牌（domino）是一种最常见的多联骨牌，它由两个正方形拼接而成。此外按照所使用的正方形的个数可以进一步分为四联骨牌、八联骨牌等。这些骨牌结构具有较为复杂的非规则性，但却能保证阵元分布在矩形栅格上，符合阵列雷达中的阵元分布特点，因此更贴近工程应用。利用一种形状和大小的骨牌子阵对阵面进行拼接设计，仅需要设计一种功分器就能够满足需求。

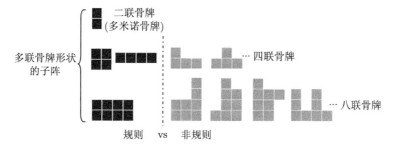

图 1.28 Mailloux 提出的典型的多联骨牌子阵结构

2006 年，Mailloux 在文献 [59] 中提出了八联骨牌（octomino）形状的子阵划分方法，该子阵结构能有效减少子阵的工程实现难度。其阵面划分结果如图 1.29 所示。

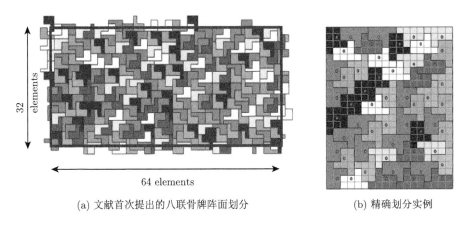

(a) 文献首次提出的八联骨牌阵面划分   (b) 精确划分实例

图 1.29　Mailloux 提出的典型的多联骨牌阵面划分 (见彩图)

可以看出，阵面中所有的子阵具有相同的形状，这正是多联骨牌填充阵面的巨大优势——在降低实现难度的同时获得较优的非规则划分。另外，阵元个数为 2 的幂次时，可以构造无损的馈电结构[60]。这些问题给雷达研究者呈现了一个崭新的学术领域，并且该问题的数学理论尚在发展与完善中。

近年来，研究人员针对多联骨牌阵面开展了深入的研究。该类型阵面的应用研究主要集中在波束形成方面，包括有限视场扫描和宽带宽角扫描技术。关键技术的难点在于，利用给定形状的非规则子阵难以求出阵面的精确划分方案，精确划分是指填充阵面的所有子阵不重叠、不留空、不超出阵面边界。从图 1.29(a) 中不难发现，首次提出的多联骨牌划分方案具有不整齐的边缘，阵面不整齐的边缘带来了工程实现上的不便。为了解决这一问题，针对阵面较小的情况（18×24），2009 年，Mailloux 在文献 [60] 中给出了一个阵面精确划分方案（图 1.29(b)）。然而，针对略大的阵面，却很难找到所谓的精确划分方案。2012 年，Rocca 和 Mailloux 在文献 [61] 中提出了使用遗传算法解决相关问题的方法，从其研究结果来看，精确划分方案依然难以找到。图 1.30给出了针对 64×64 阵面的划分方案，从图中可以看出该方案虽然保证了边缘的整齐，但阵面内部却出现了许多未填满的空洞。

此外，Mailloux 还研究了非规则子阵技术宽带问题，子阵内部采用单元级移相和幅度加权，子阵间采用时间延迟（图 1.31）。阵列的规模多达 16000 单元，研究表明：宽带条件下峰值旁瓣电平随着阵面规模的增大而下降。

图 1.30　阵面划分方案的遗传算法搜索结果 (64×64)(见彩图)

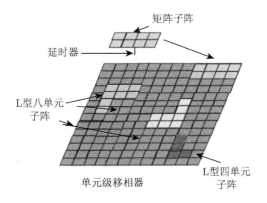

图 1.31　Mailloux 提出宽带非规则子阵结构

1.4.2　重叠子阵技术

对于具有子阵结构的阵列天线,影响最终天线方向图性能的主要因素包括:超阵阵因子和子阵方向图。如前所述,非规则的划分打乱了子阵的相位中心,通过影响子阵阵因子的栅瓣最终获得较低旁瓣的天线方向图。重叠子阵技术是另外一种抑制栅瓣的子阵技术,它主要从控制子阵方向图的角度来影响最终的天线方向图性能。具体而言,重叠子阵一般采用规则的子阵结构,并允许子阵之间存在重叠,即有复用的阵元。与通常所说的（非重叠）规则子阵划分相比,重叠子阵一方面减少了子阵间的距离,从而增大了子阵阵因子栅瓣的间距。另一方面,阵元的复用使得子阵内部阵元较多,能够形成具有"平顶波瓣"的子阵方向图①。这两个方面使得在有限视场扫描条件下,最终的天线方向图没有高旁瓣。

①　笛卡儿坐标系中的"平顶波瓣",在极坐标系中表现为扇形,因此又称为"扇形波瓣"。

工程师们很早就发现阵列单元之间的电磁耦合可以用于子阵方向图的整形，并根据这一现象研究了许多不同类型的重叠子阵结构以生成具有"平顶波瓣"的子阵方向图。这些研究包括空间馈电的阵列、波导缝隙耦合、微带天线、介质棒、八木单元、介质盘和纹波阵面等形式。目前重叠子阵已在许多实际装备中得到了应用，如第 1.3 节的装备研制部分介绍的 MPAR 计划[62]、欧空局的通信卫星天线研制方案[63]。从理论上看，重叠子阵方案能够有效地降低波束扫描过程中的栅瓣效应，获得较低的旁瓣水平，而且该技术既可以用于有限视场的扫描，也可结合时延器等宽带器件实现宽带宽角扫描。从工程实现上看，重叠子阵能保证组成阵面的所有子阵结构完全一样，只是在组装过程中引入一定数目的重叠单元以保证能获得良好性能的子阵方向图。因此，这样的方案易于实现模块化，可以使用完全一样的子阵模块"拼接"出任意形状的大型阵面[64-66]。几种典型的重叠子阵方案总结如下。

1.4.2.1　基于 Butler 矩阵的重叠子阵

1965 年，Shelton 使用 Butler 矩阵构造了完全重叠的子阵结构[67]。所谓完全重叠子阵是指每个子阵都包含了整个阵面的阵元，原理图如图 1.32(a) 所示。下半部分的 Butler 矩阵具有 M 个输入 M 个输出，M 个输入对应了 M 个子阵的输入端；上半部分的 Butler 矩阵具有 N 个输入 N 个输出（图中的结构只使用了 M 个输入），N 个输出对应了阵面的 N 个阵元，$N > M$。不同子阵输入端的输入信号在第一个 Butler 矩阵的输出端激励起等幅度线性相位的响应。最终在阵面上产生具有近似于 $\sin x/x$ 形状的激励（最大值的位置因相位的差异而发生平移），理论上，$\sin x/x$ 形状的激励恰好能产生"平顶波瓣"的子阵方向图。

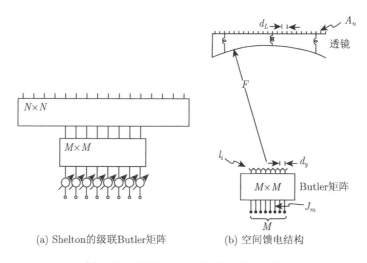

(a) Shelton的级联Butler矩阵　　　　　(b) 空间馈电结构

图 1.32　基于 Butler 矩阵的重叠子阵

由于每个 Butler 矩阵输入输出具有傅里叶变换关系，这样的网络结构又称为"双变换"结构。阵元较多时，Butler 矩阵就会显得异常笨重。因此，有的设计将上半部分的 Butler 矩阵用透镜或者反射面替代，形成空间馈电结构[64]（图 1.32(b)）。空间馈电的重叠结构是通过馈电端口辐射电磁波的空间重叠形成的，不同于强迫馈电，由于不需要辅助的馈线网络，实现相对简单，但是体积较大且笨重，只能应用于大型的地基雷达中。

1.4.2.2　Nemit 重叠结构

通过子阵设计使得阵元上的相位加权等于子阵级相位加权的插值，因此可以极大地减小移相器的个数。典型的例子是 Nemit 发明的重叠结构[68]，如图 1.33 所示。该设计将阵元分为两类，一类直接连接子阵级的移相器，另一类通过功分网络间接连接到相邻的子阵端口。图 1.33 中子阵结构的重叠比为 2:1，通过优化设计，只控制子阵级的移相器就能对阵面的每个阵元上激励起精确的线性相位值。通过调整功率分配网络的结构参数，也能形成接近于平顶形状的子阵方向图，但是效果并没有 Butler 矩阵的方法好。

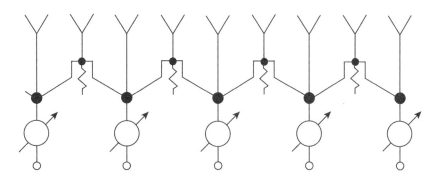

图 1.33　Nemit 重叠结构

1.4.2.3　Mailloux 和 Franchi 重叠结构

文献 [69] 提出了一种应用效果较好的重叠子阵结构，如图 1.34所示。该阵列由喇叭天线、定向耦合器、功分器组成。一个子阵对应了三个喇叭天线，子阵中心位置的喇叭主要为偶次模，边缘的喇叭偶次模和奇次模成分相当。调整定向耦合器的参数可以获得最优的激励幅度，控制喇叭的长度可以调整两种模式的相位差。在针对该结构空域滤波器的研究基础上[70,71]，文献 [72] 进一步讨论了如何在该结构下获得较好的栅瓣抑制性能的问题。

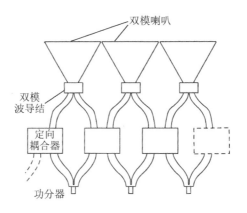

图 1.34　Mailloux 和 Franchi 重叠结构

1.4.2.4　Skobelev 重叠结构

Skobelev 提出了级联网络的重叠子阵实现方式[73]，如图 1.35所示。该实现方式中，定向耦合器以棋盘格形式排列，因此又叫棋盘网络。这种网络本身是一种模块化结构，每个模块由两个辐射单元构成（图中周期长度为 a 的部分即为一个模块，两个辐射单元的间距为 $a/2$）。两个辐射单元由 N 个级联耦合器组成的对称双通道激励。电路由 N 个级联组成，每个级联包含两排耦合器，一排在模块内部连接两个阵元，另一排连接相邻的模块。这样的重叠子阵结构可以方便地扩展到一维扫描的二维阵列，将同样的结构沿着一个方向组装在一起即可，如图 1.35(b)所示。

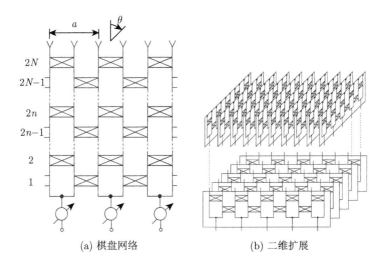

(a) 棋盘网络　　　　　(b) 二维扩展

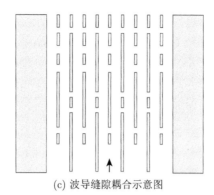

(c) 波导缝隙耦合示意图

图 1.35　Skobelev 发明的重叠子阵

　　为了验证棋盘网络的优势，Skobelev 利用波导缝隙耦合的方式设计了实验系统。波导缝隙的耦合示意图如图 1.35(c) 所示，实验系统的实物照片如图 1.36(a) 所示。图 1.36(b) 给出了该系统的实测方向图，激励端为处于中心部位的子阵端口，频率包括 32GHz（中心频率）、31.5GHz 和 32.5GHz。可以看出子阵方向图具有明显的平顶形状，而且在不同频率上平顶特征也较为稳定。

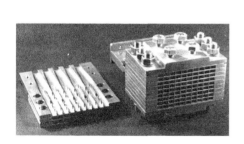

(a) 实物照片

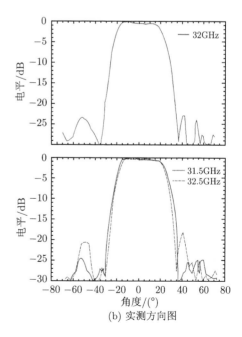

(b) 实测方向图

图 1.36　Skobelev 重叠子阵的波导缝隙耦合实现

以上的重叠子阵结构包括了多种不同类型的硬件结构，研究内容紧贴工程应用，但公开报道的理论研究工作较少。2011 年，Bhattacharyya 指出已有文献缺乏对重叠子阵方向图的严格分析，进而在文献 [74]、[75] 中建立起基于 Floquet 模式的重叠子阵及交叉子阵的方向图分析方法。Coleman 从数学及信号处理的角度建立了重叠子阵方向图综合原理[76,77]，并提出了交替优化的子阵权值设计方法[78,79]。这些关于重叠子阵的研究在理论和实践上都有待进一步深入。

1.4.3　子阵级单脉冲技术

单脉冲技术广泛应用于雷达系统中，和波束用来检测目标并测量目标的距离，差波束与和波束一起来测量目标角度[80]。一个理想的单脉冲天线，应该是和增益与差斜率二者均达到最大，对于反射面天线，一般的馈源不能使二者同时最大，这就是所谓的"和差矛盾"[81]。对于阵列雷达体制，和差波束独立优化成为可能，然而要真正实现和差波束独立优化就需要两套单元级独立的加权网络，图 1.37(a) 给出了多套模拟加权网络示意图，这种结构涉及复杂的馈电网络设计。当然，最理想的方式是实现单元级的数字波束形成，即在每个天线单元后都接上一路数字接收机，实现信号数字化，然后在信号处理中实现波束形成，如图 1.37(b)。

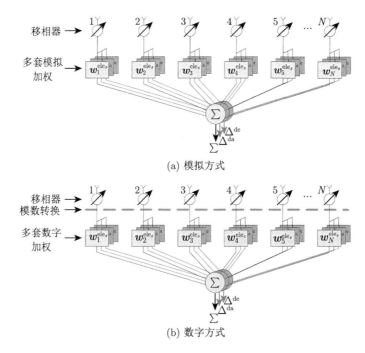

(a) 模拟方式

(b) 数字方式

图 1.37　全阵的单脉冲和差波束形成框架

但是，对于一些大型的阵列天线来说，全数字的方式可能需要上万个数字接收机（或完整的收/发组件），同时需要考虑到上万个本振信号的馈送以及海量采样数据的处理，因此单元级的数字波束形成往往是难以实现的。从这个意义上看，大型阵列雷达中同样存在"和差矛盾"。如何在大型阵列天线中更好地解决"和差矛盾"，不仅是现有装备中存在的问题，同时也是理论研究中的热点问题。子阵技术是普遍采用的实现手段，例如，AMSAR 项目研制出的 X 波段圆口径的有源相控阵雷达，就是在子阵级实现 DBF，进而产生和差波束输出。

模拟信号通过子阵合成之后再进行数字化进而产生不同波束的输出，这样产生的负面影响是和差波束的优化不再是完全独立的。分析表明，波束的性能与子阵的结构密切相关。考虑到实际中和波束应用更广（即用于接收也用于发射），通常和波束加权直接在单元级实现，差波束则通过子阵级的进一步加权实现。

为得到"最优"的和差波束，最直接的处理方式是将子阵划分和激励权值作为优化变量，天线方向图的性能指标作为优化目标，在给定性能指标下根据优化理论求解出最优的子阵划分及最优的加权值。这种优化策略称之为"直接法"，文献 [82] 是采用这种方法的典型例子。虽然直接法可以使得优化问题的构建非常明确和自然，但由于子阵划分是一个特殊的变量（离散性、空间不具备良好的结构，即拓扑性），因此这样直接的优化问题不具备良好的性质（如凸性）。根据优化理论，这样的优化模型属于一般的组合优化问题，利用传统的优化方法很难得到优化结果。通常采用一些进化类的（或称"智能的""启发式的"）优化算法[83,84] 来求解。文献 [82]、[85] 分别提出了利用遗传算法和差分进化算法对子阵划分和子阵级加权同时优化的方法。

另一类有效的解决途径是先通过某种算法构造出子阵划分方案，进而在子阵划分固定的情况下根据天线方向图的性能指标要求，求解最优的加权，称之为"间接法"。文献 [86] 中 McNamara 提出了通过子阵技术同时获得一个最优的和（或差）波束与一个次优的差（或和）的激励匹配准则。一些智能优化算法也可用于求解最优的子阵加权[82,85-88]。文献 [87] 提出了使用模拟退火算法确定最优子阵加权的方法。然而这些文献都缺乏对子阵划分优化的讨论，而且文章在提到"固定的"子阵划分时，所采用的划分都显得较为随意，缺乏理论指导。实际上，当子阵划分固定后，最优子阵加权的求解通常可以转换为一个凸优化问题，结合相关理论，最优加权值并不难得到[89,90]。因此，间接法的瓶颈就在于如何找到一种合适的子阵划分方案。

Nickel 提出了一种简单易行的基于锥削函数量化的子阵划分方法[91]，并对子阵级最优加权求解及子阵级信号处理进行了深入的分析[91-94]。根据意大利学者 Andrea Massa 等的研究，在直接法中，目前的一些进化类的优化方法在处理大型阵列时，算法的可靠性大为下降；而对于间接法，激励匹配准则可以提供一种确定合适的子阵划分方案的方法。采用激励匹配准则，通过对目标函数及子阵划分的分析，意大利学者提出了有效的求解最优子阵划分的方法—邻接划分法（contiguous partition method, CPM）[95]。得益于 CPM，最优子阵划分的解空间维数从指数级下降到二项式级，大大改善了算法寻优性能。为了解决如何在降维后的解空间中搜索到最优解，一系列基于 CPM 的新方法被陆续提出，例如，二叉树搜索算法[95,96]、BEM（border element method）[97]、蚁群优化算法（ACO: ant colony optimization）[98]、加权蚁群优化算法[99] 等。CPM 最先提出是为了解决线阵单个波束的优化问题[95,100,101]，近年来，随着研究的不断深入，相关方法已经扩展到了面阵的优化[97,99,102]，以及多波束的优化[103,104]。

总的来说，目前对子阵级单脉冲的基本原理已有较为完善和深入的分析，而且在装备中也已经采用了子阵技术实现子阵级单脉冲测角。但是，对于单脉冲应用是否存在最优的子阵设计，如何求解最优子阵划分等问题却依然没有得到较好地解决，有待进一步研究。

1.4.4　子阵级自适应阵列处理技术

自适应阵列处理的主要目的是抑制干扰和杂波。例如，典型的自适应波束形成技术（ADBF），通过在干扰方向上形成零点，从而抑制干扰信号；空时自适应处理（STAP）是自适应阵列处理的一个重要应用，它将传统的空域自适应技术扩展到空时联合域，从而获得了最优的杂波抑制性能。自适应阵列处理可以分为两类：完全自适应阵列处理和部分自适应阵列处理。所谓完全自适应阵列处理是指对每个采样通道（包括空域的阵列采样、时域的相干脉冲采样等）都计算自适应加权值。而部分自适应阵列处理的自适应加权值的个数少于完全自适应阵列处理，是完全自适应处理的降维或降秩处理。本书重点讨论基于子阵技术的部分自适应阵列处理，子阵技术是一种物理上的降维处理，能够有效地减少计算量。

对于大型阵列雷达，完全自适应处理将会带来以下几个方面的问题。

(1) 需要大量的接收机通道，系统的复杂程度高，并且成本价高昂，这一点前面已经进行了详细的讨论。事实上，对于大型阵列雷达，即使能实现单元级数字化，也不可能将所有单元的接收信号在一个信号处理芯片上处理。图 1.38 给出了当前技术水平下较为先进的阵列处理框架[105]。传统的小型阵列可以采用图 1.38(a) 所示的结构将接收信号在一块芯片上处理，但是对于单元数目成千上万的大型阵列，目前的技术水平还无法做出具有全阵处理能力的芯片，只能将信号处理任务分解到不同层次的"子阵"中完成。即使目前最先进的大型阵列雷达，其 DBF 也只能采用这样的子阵结构。可以断言，对于大型阵列雷达，要在单元级实现算法复杂度更高的 ADBF 技术是不可能的。

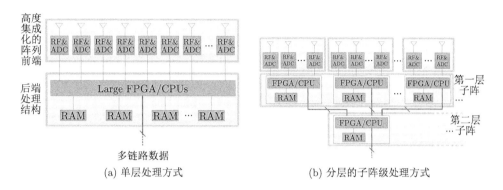

图 1.38 先进的阵列处理框架

(2) 估算干扰协方差矩阵所需的参考单元太多，实际中无法满足。通常，自适应阵列处理中需要通过阵列快拍估计数据协方差阵，快拍数据量需要达到一定量级才能得到协方差阵较好的估计，如采样矩阵求逆法（SMI）需要的快拍数据量应大于系统自由度的两倍。如果信号处理的自由度很大，就需要长时间采集数据以获得协方差矩阵的良好估计性能，但是现实中往往是不允许的。

(3) 计算量太大，处理器硬件难以实现。自适应阵列处理包含一个协方差矩阵求逆的过程来计算自适应权值，其算法复杂度约为 $O(N^3)$，N 为自适应权值的个数（ADBF 技术中，N 一般与阵列采样通道数目相等，而对于 STAP 技术，N 为阵列采样通道数的 M 倍，M 为相干脉冲数），高的算法复杂度使得自适应阵列处理算法较难实现[106]。随着阵列规模的增大和一些运算量大的新算法的提出，上述问题变得更加突出。应用图 1.38(b) 所示的分层处理结构，需要各处理器之间的数据传输带宽和延迟满足一定的需求，这对大型阵列雷达是极为复杂的。

可见，完全自适应阵列处理由于计算的复杂性及对训练数据的采样需求等原因而难以应用于实际系统。子阵技术是实际雷达中实现部分自适应阵列处理的有效技术。子阵技术降低了硬件成本及对计算资源的需求，而且子阵技术可以有效地改善自适应滤波算法的统计收敛性。子阵的结构对自适应阵列处理有何影响？能否通过优化设计获得最佳的自适应处理性能？这些问题属于子阵优化的问题，亟待进一步深入研究[91,107]。另外，使用子阵技术后，不能将传统的自适应处理方法不加修改直接使用。例如，子阵划分导致各子阵输出功率不一致，直接使用传统的自适应处理方法会使得自适应方向图的旁瓣显著升高，并且输出信干噪比有一定的损失。因此，如何设计子阵结构及相应的自适应处理方法一直是业内关注的焦点。

由于子阵相位中心间距远大于半波长，子阵波束形成的方向图会出现严重的栅瓣。当进行自适应干扰抑制时，除了干扰方向形成零点外，还会出现栅零点[91,108]，栅零点有可能抑制掉部分目标信号，从而导致干扰抑制性能的下降。栅零点对子阵级 ADBF 和子阵级 STAP 具有相似的性能恶化效果。

自适应处理的 SINR 输出曲线通常作为栅瓣对子阵自适应性能影响的评估曲线。SINR 曲线一般较平坦，存在栅瓣时，SINR 曲线会在栅瓣位置上对应地形成栅零点，栅零点越深，栅瓣影响越大[45]。文献 [109] 认为可以将 SINR 损失曲线上栅零点深度作为优化 ADBF 性能的优化目标，该文献在实际计算时选取了方向图的最高副瓣电平作为目标函数。文献 [110] 通过对比全阵自适应和子阵级自适应数据协方差矩阵的区别，提出了一维线阵子阵划分的等噪声功率法，并使用 SINR 曲线对自适应性能进行评估。各子阵上输出的噪声功率正比于子阵内各单元加权值的平方和，所以根据已知的单元级加权可以计算出子阵划分方案。由于幅度锥削函数是离散的，子阵的划分结果可能不唯一，且无法保证所有子阵输出的噪声功率都相等。另外，虽然文献 [110] 给出的等噪声功率法划分的线阵具有较好的干扰抑制性能，但该方法只适合于线阵的最优子阵划分。国内学者胡航对子阵级信号处理做了深入研究[35,36,111-115]，在子阵划分方面，分析了存在干扰情况下单脉冲性能优化的目标函数，使用多目标进化算法（MOEA）求解矩形阵面的最优划分[113]。

总之，对于 ADBF 处理中的子阵划分研究，已有文献在优化时一般考虑以子阵划分和子阵加权为优化变量，对应的天线方向图的某项性能指标（如最大旁瓣水平）为目标函数。采用优化方法得出划分结果后，再分析子阵划分对自适应性能的影响。这种影响主要从两个方面来研究：①从自适应方向图上观察子阵划分后带来的性能变化[91,116,117]；②通过输出的 SINR 曲线，分析其 SINR 损失[35,91,108,110,116]。

对于 STAP 处理中子阵划分的研究，Klemm 和 Nickel 做了大量经典的研究工作[31,32,118,119]。他们以子阵级 STAP 的改善因子作为性能指标，分析了线型阵列和平面阵列的多种子阵划分对 STAP 性能的影响，这些子阵结构包括重叠均匀子阵列、非重叠子阵、非均匀子阵、棋盘形子阵、圆靶形子阵、非规则形状子阵等。通过对不同子阵划分实例的对比，得出了一些有用的结论，例如，子阵级的 STAP 性能已经可以接近全阵列的最优处理；对于杂波抑制而言，需要的数字通道数并不多，32 个数字通道就已经远远超过了杂波抑制的需求。

总的来说，抑制杂波和干扰的子阵级自适应处理，目前的研究依然不够系统，有待进一步研究。传统的介绍相控阵技术的文章、教材等，对自适应阵列处理基本原理的解释通常都是从均匀线阵的简单例子出发，很少涉及子阵级的信号处理。部分考虑到子阵级自适应处理的研究也只给出一些规则划分下的简单分析。随着技术的进步、子阵内涵的扩展，当子阵呈现出各种非规则结构、多层结构等时，传统的分析方法就显得捉襟见肘。因此，需要在子阵级自适应处理原理上进行深入地分析和扩展，才能对子阵技术的使用以及子阵的设计提出合理的要求，以达到优化设计的目的。

1.5 本书概貌

本书着眼于阵列雷达技术的长远发展，以提高复杂战场环境下阵列雷达作战能力为目的，实现理论创新和技术创新，开展了非规则子阵技术、重叠子阵技术、单脉冲处理中的子阵技术、自适应处理中的子阵技术等四个方面的研究工作。具体研究内容安排如下。

第 1 章为绪论。首先总结了阵列雷达结构演化历程，然后给出了子阵技术的概念和大规模阵列中子阵技术的必要性，最后系统总结了子阵技术在装备中的应用以及学术研究进展。

第 2 章为子阵技术基础。内容包括：方向图描述方式的约定；格论在阵列中的应用，具体分为单元位置格和阵因子周期格的各自特点及相互关系；典型的子阵结构及其数学表示方法的总结和归纳。

第 3 章为非规则子阵技术。内容包括：多联骨牌子阵与多联六边形子阵的定义及其特点；基于精确覆盖理论的子阵划分方法研究，提出了阵面的精确划分和准精确划分的两种典型应用，并借助精确覆盖的数学理论，提出了基于 X 算法的子阵划分求解方法；深入研究了基于非规则子阵结构的阵列天线方向图形成及性能分析方法。基于阵列扫描方向图性能，提出了最优子阵划分方案遴选方法。研究了子阵级低副瓣加权及波束赋型技术。针对大型阵面的子阵设计问题，提出了分层子阵设计思想。最后研制加工了非规则子阵并开展了电性能暗室测量。

第 4 章为重叠子阵技术。内容包括：揭示了重叠子阵和 IFIR 滤波器之间的内在联系，将方向图的综合问题转换为两个级联的空域滤波器的权系数优化问题。提出了重叠子阵的最优子阵级和单元级加权值的求解方法。并通过一维线阵实例进行了仿真验证，分析了误差对优化效果的影响。最后将优化方法扩展到二维面阵中，结合矩形栅格分布的八边形阵面进行了仿真验证。

第 5 章为单脉冲处理中的子阵技术。首先总结了常用的阵列单脉冲技术实现框架，归纳出和/差方向图的子阵级综合方法；然后研究了单脉冲应用中的子阵划分问题，揭示了聚类分析与和/差方向图综合之间的关系，并提出了基于聚类算法的子阵划分优化方法；最后研究了子阵级的单脉冲处理方法，推导了广义单脉冲原理及其理论测角性能，结合子阵划分的结果仿真研究了子阵级的单脉冲测角技术。

第 6 章为自适应阵列处理中的子阵技术。首先总结了典型的自适应阵列处理的算法结构，重点分析了其中子阵技术的使用准则；然后结合子阵技术给出了基本的子阵级 SLC 技术和子阵级 STAP 技术的信号处理方法；最后研究了自适应阵列处理中的子阵划分优化问题，结合不同的信号处理应用提出了两类子阵划分方法。

第 7 章为结束语，对本书的主要工作进行了总结，并对下一步研究工作进行了展望。

参 考 文 献

[1] 张光义. 相控阵雷达系统 [M]. 北京: 国防工业出版社, 1994.

[2] 张光义, 赵玉洁. 相控阵雷达技术 [M]. 北京: 电子工业出版社, 2006.

[3] 张光义. 相控阵雷达原理 [M]. 北京: 国防工业出版社, 2009.

[4] 吴曼青. 数字阵列雷达及其发展 [J]. 中国电子科学研究院学报, 2006, 1 (1): 11–16.

[5] 梁剑. 数字化雷达及其发展 [J]. 雷达科学与技术, 2008, 6 (6): 406–410.

[6] Brookner E. Phased arrays and radars—past, present and futures [C]. RAOAR, 2002: 104–113.

[7] Brookner E. Phased-array and radar breakthroughs [C]. 2007 IEEE Radar Conference, 2007: 37–42.

[8] Brookner E. Phased-array and radar astounding breakthroughs, an update [C]. 2008 IEEE Radar Conference, 2008: 1–6.

[9] Herd J S, Conway M D. The evolution to modern phased array architectures [J]. Proceedings of the IEEE, 2015: 1–11.

[10] Rocca P, Oliveri G, Mailloux R J, et al. Unconventional phased array architectures and design methodologies—a review [J]. Proceedings of the IEEE, 2016, 104 (3): 544–560.

[11] Stailey J E, Hondl K D. Multifunction phased array radar for aircraft and weather surveillance [J]. Proceedings of the IEEE, 2016, 104 (3): 649–659.

[12] 胡明春, 周志鹏, 严伟. 相控阵雷达收发组件技术 [M]. 北京: 国防工业出版社, 2010.

[13] 胡明春, 周志鹏, 高铁. 雷达微波新技术 [M]. 北京: 电子工业出版社, 2013.

[14] Talisa S H, O'Haver K W, Comberiate T M, et al. Benefits of digital phased array radars [J]. Proceedings of the IEEE, 2016, 104 (3): 530–543.

[15] Rotman R, Tur M, Yaron L. True time delay in phased arrays [J]. Proceedings of the IEEE, 2016, 104 (3): 504–518.

[16] 张朋友. 数字阵列雷达和软件化雷达 [M]. 北京: 电子工业出版社, 2008.

[17] 葛建军, 张春城. 数字阵列雷达 [M]. 北京: 国防工业出版社, 2017.

[18] 王德纯. 宽带相控阵雷达 [M]. 北京: 国防工业出版社, 2010.

[19] 唐宝富, 钟剑锋, 顾叶青. 有源相控阵雷达天线结构设计 [M]. 西安: 西安电子科技大学出版社, 2016.

[20] Milin J L, Moore S, Bürger W, et al. AMSAR—a France-UK-Germany success story in active-array radar [C]. 2010 IEEE International Symposium on Phased Array Systems and Technology, 2010: 11–18.

[21] 中航工业雷达与电子设备研究院. 机载雷达手册 [M]. 4 版. 北京: 国防工业出版社, 2013.

[22] Brown A. 电扫阵列 Matlab 建模与仿真 [M]. 汪连栋译. 北京: 国防工业出版社, 2014.

[23] 朱庆明. 数字阵列雷达述评 [J]. 雷达科学与技术, 2004, 2 (3): 136–141.

[24] 张旭红, 李会勇, 何子述. 平面数字阵列雷达的子阵级波束形成算法 [J]. 雷达科学与技术, 2008, 6 (6): 441–444.

[25] Zatman M. Digitization requirements for digital radar arrays [C]. 2001 IEEE Radar Conference, 2001: 163–168.

[26] Melvin W L, Scheer J A. Principles of Modern Radar: Advanced Techniques [M]. New York: SciTech Publishing, 2013.

[27] Mailloux R J. Phased Array Antenna Handbook [M]. 3rd ed. Boston: Artech House, 2018.

[28] Brockett T J, Rahmat-Samii Y. Subarray design diagnostics for the suppression of undesirable grating lobes [J]. IEEE Transactions on Antennas and Propagation, 2012, 60 (3): 1373–1380.

[29] 何诚, 刘永普. 波束形成网络中重叠子阵的设计 [J]. 雷达科学与技术, 2003, 1 (2): 120–124.

[30] 熊子源, 徐振海, 张亮, 等. 阵列雷达最优子阵划分研究综述 [J]. 雷达科学与技术, 2011, 9 (4): 370–377.

[31] Klemm R. Principles of Space-Time Adaptive Processing [M]. 3rd ed. London: The Institution of Engineering and Technology, 2006.

[32] Klemm R. 空时自适应处理原理 [M]. 南京电子技术研究所译. 北京: 高等教育出版社, 2009.

[33] 朱宝君, 李延波. 二维相控阵单脉冲跟踪测角方法的研究与应用 [J]. 现代雷达, 2003, (5): 16–18.

[34] 谢渊. X 波段单脉冲有源相控天线阵研制 [D]. 成都: 电子科技大学, 2009.

[35] 胡航, 张皓. 一种改进的两级子阵级自适应单脉冲方法 [J]. 电子学报, 2009, 37 (9): 1996–2003.

[36] 胡航, 张皓, 宗成阁, 等. 子阵级自适应单脉冲的四通道主瓣干扰抑制 [J]. 电波科学学报, 2009, 24 (5): 820–825.

[37] 赵爽, 陈殿仁. 毫米波圆极化单脉冲阵列天线的研究 [J]. 微波学报, 2011, 27 (6): 73–76.

[38] 徐振海, 黄艳刚, 熊子源, 等. 阵列雷达单脉冲与极大似然估计的一致性 [J]. 现代雷达, 2013, 35 (10): 32–35.

[39] 王永良, 彭应宁. 空时自适应信号处理 [M]. 北京: 清华大学出版社, 2000.

[40] 孙胜贤, 龚耀寰, 王维学. 相控阵部分自适应波束形成收发算法 [J]. 电子学报, 2002, 30 (12): 1755–1758.

[41] 王永良, 丁前军, 李荣锋. 自适应阵列处理 [M]. 北京: 清华大学出版社, 2009.

[42] 夏德平, 沈明威. ADBF 在机载有源相控阵雷达上的应用 [J]. 现代雷达, 2009, 31 (9): 32–35.

[43] 黄飞. 阵列天线快速自适应波束形成技术研究 [D]. 南京: 南京理工大学, 2010.

[44] 谭艳春. 相控阵雷达阵列信号的空域自适应处理 [D]. 哈尔滨: 哈尔滨工程大学, 2005.

[45] Mailloux R. Array grating lobes due to periodic phase, amplitude, and time delay quantization [J]. IEEE Transactions on Antennas and Propagation, 1984, 32 (12): 1364–1368.

[46] 闫秋飞, 范国平, 徐朝阳. 子阵幅度加权的低副瓣技术研究 [J]. 舰船电子对抗, 2009, 32 (6): 62–65.

[47] Sander W. Experimental phased-array radar ELRA: antenna system [J]. IEE Proceedings F - Communications, Radar and Signal Processing, 1980, 127 (4): 285–289.

[48] Briemle E. Aspects of adaptive beamforming with an AESA radar with subarray architecture [C]. IEE Colloquium on Electronic Beam Steering, 1998: 1–9.

[49] Grünbaum B, Shephard G C. Tilings and Patterns [M]. New York: Freeman, 1987.

[50] Senechal M. Quasicrystals and Geometry [M]. Cambridge: Cambridge University Press, 1996.

[51] Radin C. Symmetries of quasicrystals [J]. Journal of Statistical Physics, 1999, 95 (5–6): 827–833.

[52] Makino S, Kadoguchi S, Betsudan S, et al. An aperiodic array antenna using diamond tiles as subarrays [C]. 2009 the 3rd European Conference on Antennas and Propagation, 2009: 3479–3482.

[53] Isernia T, D'Urso M, Bucci O. A simple idea for an effective sub-arraying of large planar sources [J]. IEEE Antennas and Wireless Propagation Letters, 2009, 8: 169–172.

[54] Pierro V, Galdi V, Castaldi G, et al. Radiation properties of planar antenna arrays based on certain categories of aperiodic tilings [J]. IEEE Transactions on Antennas and Propagation, 2005, 53 (2): 635–644.

[55] Spence T G, Werner D H. Design of broadband planar arrays based on the optimization of aperiodic tilings [J]. IEEE Transactions on Antennas and Propagation, 2008, 56 (1): 76–86.

[56] Morabito A F, Isernia T, Labate M G, et al. Direct radiating arrays for satellite communications via aperiodic tilings [J]. Progress in Electromagnetics Research, 2009, 93: 107–124.

[57] Berger R. The undecidability of the domino problem [J]. Memoirs of the American Mathematical Society, 1966, 66: 1–72.

[58] Penrose R. The rôle of aesthetics in pure and applied mathematical research [J]. Bulletin of Institute of Mathematics and Its Applications, 1974, 10: 266-271.

[59] Mailloux R, Santarelli S, Roberts T. Wideband arrays using irregular (polyomino) shaped subarrays [J]. Electronics Letters, 2006, 42 (18): 1019–1020.

[60] Mailloux R, Santarelli S, Roberts T, et al. Irregular polyomino-shaped subarrays for space-based active arrays [J]. International Journal of Antennas and Propagation, 2009: 2–9.

[61] Rocca P, Chirikov R, Mailloux R J. Polyomino subarraying through genetic algorithms [C]. Proceedings of the 2012 IEEE International Symposium on Antennas and Propagation, 2012: 1–2.

[62] Herd J, Duffy S. Overlapped digital subarray architecture for multiple beam phased array radar [C]. Proceedings of the 5th European Conference on Antennas and Propagation (EUCAP), 2011: 3027–3030.

[63] Gehring R, Hartmann J, Hartwanger C, et al. Trade-off for overlapping feed array configurations [C]. The 29th ESA Antenna Workshop on Multiple Beams and Reconfigurable Antennas, 2007: 18–20.

[64] Mailloux R J. A low-sidelobe partially overlapped constrained feed network for time-delayed subarrays [J]. IEEE Transactions on Antennas and Propagation, 2001, 49 (2): 280–291.

[65] Herd J S, Duffy S M, Steyskal H. Design considerations and results for an overlapped subarray radar antenna[C]. 2005 IEEE Aerospace Conference, 2005: 1087–1092.

[66] Duffy S M, Willwerth F, Retherford L, et al. Results of X-band electronically scanned array using an overlapped subarray architecture [C]. 2010 IEEE International Symposium on Phased Array Systems and Technology (ARRAY), 2010: 713–718.

[67] Shelton J P. Multiple feed systems for objectives [J]. IEEE Transactions on Antennas and Propagation, 1965, AP-13 (16): 992–994.

[68] Nemit J T. Network approach for reducing the number of phase shifters in a limited scan phased array [OL]. http://www.freepatentsonline.com/3803625.html [1974-4-13].

[69] Mailloux R J, Franchi P R. Phased array antenna with array elements coupled to form a multiplicity of overlapped sub-arrays [OL]. http://www.freepatentsonline.com/3938160.html [1976-2-18].

[70] Mailloux R. Synthesis of spatial filters with chebyshev characteristics [J]. IEEE Transactions on Antennas and Propagation, 1976, 24 (2): 174–181.

[71] Franchi P, Mailloux R. Theoretical and experimental study of metal grid angular filters for sidelobe suppression [J]. IEEE Transactions on Antennas and Propagation, 1983, 31 (3): 445–450.

[72] Mailloux R, Zahn L, Martinez I A. Grating lobe control in limited scan arrays [J]. IEEE Transactions on Antennas and Propagation, 1979, 27 (1): 79–85.

[73] Skobelev S P. Analysis and synthesis of an antenna array with sectoral partial radiation pattern [J]. Telecommunications and Radio Engineering, 1990, 45 (11): 116–119.

[74] Bhattacharyya A K. Floquet modal based analysis of overlapped and interlaced subarrays [J]. IEEE Transactions on Antennas and Propagation, 2012, 60 (4): 1814–1820.

[75] Bhattacharyya A K. Phased Array Antennas: Floquet Analysis, Synthesis,BFNs, and Active Array Systems [M]. Hoboken: John Wiley & Sons, 2006.

[76] Coleman J, McPhail K, Cahill P, et al. Efficient subarray realization through layering [C]. Antenna Applications Symposium, 2005.

[77] Coleman J O. Planar arrays on lattices and their FFT steering, a primer [R]. http://www.dtic.mil/docs/citations/ADA544059 [2011-4-1].

[78] Coleman J O, Scholnik D P, Brandriss J J. A specification language for the optimal design of exotic FIR filters with second-order cone programs [C]. Conference Record of the 36th Asilomar Conference on Signals, Systems and Computers, 2002: 341–345.

[79] Coleman J O. Nonseparable Nth-band filters as overlapping-subarray tapers [C]. 2011 IEEE Radar Conference (RADAR), 2011: 141–146.

[80] Sherman S M, Barton D K. Monopulse Principles and Techniques [M]. 2nd ed. Boston: Artech House, 2011.

[81] 钟顺时. 天线理论与技术 [M]. 北京: 电子工业出版社, 2011.

[82] Lopez P, Rodriguez J, Ares F, et al. Subarray weighting for the difference patterns of monopulse antennas: joint optimization of subarray configurations and weights [C]. The 31st European Microwave Conference, 2001: 1–4.

[83] 汪定伟, 王俊伟, 王洪峰, 等. 智能优化方法 [M]. 北京: 高等教育出版社, 2007.

[84] Haupt R L, Werner D H. Genetic Algorithms in Electromagnetics [M]. Hoboken: John Wiley & Sons, 2007.

[85] Massa A, Pastorino M, Randazzo A. Optimization of the directivity of a monopulse antenna with a subarray weighting by a hybrid differential evolution method [J]. IEEE Antennas and Wireless Propagation Letters, 2006, 5 (1): 155–158.

[86] McNamara D A. Synthesis of sub-arrayed monopulse linear arrays through matching of independently optimum sum and difference excitations [C]. IEE Proceedings H Microwaves Antennas and Propagation, 1988: 293–296.

[87] Ares F, Rengarajan S, Rodriguez J, et al. Optimal compromise among sum and difference patterns through sub-arraying [C]. Antennas and Propagation Society International Symposium, 1996: 1142–1145.

[88] Caorsi S, Massa A, Pastorino M, et al. Optimization of the difference patterns for monopulse antennas by a hybrid real/integer-coded differential evolution method [J]. IEEE Transactions on Antennas and Propagation, 2005, 53 (1): 372–376.

[89] Boyd S, Vandenberghe L. Convex Optimization [M]. Cambridge: Cambridge University Press, 2004.

[90] Stephen B, Lieven V. 凸优化 [M]. 王书宁, 许鋆, 黄晓霖译. 北京: 清华大学出版社, 2013.

[91] Nickel U R. Subarray configurations for digital beamforming with low sidelobes and adaptive interference suppression [C]. 1995 IEEE Radar Conference, 1995: 714–719.

[92] Nickel U. Overview of generalized monopulse estimation [J]. IEEE Aerospace and Electronic Systems Magazine, 2006, 21 (6): 27–56.

[93]   Nickel U. Spotlight MUSIC: super-resolution with subarrays with low calibration effort [C]. IEE Proceedings of Radar, Sonar and Navigation, 2002: 166–173.

[94]   Nickel U, Richardson P, Medley J, et al. Array signal processing using digital subarrays [C]. 2007 IET International Conference on Radar Systems, 2007: 1–5.

[95]   Manica L, Rocca P, Martini A, et al. An innovative approach based on a tree-searching algorithm for the optimal matching of independently optimum sum and difference excitations [J]. IEEE Transactions on Antennas and Propagation, 2008, 56 (1): 58–66.

[96]   Rocca P, Manica L, Martini A, et al. Synthesis of large monopulse linear arrays through a tree-based optimal excitations matching [J]. IEEE Antennas and Wireless Propagation Letters, 2007, 6: 436–439.

[97]   Manica L, Rocca P, Benedetti M, et al. A fast graph-searching algorithm enabling the efficient synthesis of sub-arrayed planar monopulse antennas [J]. IEEE Transactions on Antennas and Propagation, 2009, 57 (3): 652–663.

[98]   Rocca P, Manica L, Massa A. An improved excitation matching method based on an ant colony optimization for suboptimal-free clustering in sum-difference compromise synthesis [J]. IEEE Transactions on Antennas and Propagation, 2009, 57 (8): 2297–2306.

[99]   Oliveri G, Poli L. Optimal sub-arraying of compromise planar arrays through an innovative ACO-weighted procedure [J]. Progress in Electromagnetics Research, 2010, 109: 279–299.

[100] D'Urso M, Isernia T, Meliado E F. An effective hybrid approach for the optimal synthesis of monopulse antennas [J]. IEEE Transactions on Antennas and Propagation, 2007, 55 (4): 1059–1066.

[101] Rocca P, Manica L, Azaro R, et al. A hybrid approach to the synthesis of subarrayed monopulse linear arrays [J]. IEEE Transactions on Antennas and Propagation, 2009, 57 (1): 280–283.

[102] Manica L, Rocca P, Massa A. On the synthesis of sub-arrayed planar array antennas for tracking radar applications [J]. IEEE Antennas and Wireless Propagation Letters, 2008, 7: 599–602.

[103] Manica L, Rocca P, Oliveri G, et al. Synthesis of multi-beam sub-arrayed antennas through an excitation matching strategy [J]. IEEE Transactions on Antennas and Propagation, 2011, 59 (2): 482–492.

[104] Oliveri G. Multibeam antenna arrays with common subarray layouts [J]. IEEE Antennas and Wireless Propagation Letters, 2010, 9: 1190–1193.

[105] Chappell W, Fulton C. Digital array radar panel development [C]. 2010 IEEE International Symposium on Phased Array Systems and Technology (ARRAY), 2010: 50–60.

[106] 张广磊, 高伟, 李晓明. 基于随机抽样子阵划分的部分自适应处理 [C]. 第十二届全国雷达学术年会论文集, 2012: 1203–1207.

[107] Bailey C D, Aalfs D D. Design of digital beamforming subarrays for a multifunction radar [C]. International Radar Conference-Surveillance for a Safer World, 2009: 1–6.

[108] 邓璐. 基于子阵的部分数字波束形成技术研究 [D]. 成都：电子科技大学，2007.

[109] 张增辉, 胡卫东, 郁文贤. 遗传二进制多粒子群优化算法及其在子阵 STAP 中的应用 [J]. 信号处理, 2009, 25 (1): 52–57.

[110] 许志勇，保铮，廖桂生. 一种非均匀邻接子阵结构及其部分自适应处理性能分析 [J]. 电子学报, 1997，25 (9)：20–24.

[111] 胡航, 邓新红. 子阵级平面相控阵 ADBF 的旁瓣抑制方法 [J]. 电波科学学报, 2008, 23 (1): 201–205.

[112] 胡航, 邓新红. 二维子阵级 ADBF 及方向图控制方法研究 [J]. 电子与信息学报, 2008, 30 (4): 881–884.

[113] 胡航, 秦伟程. 电子对抗环境下 ADBF 相控阵雷达的阵列结构优化 [J]. 电子与信息学报, 2010, (2): 366–370.

[114] 胡航, 王泽勋, 刘伟会, 等. 相控阵的两级子阵级加权方法研究 [J]. 电波科学学报, 2009, 24 (6): 1038–1043.

[115] 胡航, 刘伟会, 吴群, 等. 一种有效的子阵级波束扫描旁瓣抑制方法 [J]. 电波科学学报, 2009, 24 (4): 593–597.

[116] 陈子欢, 刘刚, 蒋宁. 一种新的子阵结构及其自适应性能分析 [J]. 电子信息对抗技术, 2006，21 (3)：33–37.

[117] 田北京, 谭晓斐, 王彤. 非均匀邻接子阵结构划分方法研究 [J]. 雷达科学与技术, 2009, 7 (1): 75–80.

[118] Klemm R, Nickel U. Adaptive monopluse with STAP [C]. International Conference on Radar, 2006.

[119] Burger W, Nickel U. Space-time adaptive detection for airborne multifunction radar [C]. IEEE Radar Conference, 2008: 1–5.

第 2 章　子阵技术基础

2.1　引　　言

子阵技术涉及复杂的阵列设计问题，包括特殊的阵列几何架构、移相器/延时器等设备的配置方式，以及阵元互耦、天线加工误差等非理想因素。子阵技术可以减少阵列天线中移相器、衰减器、延时器、模数转换器等控制设备的数量，降低实现成本，与之产生的代价是阵列的性能相对于全阵控制而言有一定的损失：从天线设计的角度看，天线方向图的性能降低；从后端阵列处理的角度看，信号处理得益也会下降。研究表明，不同的子阵结构方案对阵列性能的影响很大，而且一般的阵列理论不能直接用于子阵技术的分析。本章给出子阵技术的基本理论，分析子阵结构对阵列性能的影响机理，为后续研究工作奠定理论基础。

本章的内容安排如下：第 2.2 节从一般的阵列布阵方式出发，分析阵列天线的方向特性，给出了一些基本概念的约定。第 2.3 节利用"格论"这一数学工具讨论了阵元规则排列情况下天线方向图的扫描特性。子阵结构对方向图性能的影响主要体现在旁瓣升高和主瓣增益下降两个方面，这种现象的产生可以用阵因子栅瓣效应进行分析。第 2.4 节给出了典型子阵结构的原理图，剖析了各种子阵结构的特征，给出了不同子阵结构的应用场合。第 2.5 节得出了几种子阵的数学建模方法，归纳了这些建模方法的特点以及在本书中的应用情况。

2.2　阵列结构及方向图计算

2.2.1　广义阵列结构

假设阵列天线的阵元个数为 N，图 2.1给出了阵元的一般分布情况，此处以单个小辐射面表示一个天线阵元。第 i 个阵元的空间位置为 $\boldsymbol{r}_i = (x_i, y_i, z_i)$，$i = 1, \cdots, N$。空间指向用方位余弦表示为 $\boldsymbol{u} = (u, v, w)$，按图 2.1中对 θ 和 φ 的定义，有

$$\begin{cases} u = \sin\theta\cos\varphi \\ v = \sin\theta\sin\varphi \\ w = \cos\theta \end{cases} \tag{2.1}$$

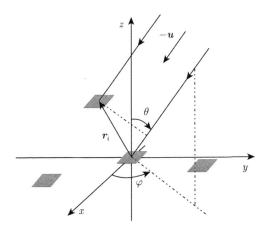

图 2.1   阵列结构示意图

2.2.1.1   方向图乘积定理

从发射的角度看，设第 i 个天线单元的激励电流为 I_i，单元辐射的电场强度与其激励电流 I_i 成正比，天线单元的方向图用 $\boldsymbol{f}_i(\boldsymbol{u})$ 表示（此处使用粗体的 $\boldsymbol{f}$ 是因为单元方向图可以包含极化信息）。空间位置 $\boldsymbol{r} = (x, y, z)$ 处的总辐射电场可以表示为[1-4]

$$\boldsymbol{E} = K \sum_{i=1}^{N} I_i \boldsymbol{f}_i(\boldsymbol{u}) \frac{\exp\left(-\mathrm{j}2\pi|\boldsymbol{r} - \boldsymbol{r}_i|/\lambda\right)}{|\boldsymbol{r} - \boldsymbol{r}_i|} \tag{2.2}$$

其中，λ 为波长，K 是与辐射强度相关的常数，

$$|\boldsymbol{r} - \boldsymbol{r}_i| = \sqrt{(x - x_i)^2 + (y - y_i)^2 + (z - z_i)^2} \tag{2.3}$$

在远场条件下，有

$$|\boldsymbol{r} - \boldsymbol{r}_i| \approx R_0 - \hat{\boldsymbol{r}}^{\mathrm{T}} \boldsymbol{r}_i \tag{2.4}$$

其中，$\hat{\boldsymbol{r}}$ 为 $\boldsymbol{r}$ 方向的单位矢量，即方向余弦矢量 $\boldsymbol{u}$。因此辐射电场为

$$\boldsymbol{E} \approx K \frac{\exp\left(-\mathrm{j}2\pi R_0/\lambda\right)}{R_0} \sum_{i=1}^{N} I_i \boldsymbol{f}_i(\boldsymbol{u}) \exp\left(\mathrm{j}\frac{2\pi \boldsymbol{u}^{\mathrm{T}} \boldsymbol{r}_i}{\lambda}\right) \tag{2.5}$$

不考虑单元方向图之间的差异，并忽略无关常数，式 (2.2) 可以简化为

$$\boldsymbol{E}_t = \boldsymbol{f}(\boldsymbol{u}) \sum_{i=1}^{N} I_i \exp\left(\mathrm{j}\frac{2\pi \boldsymbol{u}^{\mathrm{T}} \boldsymbol{r}_i}{\lambda}\right) \tag{2.6}$$

从接收的角度看，从 $-\boldsymbol{u}$ 方向入射的平面电磁波到达第 i 阵元和到达参考点之间的路程差为 $\boldsymbol{r}_i$ 在 $\boldsymbol{u}$ 方向上的投影，即 $\boldsymbol{u}^{\mathrm{T}} \boldsymbol{r}_i$，相应的波程差为 $\boldsymbol{u}^{\mathrm{T}} \boldsymbol{r}_i/\lambda$。以

原点为相位参考点，忽略位置误差和通道幅相误差等非理想因素的影响，只考虑由传播路径差引起的相位差，可以得出阵列的空域导向矢量为

$$\boldsymbol{a}(\boldsymbol{u}) = \left\{ \exp\left(\mathrm{j}\frac{2\pi\boldsymbol{u}^{\mathrm{T}}\boldsymbol{r}_i}{\lambda} \right) \right\}_{i=1,\cdots,N} \tag{2.7}$$

因此对于空间指向 $\boldsymbol{u}$ 的入射电磁波，其阵列增益同发射增益类似，根据叠加原理得出：

$$\boldsymbol{E}_r = \sum_{i=1}^{N} \tilde{w}_i^* \boldsymbol{f}_i(\boldsymbol{u}) \exp\left(\mathrm{j}\frac{2\pi\boldsymbol{u}^{\mathrm{T}}\boldsymbol{r}_i}{\lambda} \right) \tag{2.8}$$

其中，复系数 $\tilde{w}_i$ 表示第 i 阵元上所加的权值（含幅度权与相位权）。假设所有单元方向图均相同，则式 (2.8) 可化简为

$$\boldsymbol{E}_r = \boldsymbol{f}(\boldsymbol{u}) \sum_{i=1}^{N} \tilde{w}_i^* \exp\left(\mathrm{j}\frac{2\pi\boldsymbol{u}^{\mathrm{T}}\boldsymbol{r}_i}{\lambda} \right) \tag{2.9}$$

式 (2.6) 和式 (2.9) 中，求和部分中 I_i 和 w_i 具有相似的地位，统称为阵列加权。可以看出，从发射和接收两个角度的分析结论是一致的。本书后续内容多从接收角度进行分析。式 (2.9) 中，求和部分为一标量，即为所谓的阵列阵因子 F：

$$\begin{aligned}
F(\boldsymbol{u}, \boldsymbol{u}_0) &= \sum_{i=1}^{N} \tilde{w}_i^* \exp\left(\mathrm{j}\frac{2\pi\boldsymbol{u}^{\mathrm{T}}\boldsymbol{r}_i}{\lambda} \right) \\
&\triangleq \left[\tilde{\boldsymbol{w}} \odot \boldsymbol{a}(\boldsymbol{u}_0) \right]^{\mathrm{H}} \boldsymbol{a}(\boldsymbol{u}) \\
&= \boldsymbol{w}^{\mathrm{T}} \boldsymbol{a}(\boldsymbol{u} - \boldsymbol{u}_0)
\end{aligned} \tag{2.10}$$

式中，幅度加权和相位加权分别用 $\boldsymbol{w}$ 和 $\boldsymbol{a}(\boldsymbol{u}_0)$ 显式地表出，$\boldsymbol{u}_0$ 表示波束的指向，此处用没有波浪号 "$\sim$" 的 $\boldsymbol{w}$ 表示实数加权矢量。一般采用幅度加权控制方向图的形状，相位加权控制波束的指向，特殊情况下也可通过相位加权控制方向图的形状[5,6]。从式（2.10）可以看出，波束的扫描在正弦空间坐标系中表现为阵因子的平移。

2.2.1.2 广义方向图乘积定理

含有子阵结构的阵列可以看作 "超级" 阵列，超阵 "单元" 是子阵，其位置为子阵的几何中心；超阵 "单元" 大小、形状各异，方向图也各不相同，但是各个 "单元" 方向图指向相同方向。阵列方向图为超阵 "单元" 方向图与超阵阵因子的乘积，超阵 "单元" 方向图为单元方向图与子阵阵因子的乘积，因此含有子阵结构的阵列的方向图为单元方向图、子阵阵因子及超阵阵因子的乘积，这可以

称为广义方向图乘积定理。具体表示为

$$F(\boldsymbol{u}) = F_{\text{ele}}(\boldsymbol{u})F_{\text{sub}}(\boldsymbol{u})F_{\text{sup}}(\boldsymbol{u}) \tag{2.11}$$

广义方向图乘积定义还可以拓展至含有多级子阵结构的阵列中。广义方向图乘积定理只是原理正确，具体的计算公式还需要结合具体的子阵结构进行计算。对于非规则子阵结构，需要将子阵级加权等效至单元级加权，然后利用式 (2.9) 计算（详见第 3 章）；对于重叠子阵结构，单元方向图和子阵方向图固定，仅需要计算超阵阵因子，然后三者相乘即可（详见第 4 章）。

2.2.2　空间坐标系及可见区定义

首先给出空间坐标系及可见区的示意图，如图 2.2 所示。

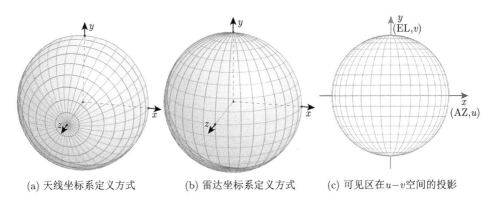

(a) 天线坐标系定义方式　　　(b) 雷达坐标系定义方式　　　(c) 可见区在 u–v 空间的投影

图 2.2　空间坐标系及可见区的示意图

在表示阵列方向图时首先要确定所使用的坐标系。假定二维阵面位于 xoy 平面，电磁辐射空域为 z 的正半球。天线工程师习惯用天线坐标系，即极坐标系（图 2.2(a)），空间方向由 (θ, ϕ) 表示，θ 为空间方向与 z 轴的夹角，ϕ 为空间方向在 xoy 平面的投影与 x 轴的夹角。天线坐标系到正弦坐标系的转换公式如式 (2.1)表示。

雷达工程师习惯采用雷达坐标系（图 2.2(b)），空间方向由 $(\theta_{\text{EL}}, \phi_{\text{AZ}})$ 表示，θ_{EL} 为空间方向与 xoz 平面的夹角，ϕ_{AZ} 为空间方向在 xoz 平面的投影与 z 轴的夹角。雷达坐标系到正弦坐标系的转换公式为

$$\begin{cases} u = \sin\phi_{\text{AZ}}\cos\theta_{\text{EL}} \\ v = \sin\theta_{\text{EL}} \\ w = \cos\phi_{\text{AZ}}\cos\theta_{\text{EL}} \end{cases} \tag{2.12}$$

天线坐标系中，阵面法向方向角度取值存在多值性，即 $\theta = 0$ 时，ϕ 可以取任意方向，而雷达坐标系避免了该问题。

对于二维平面阵列，方向余弦中 w 为冗余分量，造成平面阵列存在频率色散效应。并且在正弦空间坐标系中使用 $u-v$ 坐标即可对方向图进行表征（图2.2(c)）。由于 $u^2 + v^2 \leqslant 1$，所以物理空间可见区域在正弦坐标系中为单位圆。若采用雷达坐标系表示空间角度，则等方位线和等俯仰线在单位球面表现为经纬度，经纬度在可见区域投影如图 2.2(c) 所示。后面描述面阵的方向图均采用该坐标系。

2.3 阵因子栅瓣现象

假设阵元空间分布是规则的，阵元空间位置坐标可以由一组线性无关基矢量的整系数线性组合得到,这种整系数线性组合张成的空间在数学上称为"格"（Lattice），其严格定义如下。

定义 2.1 称 N 个线性无关矢量 $(\boldsymbol{v}_1, \boldsymbol{v}_2, \cdots, \boldsymbol{v}_N)$ 的整数线性组合 $\sum\limits_{i=1}^{N} k_i \boldsymbol{v}_i$ $(k_i \in \mathbb{Z})$ 为格，N 为格的维数。

格理论属于纯数学领域，研究表明利用格论中的有关概念和性质可以将阵元分布特征和阵列方向图特征方便地联系起来。本书将利用格论对方向图性能进行分析，限于篇幅本书不对格论做深入讨论，而是将格的基本概念嵌入到阵列天线的基本理论中进行介绍，相关的结论将应用到后续章节中，格论的应用也会在后续章节中进一步深化。

2.3.1 阵元位置格

图 2.3 给出了两种典型的阵元规则分布的例子。图 2.3(a) 中所示的均匀线阵，阵元位置由间距 d 决定，即 $dn, n \in \mathbb{Z}$。图 2.3(b) 为一规则分布的平面阵，其阵元的空间位置可以由阵面的一组基矢量 $\boldsymbol{d}_1$、$\boldsymbol{d}_2$ 的整数线性组合得到，两个基矢量表示为

$$\boldsymbol{d}_1 = \begin{bmatrix} d_{1x} \\ d_{1y} \end{bmatrix}; \qquad \boldsymbol{d}_2 = \begin{bmatrix} d_{2x} \\ d_{2y} \end{bmatrix} \tag{2.13}$$

其中，$d_{1x}, d_{1y}, d_{2x}, d_{2y} \in \mathbb{R}$。将 $\boldsymbol{d}_1$ 和 $\boldsymbol{d}_2$ 按列组合，并用电磁波的波长 λ 进行归一化，构成矩阵 $\boldsymbol{D} = [\boldsymbol{d}_1/\lambda, \boldsymbol{d}_2/\lambda]$。定义格 $\Lambda(\boldsymbol{D})$ 为

$$\Lambda(\boldsymbol{D}) = \{n_1 \boldsymbol{d}_1/\lambda + n_2 \boldsymbol{d}_2/\lambda | n_i \in \mathbb{Z}, \quad i = 1, 2\} \tag{2.14}$$

格 $\Lambda(\boldsymbol{D})$ 中的单元位置可以通过矩阵形式 $\boldsymbol{D}\boldsymbol{n}$，$\boldsymbol{n} = (n_1, n_2)^{\mathrm{T}}$ 确定，相应的阵元物理位置通过 $\lambda \boldsymbol{D}\boldsymbol{n}$ 确定，因此称 $\Lambda(\boldsymbol{D})$ 为阵元位置格。实际中的阵面都是有限

大的，通过对 $\lambda \boldsymbol{D} \boldsymbol{n}$ 中 $\boldsymbol{n}$ 取值范围的限定即可得到实际阵面的阵元位置（如图 2.3(b) 中"阵面支撑域"的限定）。

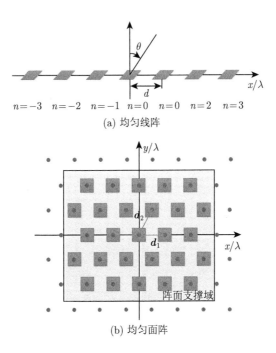

(a) 均匀线阵

(b) 均匀面阵

图 2.3　典型阵元分布情况

2.3.2　阵因子周期格

将式 (2.10) 中的阵元位置 $\boldsymbol{r}_i$ 用阵元位置格的表示方法给出，即

$$F(\boldsymbol{u}) = \sum_{i=1}^{N} \tilde{w}_i^* \exp\left(\mathrm{j}\frac{2\pi \boldsymbol{u}^{\mathrm{T}} \cdot \boldsymbol{r}_i}{\lambda}\right)$$

$$= \sum_{i=1}^{N} \tilde{w}_i^* \exp\left(\mathrm{j}2\pi \boldsymbol{u}^{\mathrm{T}} \cdot \boldsymbol{D} \boldsymbol{n}\right) \qquad (2.15)$$

根据图 2.2(c)，可认为 $u-v$ 空间和天线阵面是共平面的，任意的 $\boldsymbol{u}$ 也同样可以使用该平面内的一组基矢量的线性组合得到。二维平面内只要是不共线的两个矢量都可以作为基矢量，特别地选取 $\boldsymbol{D}^{-\mathrm{T}} \triangleq (\boldsymbol{D}^{-1})^{\mathrm{T}}$ 的列矢量作为 $u-v$ 空间的基矢量，从下面分析中可以发现这种选取方式的好处。将 $\boldsymbol{u} = \boldsymbol{D}^{-\mathrm{T}} \boldsymbol{f}$ 代入式 (2.15)，

则阵因子可表示为

$$
\begin{aligned}
F(\boldsymbol{u}) &= \sum_{i=1}^{N} \tilde{w}_i^* \exp\left(\mathrm{j}2\pi \boldsymbol{u}^{\mathrm{T}} \cdot \boldsymbol{D}\boldsymbol{n}_i\right) \\
&= \sum_{i=1}^{N} \tilde{w}_i^* \exp\left(\mathrm{j}2\pi \boldsymbol{f}^{\mathrm{T}} \boldsymbol{D}^{-1} \boldsymbol{D}\boldsymbol{n}_i\right) \\
&= \sum_{i=1}^{N} \tilde{w}_i^* \exp\left(\mathrm{j}2\pi \boldsymbol{f}^{\mathrm{T}} \boldsymbol{n}_i\right)
\end{aligned}
\tag{2.16}
$$

其中，$\boldsymbol{f} \in \mathbb{R}^2$ 为 $\boldsymbol{D}^{-\mathrm{T}}$ 两个列矢量的线性组合系数。采用式 (2.10) 的方式将阵列加权分解为幅度加权和相位加权，并在函数关系式中将波束指向 $\boldsymbol{f}_0$ 显式地表示出来，阵因子可以写成：

$$
F(\boldsymbol{f}, \boldsymbol{f}_0) = \sum_{i=1}^{N} \tilde{w}_i \exp\left(\mathrm{j}2\pi (\boldsymbol{f} - \boldsymbol{f}_0)^{\mathrm{T}} \boldsymbol{n}_i\right)
\tag{2.17}
$$

从式 (2.16) 和式 (2.17) 可以看出，阵因子 $F(\boldsymbol{f})$ 是一个周期函数，令 $\boldsymbol{f}_p = \boldsymbol{D}^{-\mathrm{T}}\boldsymbol{m}, \boldsymbol{m} \in \mathbb{Z}^2$，则

$$
\begin{aligned}
F(\boldsymbol{f} + \boldsymbol{f}_p) &= \sum_{i=1}^{N} \tilde{w}_i^* \exp\left(\mathrm{j}2\pi (\boldsymbol{f} + \boldsymbol{m})^{\mathrm{T}} \boldsymbol{n}_i\right) \\
&= \sum_{i=1}^{N} \tilde{w}_i^* \exp\left(\mathrm{j}2\pi \boldsymbol{f}^{\mathrm{T}} \boldsymbol{n}_i\right) \\
&= F(\boldsymbol{f})
\end{aligned}
\tag{2.18}
$$

该式说明，阵因子的周期性由 $\boldsymbol{D}^{-\mathrm{T}}\boldsymbol{m}, \boldsymbol{m} \in \mathbb{Z}^2$ 表征，即格 $\Lambda(\boldsymbol{D}^{-\mathrm{T}})$。数学上，称格 $\Lambda(\boldsymbol{D}^{-\mathrm{T}})$ 和格 $\Lambda(\boldsymbol{D})$ 互为对偶，即格 $\Lambda(\boldsymbol{D}^{-\mathrm{T}})$ 是格 $\Lambda(\boldsymbol{D})$ 的对偶格或倒格[7]。换句话说，阵元的分布特性决定了阵因子的周期性，该周期性由阵元位置格的对偶格表征。记

$$
\boldsymbol{D}^{-\mathrm{T}} = \boldsymbol{G} = [\boldsymbol{g}_1, \boldsymbol{g}_2]
\tag{2.19}
$$

式中，$\boldsymbol{g}_1, \boldsymbol{g}_2$ 为矩阵 $\boldsymbol{D}^{-1}$ 的两个行矢量的转置。阵因子的周期性可参考式 (2.18)，实际上，式 (2.18) 即为

$$
F(\boldsymbol{f} + \boldsymbol{G}\boldsymbol{m}) = F(\boldsymbol{f}), \quad \forall \boldsymbol{f} \in \mathbb{R}^2, \boldsymbol{m} \in \mathbb{Z}^2
\tag{2.20}
$$

正因为如此，本书称 $\Lambda(\boldsymbol{G})$（即 $\Lambda(\boldsymbol{D}^{-\mathrm{T}})$）为阵列的阵因子周期格。

矩阵 $\boldsymbol{G}^{\mathrm{T}}$ 和 $\boldsymbol{D}$ 互逆，根据矩阵逆的定义[8] 可知，基矢量 $\boldsymbol{d}_1, \boldsymbol{d}_2, \boldsymbol{g}_1, \boldsymbol{g}_2$ 之间应满足正交性，即

$$\boldsymbol{g}_i \cdot \boldsymbol{d}_j = \delta_{i-j}, \quad i, j = 1, 2 \tag{2.21}$$

其中，$\delta_i = \{ {1, i=0 \atop 0, i \neq 0}$。下面通过图形直观地给出了基矢量 $\boldsymbol{d}_1, \boldsymbol{d}_2, \boldsymbol{g}_1, \boldsymbol{g}_2$ 之间、格 $\Lambda(\boldsymbol{D})$ 及其对偶格 $\Lambda(\boldsymbol{G})$ 之间关系[9-13] （图 2.4）。

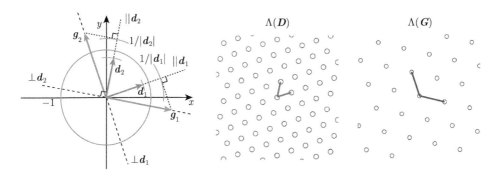

图 2.4　阵元位置格及阵因子周期格的几何关系

2.3.3　典型阵列结构的方向图

由阵元位置格 $\Lambda(\boldsymbol{D})$ 与阵因子周期格 $\Lambda(\boldsymbol{G})$ 之间的对偶关系可知，阵元间距越大，阵因子周期越小，如果阵元位置设置不当，有可能使得可见区的面积大于一个阵因子周期的面积，此时多个阵因子的极大值就会同时出现在可见区内。通常将期望指向处的阵因子极大值称为主瓣，而其他极大值称为阵因子的栅瓣。阵列设计的一个主要问题就是如何在波束扫描过程中避免产生阵因子栅瓣，栅瓣的出现会带来一系列不良影响。例如，使得阵列雷达测角发生模糊；在最终的天线方向图中产生高旁瓣，使接收通道中进入额外的杂波甚至干扰等。下面以几种典型阵列结构为例分析栅瓣的特点。

2.3.3.1　均匀线阵

考虑均匀线阵的阵元分布与阵因子周期性之间的关系。设阵元均匀分布在 x 轴上，相邻阵元间距为 d 倍波长，则阵元位置格为 $\Lambda(d)$，相应的阵因子周期格为 $\Lambda(d^{-1})$，记 $g = d^{-1}$。

当阵元间距为半波长，即 $d = 1/2$ 时，$g = 2$，整个可见区 $u \in [-1, 1]$ 包含了阵因子的一个周期。波束在整个可见区扫描时恰好不出现栅瓣。为了便于理解，图 2.5(a) 中给出了一个阵元个数为 8 的均匀线阵的例子，阵列采用均匀加权，波束指向偏离阵面法向 $30°$（$u = \sin 30° = 0.5$），从图中可以观察阵列阵因子的特点，图中同时给出了可见区的阵因子在极坐标中的 dB 表示。

图 2.5(b) 中，增大阵元间距为 $d = 1$。此时 $g = 1$，可见区包含了阵因子的两个周期，阵列扫描过程中，可见区内始终存在两个最大增益，一般把此时期望指向处的波束称为主瓣，而另一个则称为栅瓣。

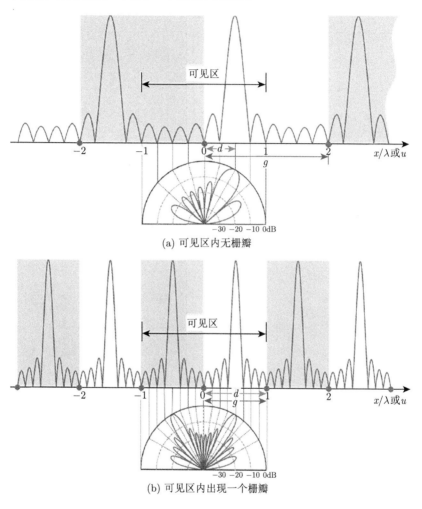

(a) 可见区内无栅瓣

(b) 可见区内出现一个栅瓣

图 2.5 均匀线阵的阵因子栅瓣示意图

从图中可以看出，由于阵元位置格和阵因子周期格互为对偶关系，当增大阵元间距后，阵因子周期就会随之变小。所以为了使阵列在扫描区域不出现栅瓣，就需要合理地设置阵元间距。通常，所关心的扫描区域不需要覆盖整个可见区，因此 d 可以略大于 $1/2$，例如，当波束扫描角不超出 $60°$，且要求 $[-60°, 60°]$ 内不出现栅瓣时，有 $g = 2\sin 60° = \sqrt{3}$，则阵元间距应小于 $1/\sqrt{3} \approx 0.577$ 倍波长；当波束扫描角不超出 $60°$，且要求 $[-90°, 90°]$ 内不出现栅瓣时，有 $g = 1 + \sin 60° = 1 + \sqrt{3}/2$，

则阵元间距应小于 $2/(2+\sqrt{3}) \approx 0.536$ 倍波长。

2.3.3.2　均匀面阵

图 2.6 给出了平面阵阵因子不出现栅瓣的两个典型设计。

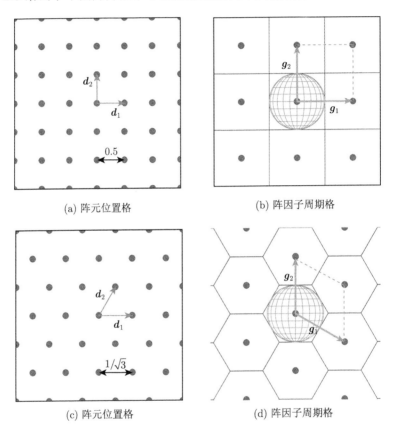

(a) 阵元位置格 　　　　　　　　　(b) 阵因子周期格

(c) 阵元位置格 　　　　　　　　　(d) 阵因子周期格

图 2.6　均匀面阵的阵因子栅瓣意义图

第一个实例中，阵元均匀分布在矩形栅格上，水平和垂直方向的阵元间距均为半波长（图 2.6(a)），即 $\boldsymbol{d}_1 = [1/2, 0]^{\mathrm{T}}$，$\boldsymbol{d}_2 = [0, 1/2]^{\mathrm{T}}$，阵元位置格为

$$\Lambda(\boldsymbol{D}) = \Lambda\left(\begin{bmatrix} 1/2 & 0 \\ 0 & 1/2 \end{bmatrix}\right) \tag{2.22}$$

相应地，$\boldsymbol{g}_1 = [2, 0]^{\mathrm{T}}$，$\boldsymbol{g}_2 = [0, 2]^{\mathrm{T}}$（图 2.6(b)），阵因子周期格为

$$\Lambda(\boldsymbol{G}) = \Lambda\left(\begin{bmatrix} 2 & 0 \\ 0 & 2 \end{bmatrix}\right) \tag{2.23}$$

第二个实例中，阵元均匀分布在三角栅格上，且三角形为边长等于 $1/\sqrt{3}$ 倍波长的等边三角形（图 2.6(c)），$\boldsymbol{d}_1 = [1/\sqrt{3}, 0]^{\mathrm{T}}$，$\boldsymbol{d}_2 = [1/(2\sqrt{3}), 1/2]^{\mathrm{T}}$，阵元位置格为

$$\Lambda(\boldsymbol{D}) = \Lambda\left(\begin{bmatrix} 1/\sqrt{3} & 1/(2\sqrt{3}) \\ 0 & 1/2 \end{bmatrix}\right) \tag{2.24}$$

相应地，$\boldsymbol{g}_1 = [\sqrt{3}, -1]^{\mathrm{T}}$，$\boldsymbol{g}_2 = [0, 2]^{\mathrm{T}}$（图 2.6(d)），阵因子周期格为

$$\Lambda(\boldsymbol{G}) = \Lambda\left(\begin{bmatrix} \sqrt{3} & 0 \\ -1 & 2 \end{bmatrix}\right) \tag{2.25}$$

可以看出，主瓣周围有六个栅瓣，栅瓣与主瓣的距离为 2，当主瓣在实空间扫描时，6 个栅瓣均不会进入到实空间内。

2.3.3.3 重要的概念与结论

结合图 2.6(b) 和图 2.6(d)，本书给出格论中较为重要的两个概念——格的基本平行四边形和 Voronoi 区域。

将式 (2.26) 所确定的区域称为格 $\Lambda(\boldsymbol{G})$ 的基本平行四边形，记为 FP($\boldsymbol{G}$)，即

$$\mathrm{FP}(\boldsymbol{G}) = \{\boldsymbol{r} \in \mathbb{R}^2 | \boldsymbol{r} = \boldsymbol{G}\boldsymbol{s}, \boldsymbol{s} \in [0,1)^2\} \tag{2.26}$$

图 2.6中基矢量 $\boldsymbol{g}_1, \boldsymbol{g}_2$ 及与其平行的虚线包围的区域就是 FP($\boldsymbol{G}$)（不含虚线线段及虚线线段的端点），它实际上是阵因子的一个最小正周期区域。在线阵情况下，基本平行四边形退化为一个半闭半开区间，如图 2.5(a) 中的区间 [0,2) 和图 2.5(b) 中的区间 [0,1)。

将式 (2.27) 所确定的区域称为格的 Voronoi [1] 区域，记为 VR($\boldsymbol{G}$)，即

$$\mathrm{VR}(\boldsymbol{G}) = \{\boldsymbol{r} \in \mathbb{R}^2 | \|\boldsymbol{r}\| < \|\boldsymbol{r} - \boldsymbol{p}\|, \forall \boldsymbol{p} \in \Lambda(\boldsymbol{G}), \boldsymbol{p} \neq \boldsymbol{0}\} \tag{2.27}$$

可以发现，VR($\boldsymbol{G}$) 是图 2.6中包含单位圆的最小多边形（图 2.6(b) 中的四边形和图 2.6(d) 中的六边形）。区别于 FP($\boldsymbol{G}$)，VR($\boldsymbol{G}$) 与基矢量的选取无关，而 $\Lambda(\boldsymbol{G})$ 的不同基矢量对应了不同的 FP($\boldsymbol{G}$)。

实际中，格 $\Lambda(\boldsymbol{G})$ 的基本平行四边形和 Voronoi 区域都可以作为阵因子的最小正周期，将 FP($\boldsymbol{G}$) 或者 VR($\boldsymbol{G}$) 周期延拓就可以得出整个 $u-v$ 平面内的阵因子。

相对于图 2.6(a) 的矩形栅格布阵，图 2.6(c) 的三角形布阵可以减少阵元个数。实际上，图中的三角形栅格排列方式是保证可见区无栅瓣条件下，阵元间距

---

[1] 冯洛诺伊（Voronoi，得名于 Georgy Voronoi）图，又叫泰森多边形（源于荷兰气候学家 A·H·Thiessen）。北京奥运会的水立方即是基于此原理设计。http://baike.so.com/doc/102818.html

最大化的布阵方案。基于格论的数学表示方法，可以得到一些重要的结论，总结为引理的形式如下。

引理 2.1　　为了避免在可见区中出现栅瓣，三角栅格的排列方式比矩形栅格要节约阵元。

证明　　两种布阵方式的阵元个数的比较可以简单地估算如下：假设阵面的面积为 S，以 Voronoi 区域（或者基本平行四边形）的方式划分阵元位置格 $\Lambda(\boldsymbol{D})$，显然每个 VR($\boldsymbol{D}$)（或者每个 FP($\boldsymbol{D}$)）内恰好包含一个阵元，因此所需阵元个数为 $S/S_{\mathrm{VR}(\boldsymbol{D})}$，其中 $S_{\mathrm{VR}(\boldsymbol{D})}$ 表示 Voronoi 区域的面积，因此有

$$S_{\mathrm{VR}(\boldsymbol{D})} = S_{\mathrm{FP}(\boldsymbol{D})} = |\boldsymbol{D}| \tag{2.28}$$

式中，对于矩形栅格和三角形栅格排列，$|\boldsymbol{D}|$（矩阵 $\boldsymbol{D}$ 的行列式）分别为 $1/4$ 和 $1/(2\sqrt{3})$。

因此相同阵面使用的阵元个数之比为 $2/\sqrt{3} \approx 1.155$，即使用矩形栅格布阵将比三角栅格布阵方式多耗费约 15.5% 的阵元，或者说使用三角形栅格布阵将比矩形栅格布阵节省约 13.4% 的阵元[①]。　■

引理 2.2　　阵元位置格的平移不改变阵因子周期格。

证明　　阵元位置格的平移意味着阵元的空间位置坐标的平移，不失一般性，令平移量为 $\boldsymbol{\delta}$，则第 i 阵元平移后的位置坐标表示为

$$\boldsymbol{D}\boldsymbol{n}_i + \boldsymbol{\delta} \tag{2.29}$$

阵因子的计算方式在式 (2.16) 的基础上改变为

$$\begin{aligned}
F'(\boldsymbol{u}) &= \sum_{i=1}^{N} \tilde{w}_i^* \exp\left(\mathrm{j}2\pi\boldsymbol{u} \cdot (\boldsymbol{D}\boldsymbol{n}_i + \boldsymbol{\delta})\right) \\
&= \exp\left(\mathrm{j}2\pi\boldsymbol{u} \cdot \boldsymbol{\delta}\right) \sum_{i=1}^{N} \tilde{w}_i^* \exp\left(\mathrm{j}2\pi\boldsymbol{u} \cdot \boldsymbol{D}\boldsymbol{n}_i\right) \\
&= \exp\left(\mathrm{j}2\pi\boldsymbol{u} \cdot \boldsymbol{\delta}\right) F(\boldsymbol{u})
\end{aligned} \tag{2.30}$$

可以看出阵元位置格的平移只是对阵因子产生了一个附加的相位项，且该相位项并不会影响方向增益（$|F(\boldsymbol{u})|^2$）的空间分布，因此阵元位置格的平移不改变阵因子周期格。　■

---

① 该数值为大阵面情况下的估算结果，对于具体阵面，数值会有略微的差异。

2.3.3.4　任意阵面三角栅格阵列波束形成

三角栅格阵面可以看作是两个相等矩形栅格阵面的叠加，如图 2.7所示。

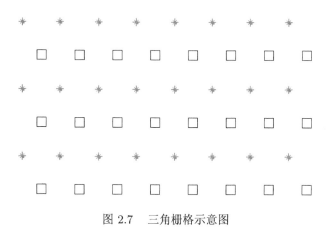

图 2.7　三角栅格示意图

图中，三角栅格阵面（阵元间距 $\lambda/\sqrt{3}$）相当于"＊形"矩形阵面（$d_x = \lambda/\sqrt{3}, d_y = \lambda$）和"□形"矩形阵面的叠加，并且"□形"阵面相当于"＊形"矩形阵面的平移，如果以"＊形"阵面相位中心为参考，则"□形"阵面相位中心为（$\lambda/(2\sqrt{3}), -\lambda/2$）。对于矩形栅格阵面，其波束形成问题可以采用二维 DFT 来计算，因此三角栅格阵面也可以借助矩形栅格阵面波束形成来实现。

阵列方向图除了与阵元栅格有关外，还与阵面形状有关。在雷达工程实践中，常见的阵面结构有：椭圆形阵面、圆形阵面、矩形阵面及多边形阵面。图 2.8(a)给出了机载预警雷达采用的椭圆形阵面，图 2.8(b) 给出了机载火控雷达采用的圆形阵面，图 2.8(c) 给出了机动三坐标雷达采用的矩形阵面。任意阵面天线方向图相当于无穷大三角形栅格阵面方向图加窗的结果。

(a) 机载预警雷达阵面　　　　　(b) 机载火控雷达阵面　　　　　(c) 三坐标雷达阵面

图 2.8　雷达装备中的常见阵面结构

图 2.9(a) 给出了特定椭圆阵面三角栅格阵列结构图，单元数 703。图 2.9(b) 给出了阵列波束方向图，可以看出在物理可见空间内没有栅瓣；主瓣波束截面形状近似为椭圆，由于阵列水平孔径较大，所以水平方向波束较窄。

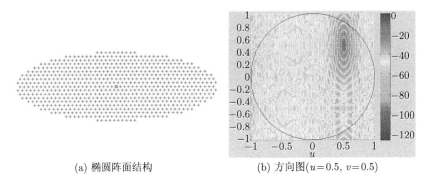

(a) 椭圆阵面结构　　　　　　　　(b) 方向图($u=0.5$, $v=0.5$)

图 2.9　椭圆阵面三角栅格阵列结构与方向图

图 2.10(a) 给出了特定圆阵面三角栅格阵列结构图，单元数 1453。图 2.10(b) 给出了阵列波束方向图，可以看出在物理可见空间内没有栅瓣；主瓣波束截面形状近似为圆形。

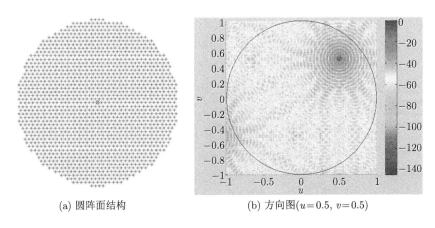

(a) 圆阵面结构　　　　　　　　(b) 方向图($u=0.5$, $v=0.5$)

图 2.10　圆阵面三角栅格阵列结构与方向图

图 2.11(a) 给出了特定矩形阵面三角栅格阵列结构图，单元数 1151。图 2.11(b) 给出了阵列波束方向图，可以看出在物理可见空间内没有栅瓣；主瓣波束截面形状近似为矩形，由于阵列垂直孔径较大，所以垂直方向波束较窄。

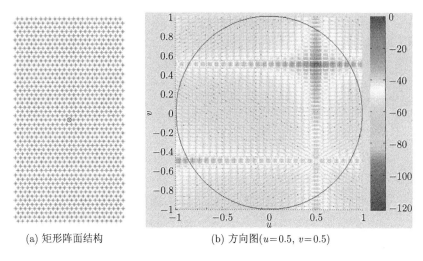

(a) 矩形阵面结构   (b) 方向图($u=0.5$, $v=0.5$)

图 2.11 矩形阵面三角栅格阵列结构与方向图

2.4 典型的子阵结构

本节将对现有的典型子阵技术进行梳理和分类。子阵按不同标准的分类情况总结在图 2.12 中。

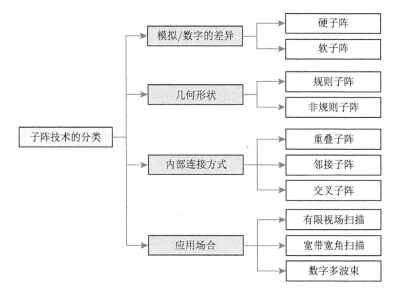

图 2.12 子阵技术的分类

根据不同的分类标准可以得出不同的子阵类型,如"硬子阵"和"软子阵"是根据模拟信号和数字信号的差异进行区分的。根据子阵的几何形状可以分为规则子阵和非规则子阵。根据子阵内部连接结构可分为重叠子阵、邻接子阵、交叉子阵等。图 2.13给出了几种不同类型子阵的示意图。

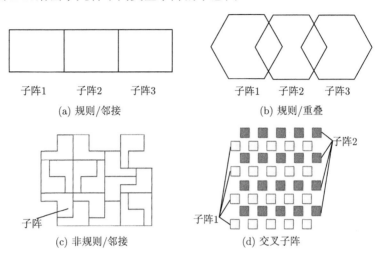

图 2.13   几种不同类型的子阵

通常情况下，从子阵的几何结构就能对这些子阵进行简单的区分。但是，如果仅从几何结构的角度对子阵进行分类，那么所开展的分析也就只停留在表象上，为了得到更有用的结论，需要对子阵的结构做更深入的研究。文献 [14] 指出子阵技术可以归结为一种控制端数目远少于单元数目的波束形成网络。根据具体的应用，控制端的器件包括移相器、衰减器、延时器、模数转换器等，而波束形成网络（即子阵）的具体形式也与应用场合息息相关。下面根据波束扫描的典型应用对子阵技术进行分类。

波束扫描主要有以下几个方面的应用[15,16]：有限视场扫描[17,18]（LFOV: limited field of view）、宽带宽角扫描[19]（WBWS: wide-band and wide-angle scanning）及同时多波束（MSB: multiple simultaneous beamforming）等。因此，可以将子阵实现方案分为图 2.14所示的三种类型。图 2.14(a) 为有限视场扫描技术，该应用中移相器只在子阵级实现，幅度加权作用在单元级和子阵级；图 2.14(b) 为宽带宽角扫描技术，该应用中移相器安置在单元级用于调整中心频率的波束指向，子阵级的时延器用于实现宽带波束扫描；图 2.14(c) 为同时多波束技术，该应用中移相和时间延迟可以通过数字波束形成网络实现，这种技术可以用于产生同时接收多波束。另外，通过模数转换器实现数字化后在设计上带来了更大的灵活性，例如可以在每个数字通道上通过 FIR 滤波器，实现数字时延提高阵列的宽带响应性能[20-22]。

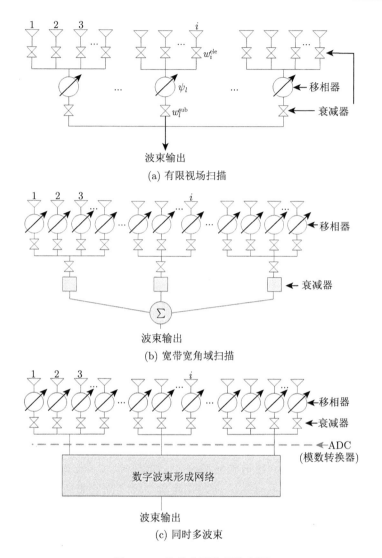

(a) 有限视场扫描

(b) 宽带宽角域扫描

(c) 同时多波束

图 2.14 几种典型的子阵配置

图 2.14 所给出的分类方式更加关注子阵内部的实现细节，跟上述的子阵技术分类并不矛盾。在图 2.14 所示的不同应用中，子阵也可以按其几何形状进一步分为规则/非规则的子阵，或者按其内部连接结构进一步分为重叠/邻接/交叉子阵。

2.5 子阵划分的数学建模方法

为了分析子阵结构对后续信号处理的影响，进而设计最优子阵结构，首先应将子阵的结构抽象为数学模型。本节列举了几种常用的子阵划分的数学建模方法，这些数学建模方法是后续章节进一步研究的基础。目前主要采用以下几种子阵划分的数学建模方法。

(1) 子阵形成矩阵表示法。用子阵形成矩阵 $\boldsymbol{T}_0$ 表示划分方案。$\boldsymbol{T}_0$ 是一个整数矩阵，其元素值只取 0 或 1，当且仅当第 i 个阵元被划分到第 j 子阵时，有 $\boldsymbol{T}_0[i,j]=1$。该表示方法有效地描述了阵元与子阵之间的隶属关系，适用范围广，对任意几何形状和内部结构的子阵划分都适用。

(2) 子阵变换矩阵表示法。用子阵变换矩阵 $\boldsymbol{T}$ 表示子阵划分及单元级加权。该矩阵是对子阵形成矩阵的完善，它包含了单元级的预加权处理。由于单元级加权的引入，该矩阵可能不再是 0–1 矩阵。如果单元级加权即包含幅度加权（通常由衰减器提供），也包含相位加权（通常由移相器提供），那么 $\boldsymbol{T}$ 为一个复数矩阵。

(3) 有序序列表示法。用维数为 L 的有序序列（或矢量）$\boldsymbol{S}$ 表示划分方案。这样的序列主要包含三类。第一类序列记为 $\boldsymbol{S}_A$，序列长度（或维数）等于阵元个数 N，第 n 维分量 $\boldsymbol{S}_A[n]$ 取自 $\{1,\cdots,L\}$，值等于第 n 阵元所属子阵的编号。该方法只适合于非重叠的子阵划分，但编码简洁，所占存储空间最小。第二类序列记为 $\boldsymbol{S}_B$，其维数等于子阵个数 L，第 n 维分量 $\boldsymbol{S}_B[n]$ 表示第 n 个子阵所含的阵元数量。该方法更为特殊，只适用于一维情况下的邻接子阵划分。第三类序列记为 $\boldsymbol{S}_C$，其维数等于子阵个数 $L-1$，元素等于相邻子阵间边界的编号。与第二类序列类似，$\boldsymbol{S}_C$ 的表示方法也只适用于一维情况下的邻接子阵划分。

(4) 子阵集合表示法。用元素个数为 L 的集合 $\mathcal{A}$ 表示划分方案。首先对每个阵元进行编号，集合 $\mathcal{A}$ 的每个元素是构成子阵的阵元编号组成的集合。由于集合是无序的，这种方法表示的子阵没有顺序，只能单纯地用来表示划分方案。同子阵形成矩阵一样，该方法能有效地描述阵元与子阵之间的隶属关系，对任意几何形状和内部结构的子阵划分都适用。图 2.15 给出了上述四种子阵划分数学表示方法的例子。

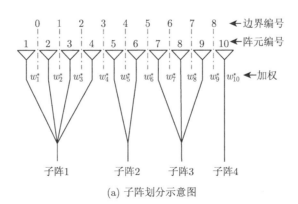

(a) 子阵划分示意图

$$
T_0 = \begin{pmatrix} 1 & 0 & 0 & 0 \\ 1 & 0 & 0 & 0 \\ 1 & 0 & 0 & 0 \\ 1 & 0 & 0 & 0 \\ 0 & 1 & 0 & 0 \\ 0 & 1 & 0 & 0 \\ 0 & 0 & 1 & 0 \\ 0 & 0 & 1 & 0 \\ 0 & 0 & 1 & 0 \\ 0 & 0 & 0 & 1 \end{pmatrix} \qquad T = \begin{pmatrix} w_1 & 0 & 0 & 0 \\ w_2 & 0 & 0 & 0 \\ w_3 & 0 & 0 & 0 \\ w_4 & 0 & 0 & 0 \\ 0 & w_5 & 0 & 0 \\ 0 & w_6 & 0 & 0 \\ 0 & 0 & w_7 & 0 \\ 0 & 0 & w_8 & 0 \\ 0 & 0 & w_9 & 0 \\ 0 & 0 & 0 & w_{10} \end{pmatrix}
$$

方式三
$$
\begin{cases} \boldsymbol{S}_A = (1,1,1,1,2, \\ \qquad 2,3,3,3,4) \\ \boldsymbol{S}_B = (4,2,3,1) \\ \boldsymbol{S}_C = (3,5,8) \end{cases}
$$

方式四 $\quad \mathcal{A} = \{\{1,2,3,4\},\{5,6\}, \{7,8,9\},\{10\}\}$

方式一   方式二

(b) 子阵划分表征方法

图 2.15   矩阵、序列和集合的子阵划分表征方法示例

对于最优子阵划分问题，子阵划分作为优化变量具有离散性、非凸性，一般只能采用智能优化的方式得出最优解。根据子阵形成矩阵及有序序列的含义，可以进一步定义解的邻域，这在智能优化算法中极为关键。例如，对于第一种子阵表示方式，解 $\boldsymbol{T}_0$ 的邻域空间定义为：交换 $\boldsymbol{T}_0$ 任意不相等的两行所能到达的所有 $\boldsymbol{T}_0'$ 所构成的解空间；类似地，对于第三种子阵表示方式，解 $\boldsymbol{S}_A$ 的邻域空间定义为：交换 $\boldsymbol{S}_A$ 任意两个不等元素所能到达的所有 $\boldsymbol{S}_A'$ 所构成的解空间。关于智能优化应用的部分研究成果已发表在文献 [23] 中，文中采用遗传算法进行最优子阵划分的求解，详细分析了遗传算法中各种遗传算子的实现细节，本书不再展开说明。

(5) 抽取因子表示法。这种表示方式可以用于具有周期结构的规则子阵划分。以一维线阵为例，假设阵元数为 7，子阵个数为 3，每个子阵内包含三个阵元，相邻子阵有一个单元的重叠，子阵结构如图 2.16(a) 所示。假设整个结构具有周期性，即所有子阵的加权系数完全一致，记为 w_1，w_2，w_3。

分别用 s^0 和 s^1 表示阵元接收信号和子阵输出信号，如图 2.16(a) 所示。阵元接收信号通过子阵系统得出子阵输出信号，这一过程可以用信号与系统的观点来描述，将子阵看做一个系统，该系统的冲击响应 h_n 如图 2.16(b) 所示，下标 $n = \{\cdots,-2,-1,0,1,2,\cdots\}$ 表示空间采样的位置。此时单元级信号即子阵系统的输入信号可以记为 s_n^0，输出信号则为 $\bar{s}_n^1$ 的抽取（$\bar{s}_n^1$ 是一个假想信号，"假想"的含义是实际中并不存在采集这个信号的设备，可用"思维实验"方式来想象 $\bar{s}_n^1$ 的存在，如图 2.16(c)）。图 2.17 给出了 n 分别取 0、1、2、3 时 $\bar{s}_n^1$ 的计算方式，可以看出，$\bar{s}_n^1$ 实际上是 s_n^0 与系统函数 h_n 卷积的结果，即

$$
\bar{s}_n^1 = \sum_{m=-\infty}^{m=+\infty} s_m^0 h_{n-m} \triangleq s^0 * h \tag{2.31}
$$

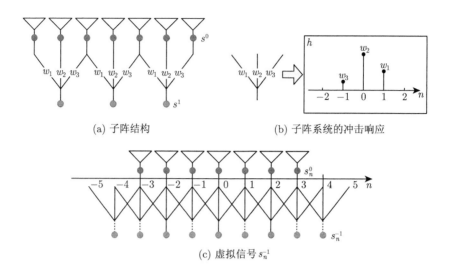

(a) 子阵结构   (b) 子阵系统的冲击响应

(c) 虚拟信号 s_n^{-1}

图 2.16   抽取因子表示法示意图一

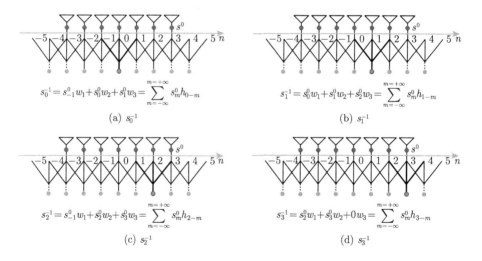

$$s_0^{-1} = s_{-1}^0 w_1 + s_0^0 w_2 + s_1^0 w_3 = \sum_{m=-\infty}^{m=+\infty} s_m^0 h_{0-m}$$

(a) s_0^{-1}

$$s_1^{-1} = s_0^0 w_1 + s_1^0 w_2 + s_2^0 w_3 = \sum_{m=-\infty}^{m=+\infty} s_m^0 h_{1-m}$$

(b) s_1^{-1}

$$s_2^{-1} = s_{-1}^0 w_1 + s_2^0 w_2 + s_3^0 w_3 = \sum_{m=-\infty}^{m=+\infty} s_m^0 h_{2-m}$$

(c) s_2^{-1}

$$s_3^{-1} = s_2^0 w_1 + s_3^0 w_2 + 0 w_3 = \sum_{m=-\infty}^{m=+\infty} s_m^0 h_{3-m}$$

(d) s_3^{-1}

图 2.17   抽取因子表示法示意图二

本书用符号"$*$"表示空域信号的卷积。根据图 2.16(a) 可知，s_n^1 是对 $s̄_n^1$ 进一步抽取的结果，抽取因子 R 由子阵的结构决定，本例中，抽取因子等于 2。因此

$$s_n^1 = (s^0 * h)_{2n} \tag{2.32}$$

一般情况下，式 (2.32) 为

$$s_n^1 = (s^0 * h)_{Rn} \triangleq s^0 * h \downarrow R \tag{2.33}$$

　　严格地讲，抽取因子表示法使用了抽取因子和冲击响应两个变量来表示子阵。该方法同样适用于二维平面的周期子阵结构，所不同的是，此时抽取因子 $\boldsymbol{R}$ 是一个 2×2 的整数矩阵，信号的下标也是一个二维变量 $\boldsymbol{n}$，其含义如图 2.3(b) 所示。二维的推广可以参考第 4 章的式 (4.28)，一维情况实际上可以看作是二维情况的特例，此时矩阵 $\boldsymbol{R}$ 退化为标量 R，二维变量 $\boldsymbol{n}$ 退化为 n。

　　上述几种子阵结构的数学表示方法的适用范围及在本书中的使用总结在表 2.1 中。

表 2.1　　几种子阵结构的数学表示方法的区别

表示方法	适用情况	本书使用情况
子阵形成矩阵 $\boldsymbol{T}_0$	任意形状和结构的子阵	第 3、5、6 章
子阵变换矩阵 $\boldsymbol{T}$	任意形状和结构的子阵	第 3、5、6 章
有序序列 $\boldsymbol{S}_A$	非重叠的子阵划分	第 5 章
有序序列 $\boldsymbol{S}_B$	一维情况下的邻接子阵划分	第 3 章
有序序列 $\boldsymbol{S}_C$	一维情况下的邻接子阵划分	第 5 章
子阵集合 $\mathcal{A}$	任意形状和结构的子阵	第 3、5 章
抽取因子 $\boldsymbol{R}$	周期结构的规则子阵划分	第 4 章

2.6　本章小结

　　本章给出了子阵技术的基础理论，结合数学工具"格论"对阵列天线的方向图计算进行了深入地分析，明确了栅瓣现象出现的机理，总结了各种子阵的结构特征，并分析了典型的子阵划分的数学表示方法，为后续研究奠定了基础。

　　(1) 从阵列结构出发，给出了阵列天线方向图的一般计算方式、方向图的方位、俯仰和可见区的定义，约定了本书对方向图的表征方法。阵列方向图计算的乘法原理贯穿全书，尽管对于小阵而言，边缘效应较为显著，该计算方式可能会存在较大的偏差，但对于阵列规模较大时，单元方向图一致性较好，该原理依然是计算大型阵列方向图最为方便的方法。

　　(2) 结合均匀线阵和均匀面阵，研究了特殊情况下的方向图计算。由于阵元分布的规则性，阵元位置和阵因子的周期性都可以借助"格论"的分析工具来方便地表征。本章将格论和阵列天线的基本概念相结合，得出了若干有用的结论。

　　(3) 对现有的各种子阵分类方式进行了梳理和归纳。分类方法结合了子阵的几何形状、内部结构、数字/模拟结构及波束扫描的典型应用等方面，给出了子阵技术的概貌。

　　(4) 总结了子阵结构几种典型的数学建模方法，包括子阵形成矩阵表示法、子阵变换矩阵表示法、有序序列表示法、集合表示法和抽取因子表示法等。详细分析了每种表示方法的定义、特点及适用情况。这些表示方法各有优缺点，恰当综合地运用这些方法能够有效地解决子阵技术中的难题。

参 考 文 献

[1] Mailloux R J. Phased array theory and technology [J]. Proceedings of the IEEE, 1982, 70 (3): 246–291.

[2] 张光义. 相控阵雷达系统 [M]. 北京: 国防工业出版社, 1994.

[3] 张光义, 赵玉洁. 相控阵雷达技术 [M]. 北京: 电子工业出版社, 2006.

[4] 张光义. 相控阵雷达原理 [M]. 北京: 国防工业出版社, 2009.

[5] Deford J F, Gandhi O P. Mutual coupling and sidelobe tapers in phase-only antenna synthesis for linear and planar arrays [J]. IEEE Transactions on Antennas and Propagation, 1988, 36 (11): 1624–1629.

[6] Zhang C. Improved Axial Ratio for Circularly Polarized Phased-arrays [M]. Eindhoven: Publisher of the Eindhoven University of Technology, 2012.

[7] Conway J H, Sloane N J A. Sphere Packings, Lattices and Groups [M]. 3rd ed. Berlin: Springer, 1998.

[8] 张贤达. 矩阵分析与应用 [M]. 北京: 清华大学出版社, 2004.

[9] Coleman J, McPhail K, Cahill P, et al. Efficient subarray realization through layering [C]. Antenna Applications Symposium, 2005.

[10] Coleman J O. A generalized FFT for many simultaneous receive beams [R]. Naval Research Laboratory, 2007.

[11] Coleman J O. Planar arrays on lattices and their FFT steering, a primer [R]. http://www.dtic.mil/docs/citations/ADA544059 [2011-4-3].

[12] Angeletti P. Multiple beams from planar arrays [J]. IEEE Transactions on Antennas and Propagation, 2014, 62 (4): 1750–1761.

[13] Nickel U R. Properties of digital beamforming with subarrays [C]. International Conference on Radar, 2006: 1–5.

[14] Skobelev S P. Phased Array Antennas with Optimized Element Patterns [M]. Norwood: Artech House, 2011.

[15] Mailloux R J. Subarray technology for large scanning arrays [C]. European Conference on Antennas and Propagation, 2008: 617.

[16] Xiong Z Y, Xu Z H, Xiao S P. Beamforming properties and design of the phased arrays in terms of irregular subarrays [J]. IET Microwaves, Antennas & Propagation, 2014, 9 (4): 369-379.

[17] Frazita R F, Lopez A R, Giannini R J. Limited scan array antenna systems with sharp cutoff of element pattern [P]. US. 4041501. 1977.

[18] Skobelev S P. Methods of constructing optimum phased-array antennas for limited field of view [J]. Antennas and Propagation Magazine, IEEE, 1998, 40 (2): 39–50.

[19] 曹运合, 刘峥, 张守宏. 宽带宽角数字阵列雷达发射波束形成技术 [J]. 雷达科学与技术, 2008, 6 (6): 446–449.

[20] 李素芝, 万建伟. 时域离散信号处理 [M]. 长沙: 国防科技大学出版社, 1994.

[21] Liu W, Weiss S. Wideband Beamforming Concepts and Techniques [M]. Hoboken: John Wiley & Sons, 2010.

[22] Scholnik D P, Coleman J O. Optimal array-pattern synthesis for wideband digital transmit arrays [J]. IEEE Journal of Selected Topics in Signal Processing, 2007, 1 (4): 660–677.

[23] Xiong Z Y, Xu Z H, Zhang L, et al. An innovative subarray partitioning method based on genetic algorithm for linear arrays [C]. IET International Radar Conference, 2013: 1–5.

第 3 章　非规则子阵技术

3.1　引　　言

　　非规则子阵划分打乱了子阵相位中心分布的周期性,从而消除超阵阵因子的栅瓣,相对于规则邻接的划分方法,非规则子阵能够极大地改善方向图的性能。实际应用中,子阵的种类越多,工程实现就越复杂,因此应尽可能减少非规则子阵的种类。但是满足子阵形状非规则,且子阵种类又尽可能少的非规则子阵并不容易设计。而且当阵元分布在规则的栅格上时,更难设计出符合要求的子阵。对于阵元规则分布的情况,Mailloux 首先提出了多联骨牌非规则子阵划分技术,取得了一定的研究成果。但其研究仅针对矩形栅格阵列,且对阵面划分的求解算法缺乏系统深入的研究。近年来,有学者提出了基于遗传算法的子阵划分方法,但由于遗传算法存在较大的随机性,划分的效果也并不理想。本章将针对阵元规则排布的情况,借鉴多联骨牌子阵的设计思想,进一步完善和扩展非规则子阵技术的研究。

　　本章的内容安排如下:第 3.2 节借鉴了多联骨牌子阵的设计理念,进一步给出了一般的多联多边形子阵概念并给出了矩形栅格和三角形栅格分布的非规则子阵。第 3.3 节提出了基于 X 算法的阵面精确划分方法和准精确划分方法。结合 L 型八联骨牌子阵和 X 型八联六边形子阵仿真验证了精确划分方法和准精确划分方法的有效性。第 3.4 节提出了非规则子阵划分情况下阵列天线的波束形成方法及仿真验证,可以用于估算阵列天线的波束扫描范围和旁瓣水平。结合该方法分析了阵列的宽带宽角波束扫描性能及有限视场扫描性能,在此基础上对子阵划分进行了进一步的优化设计。第 3.5 节研究了低副瓣加权及主瓣赋形技术,针对低副瓣方向图及主瓣平顶方向图的最优子阵加权进行了分析。第 3.6 节提出了最优子阵划分方案遴选方法,针对不同子阵划分方案的扫描电性能差异总结出了最优方案的遴选准则并选出了全局最优划分方案。第 3.7 节针对大型阵面的子阵设计问题,提出了分层子阵设计思想。对比分析了不同策略下的分层子阵设计波束性能,给出了综合考虑下的最优分层策略。第 3.8 节介绍了非规则子阵阵面加工及测试情况。

3.2 多联多边形子阵

所谓多联骨牌是指多个尺寸一致的正方形相邻拼接在一起所构成的图形。它实际上是一种特殊的多联多边形（ployform①），将多联骨牌定义中"正方形"的条件改成"多边形"即可得到多联多边形的定义。推广的多联多边形适用于任意栅格分布的阵列，相应的阵面精确划分可以归入盖瓦难题（tiling puzzle[1]）或等积异形难题（polyform puzzles[2]）。

图 3.1中总结了几种典型的多联骨牌和多联六边形形状的子阵，并对其规则和非规则性做了简单地区分。在图 3.1中，挑选了两个非规则子阵绘制出了其馈线网络结构。多联六边形是本书提出的一种描述阵元三角栅格分布情况下的非规则子阵划分方法。虽然三角栅格排列可以通过矩形栅格的仿射变换得到，但是直接采用多联骨牌的仿射变换却不能得出合适的子阵形状。而且，从几何特征上看，对于多联骨牌形状的子阵，它有四个旋转方向，分别为 0°、90°、180° 和 270°；对于多联六边形形状的子阵，有 6 个旋转方向，分别为 0°、60°、120°、180°、240° 和 300°。

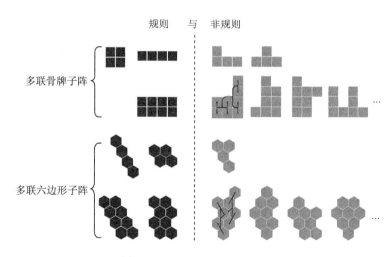

图 3.1 几种多联多边形子阵

众所周知，规则子阵在组装过程中，由于其旋转、镜像等方式产生的变化形式较为简单，因此可以较为容易地得出精确划分的方案。但是使用非规则子阵就不会如此幸运，非规则子阵的变化形式复杂，手动拼接出精确划分方案几乎不可能，接下来将重点讨论阵面精确划分的求解及其方向图性能的分析。

---

① ployform 有时也被翻译成"等积异形"，这样相当于在多联骨牌的定义中直接隐去了"正方形"一词，本书结合阵列天线的背景，采用"多联多边形"的翻译方式。

3.3 基于精确覆盖理论的阵面划分

3.3.1 精确覆盖理论

根据第 2 章介绍的格论知识可知，平面上任意一组线性无关矢量 $\boldsymbol{d}_1$、$\boldsymbol{d}_2$ 都可以用来表示平面上的点。阵列天线的阵元通常是周期排列的，因此可以用基矢量整数加权的线性组合来表示，即

$$\boldsymbol{r}(n_1, n_2) = n_1 \boldsymbol{d}_1 + n_2 \boldsymbol{d}_2 \tag{3.1}$$

当 n_1 和 n_2 取遍所有的整数时，相应的 $\boldsymbol{r}(n_1, n_2)$ 就是第 2 章所定义的"格"。

在阵列天线的设计中，为了降低工程实现的难度，需要尽可能地减少非规则子阵的种类。如何做到只用特定非规则形状的子阵对整个阵面进行精确划分是达到这一目的的核心问题，该问题可以采用数学中集合的概念进行描述：对于一个实际的阵列，其空间的支撑域局限于阵元的物理位置，而每个阵元都可以用组合系数 (n_1, n_2) 表示，因此整个阵面都可以用这些组合系数所构成的一个有限集合 $\mathcal{A}$ 表示。阵面上的任意局部区域亦可以用集合 $\mathcal{A}$ 的子集 $\mathcal{B}$ 表示。

图 3.2给出了两类阵列及其子阵的例子（本书分别称图中的两种子阵结构分别为 L 型八联骨牌子阵和 X 型八联六边形子阵）。

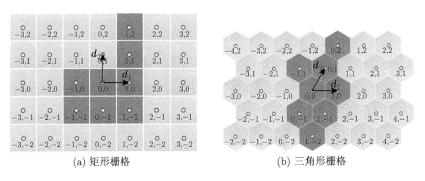

(a) 矩形栅格   (b) 三角形栅格

图 3.2   两类不同类型的阵元排列及两种子阵实例

对于矩形栅格阵列，其阵元间距通常设定为阵列最高工作频率的半波长，即 $\|\boldsymbol{d}_1\| = \|\boldsymbol{d}_2\| = \lambda_{\min}/2$ （图 3.2(a)）。对于一个六边形阵列，其阵元间距一般为 $\lambda_{\min}/\sqrt{3}$，即 $\boldsymbol{d}_1 = (\lambda_{\min}/\sqrt{3}, 0)$，$\boldsymbol{d}_2 = (\lambda_{\min}/(2\sqrt{3}), \lambda_{\min}/2)$ （图 3.2(b)）。对于图 3.2(a) 所示的矩形阵面，整个阵面可以用集合 $\mathcal{A}$ 表示：

$$\mathcal{A} = \{(n_1, n_2)|n_1, n_2 \in \mathbb{Z}, -3 \leqslant n_1 \leqslant 3, -2 \leqslant n_2 \leqslant 2\} \tag{3.2}$$

其中深色部分表示的子阵可以用集合 $\mathcal{B}_1$ 表示为

$$\mathcal{B}_1 = \{(-1, -1), (0, -1), (1, -1), (1, 0), (0, 0), (1, 0), (1, 1), (1, 2)\} \tag{3.3}$$

借鉴集合的表征方式，用数学语言来表述精确划分，就是使用且仅使用与 $\mathcal{B}_1$ 形状相同的子阵实现对阵列孔径 $\mathcal{A}$ 的精确划分，其中"精确划分"可以这样理解：首先找出这些形状的子阵在阵面上所有可能的表示，并记为集合 $\mathcal{S} = \{\mathcal{B}_1, \cdots, \mathcal{B}_M\}$。然后问题就转化为从集合 $\mathcal{S}$ 中找出一个子集 $\mathcal{S}^*$，使得集合 $\mathcal{A}$ 中的每个元素都属于且仅属于 $\mathcal{S}^*$ 中的一个集合 $\mathcal{B}_i$。在数学上，称集合 $\mathcal{A}$ 中的每个元素被集合 $\mathcal{S}^*$ 中的一个子集精确覆盖（exact cover）[3,4]。因此阵面的精确划分问题就转换为数学上的精确覆盖问题。

精确覆盖问题是一个经典的数学难题，在目前的认识水平下，人们将精确覆盖问题归入 NP 完全（NPC: NP-complete）问题之一。所谓 NPC 问题，通俗地讲就是随着问题规模的增大，难以在一个多项式时间内找出解的问题[5-7]。对于阵面的精确划分，手动方式寻找精确划分方案几乎是不可能实现的。近年来，研究人员开始采用启发式的搜索算法来求解，如遗传算法。但是这类算法本身存在随机性，也很难保证能找到精确划分方案。目前，算法大师 Donald 提出的 X 算法是已知的求解该类数学问题的有效方法[3,8]。下面结合图 3.2给出的例子对求解方法进行详细地介绍。

3.3.2 精确划分

3.3.2.1 基于 X 算法的精确划分算法

本书提出了基于 X 算法的阵面精确划分的求解算法。结合图 3.2(a) 的例子，将算法的具体步骤表述如下。

(1) 构造集合 $\mathcal{S}$。集合 $\mathcal{S}$ 表示和 $\mathcal{B}_1$ 形状相同的子阵在阵面上的所有可能的分布。定义两个基于集合 $\mathcal{B}_1$ 构造新集合的基本平移操作："右移"和"上移"，分别由以下两式表示：

$$\begin{cases} \mathcal{B}' = \{(n_1 + k, n_2) | (n_1, n_2) \in \mathcal{B}_1, k \in \mathbb{Z}\} \\ \mathcal{B}'' = \{(n_1, n_2 + k) | (n_1, n_2) \in \mathcal{B}_1, k \in \mathbb{Z}\} \end{cases}$$

其中，整数 k 表征了移动量。平移后依然为集合 $\mathcal{A}$ 的子集的所有集合构成上述集合 $\mathcal{S}$。针对图 3.2(a) 的例子，平移集合 $\mathcal{B}_1$，一共能找到 10 个新的集合（包括 $\mathcal{B}_1$）。

事实上，图 3.2中所示的两个子阵是多联多边形的两个特例。在数学上，某个多联多边形包括其经过旋转、镜像变换后得出的新多边形都视为相同的多联多边形。图 3.3中给出了两种特殊子阵的所有多联多边形表示。

注意到在阵列设计中，相同多联多边形对应的子阵在设计实现上没有本质的差异。因此，对图 3.3(a) 所示的其他子阵也使用平移操作，得出新集合也并入集合 $\mathcal{S}$ 中，最终得到由 88 个子集合构成的集合 $\mathcal{S} = \{\mathcal{B}_1, \cdots, \mathcal{B}_{88}\}$。

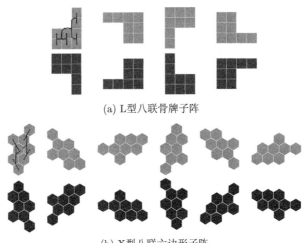

(a) L型八联骨牌子阵

(b) X型八联六边形子阵

图 3.3　经旋转和翻转后所能得到的所有子阵

(2) 构建关联矩阵 L。精确覆盖问题实质上是由集合 S 和 A 中元素之间的二元包含关系定义，可以用关联矩阵 L 来表示这种包含关系。具体来说，集合 S 的元素 B_i 对应着矩阵 L 的第 i 行，集合 A 的每个元素对应矩阵 L 的各个列。如果 A 的元素包含于 B_i 中，则矩阵 L 的第 i 行相应列上的元素值为 1，否则值为 0。对于上述的例子，将得到 88×35 维的 0-1 矩阵。

在该矩阵描述下，精确覆盖问题表述为从 L 中找出若干行，使得矩阵 L 的每一列有且仅有一个 1 在包含在这些行中。

(3) 应用 X 算法。以上的描述正是精确覆盖问题的矩阵表示，Donald 提出了对这一类问题的求解方法—X 算法①，并基于关联矩阵表示法给出了算法的流程。算法的流程如下。

X 算法的流程

如果 L 为空（维数为 0），则问题解决，算法结束。

否则选择矩阵 L 的某一列，列号为 c（选择方法为确定性方法）。

选择矩阵 L 的某一行，行号为 r，该行应满足 $L[r,c] = 1$（选择方法为随机选择）。

将第 r 行划入解中。

对于满足 $L[r,j] = 1$ 的第 j 列，进行如下操作：

　　从矩阵 L 中删除第 j 列；

　　对于满足 $L[i,j] = 1$ 的第 i 行，进行如下操作：

　　　　从矩阵 L 中删除第 i 行。

采用递归的方式重复使用算法作用于维数降低的矩阵 L 上。

---

① 该算法在 2000 年由 Donald 发明[3]，由于没有想出合适的命名方法，他直接称该算法为 X 算法。

根据 X 算法可以找出满足条件的所有集合 $\mathcal{S}^*$（如果存在的话）。如果 $\mathcal{S}$ 由所有可行的子阵所对应的集合给出①，那么通过 X 算法就得出了阵列的精确划分方案。

3.3.2.2　精确划分求解实例——多联骨牌子阵

图 3.4给出了一个 18×24 的矩形阵面的例子，子阵形状为一种不同于 L 型八联骨牌的形状，文献 [10] 称其为 "point-up" 八联骨牌，由于阵面规模较小，其精确划分较容易给出。事实上，利用本书提出的精确划分方法，可以将所有可能的精确划分方案全部求出。本例共使用 54 个子阵，对于集合 $\mathcal{S}$ 构造了 5328 个子集，经计算本书找到了所有可能的精确划分方案，共 2,712,574 种，算法耗时 9449.97s，算法更新次数为 8,402152,988。

图 3.4　54 个 "point-up" 型八联骨牌划分的阵面

当阵面规模增大后，阵面的精确划分方案就不容易给出了。假设一矩形口径阵面由 64×32 个阵元构成，阵元分布在间距为半波长（对应最高工作频率）的矩形栅格上。为了避免规则划分所引入的栅瓣，使用图 3.2(a) 所示的 L 型八联骨牌作为基本子阵。图 3.5(b) 给出了一个本书算法求解出的精确划分实例，图 3.5(a) 为一个规则子阵划分的方案对比。对比文献 [11] 中阵面边缘不整齐的划分方案，可以发现，本书使用了相同的子阵形状和子阵个数最终得出了非常整齐的阵面口径。本例中共使用了 256 个子阵，在构造算法流程中的集合 $\mathcal{S}$ 时共形成了 14511 个子集，求出图 3.5(b) 中单次精确划分方案的算法更新次数为 400942，算法运行时间为 0.46 秒。

---

① 第 6 章将通过减少集合 $\mathcal{S}$ 的元素，求出特殊约束条件下的阵面划分。

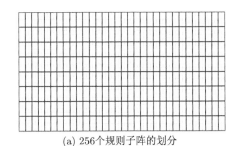 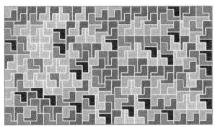

(a) 256个规则子阵的划分   (b) 256个L型八联骨牌子阵的划分

图 3.5   非规则骨牌子阵的阵面精确划分实例

3.3.3 准精确划分

实际中，并不能始终保证精确划分的解一定存在，仅使用一种非规则形状的子阵有可能得不到阵面精确划分的结果。这种情况下，阵面划分的目标通常可以描述为：尽可能多地用给定形状的子阵来划分阵面，也即保证未填充的阵元数（阵面上的"空洞"）尽可能的少。本书将这种划分方案称为"准精确划分"。

3.3.3.1 基于 X 算法的准精确划分算法

对于准精确划分，除了给定形状的子阵外，也允许其他形状的子阵（甚至是单个孤立阵元）的存在，并且这些特殊形状的子阵在阵面上允许出现的位置可以事先设定。基于这样的想法，本书提出一种实现准精确划分的算法，算法的具体流程总结如下。

(1) 使用给定的基本多联多边形构造集合 $\mathcal{S}$。构造方法参见 3.3.2 节。

(2) 在集合 $\mathcal{S}$ 中加入特殊子集"松弛单元集合"。所谓松弛单元，此处特指只包含一个孤立单元的特殊子阵。通过引入这些特殊的子集，准精确划分的问题实际上转换为了精确划分。这些松弛单元允许出现在阵面的某些位置上，以确保新的精确划分问题有解。

(3) 结合 $\mathcal{S}$ 和 $\mathcal{A}$ 生成关联矩阵 $\boldsymbol{L}$，然后利用 X 算法找出尽可能多的精确划分方案。

(4) 确定最优解。根据一定的准则从上一步中得出的众多精确划分解中选出最优的解。本书采用的优选准则为最小化松弛单元的个数。

通常，给定任何一种子阵形状，只要使用了松弛单元，就一定能得出准精确划分的解。一种"平凡"的情况是所有的阵元均被设置为松弛单元，此时准精确划分的"最平凡"解即每个阵元单独构成一个子阵。

图 3.6 给出了基于 X 算法的精确划分和准精确划分设计方法的流程图。该图将精确划分和准精确划分的流程总结在一起，可以看出准精确划分的使用时机包括两种情形：① 情形一是在算法开始就确定要采用准精确划分，这种情况一般应

用在可以很容易判断出不存在精确划分的时候；② 情形二是在精确划分的解得不到之后再进一步采用准精确划分，这种情况一般应用在很难判断是否存在精确划分的时候（理论上已经证明判断是否存在精确覆盖是一个 NP 判定问题，所以阵面的精确划分解是否存在通常是很难判断，因此情形二更为常用）。

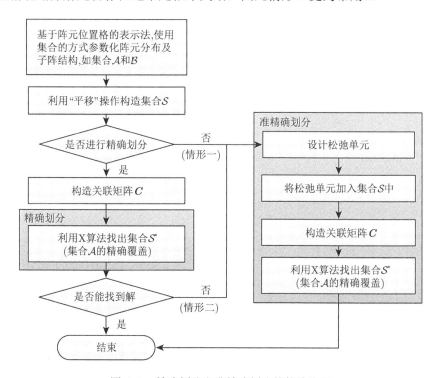

图 3.6 精确划分和准精确划分的算法流程

3.3.3.2 准精确划分求解实例——多联六边形子阵

图 3.7 给出了阵面准精确划分方法的求解实例。本实例中，阵面为圆口径，阵元分布在等边三角形栅格上。图 3.7(a) 使用了一个相对规则的子阵对阵面进行划分，子阵由八个阵元构成。显然，在圆口径阵面的边缘部分很难安置给定形状的子阵，因此阵面边缘会出现许多孤立的阵元（在图 3.7 用白色六边形表示）。统一起见，对于图中孤立的白色六边形所代表的阵元，本书均设其孤立地作为一个子阵，即每个孤立阵元后也配置完整的接收装置。这样在图 3.7(a) 中，共得到 97 个子阵，而图 3.7(b) 中共得到 55 个子阵。

显然，图 3.7(a) 中由于采用了相对规则的子阵，其划分方案通过手动拼接就可以轻易得到，而采用非规则的子阵之后，手动拼接的方法就不再适合了。图 3.7(b) 为准精确划分算法得出的优化结果，子阵的形状参见图 3.2 中所示的 X 型八联六边形子阵。

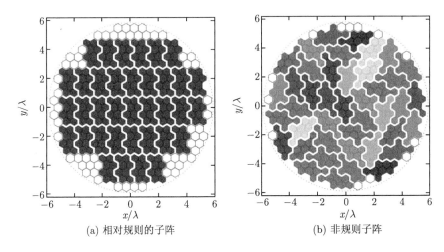

(a) 相对规则的子阵　　　　　　　　(b) 非规则子阵

图 3.7　准精确划分实例 (见彩图)

　　根据准精确划分的方法，在求解图 3.7(b) 所示划分方案的过程中，首先构造出集合 $\mathcal{A}$ 和 $\mathcal{S}$，集合 $\mathcal{A}$ 的大小等于阵元个数。基本的八联六边形骨牌通过镜像变换、旋转变换得出的所有等价的子阵形状如图 3.3(b) 所示。通过平移变换，共得到由 3120 个集合元素构成的集合 $\mathcal{S}$。为了得出准精确划分方案，本书在阵面口径的边缘部分构造了 50 个松弛单元，并将其对应的集合元素并入集合 $\mathcal{S}$ 中。图 3.8 给出了 50 个松弛单元（黑色六边形）的构造示意图。

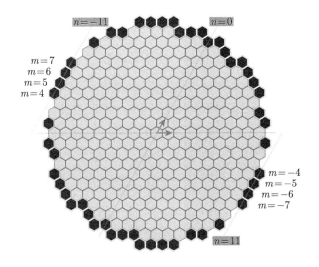

图 3.8　松弛单元的构造方法示意图

具体的构造方法为

$$\begin{cases} \{(m,n)|n=n_{\min} \text{ or } n=n_{\max}\} \\ \{(m,n)|_{\text{for given }n}^{m=m_{\min},m=m_{\max}}, n_{\min}<n<n_{\max}\} \end{cases} \tag{3.4}$$

经过上述运算后，可以得出关联矩阵 $\boldsymbol{L}$ 的维数为 3170×349。最后，基于关联矩阵 $\boldsymbol{L}$ 运用 X 算法进行求解。

需要说明的是，图 3.7(b) 给出的划分结果是从 100 个准精确划分阵面中选出了孤立子阵个数最少的一个划分方案。100 个准精确划分方案的获取一共使用了 46776.61 秒。

3.4 波束形成及性能分析

考虑阵列雷达的接收过程，为了数学分析方便，将到达空间位置 $\boldsymbol{r}_i$ 处的电磁波表示为 $\boldsymbol{E}\mathrm{e}^{\mathrm{j}(2\pi ft+\boldsymbol{k}^{\mathrm{T}}\boldsymbol{r}_i)}$，其中 $\boldsymbol{E}$ 为电场矢量，$\boldsymbol{r}_i=(x_i,y_i,z_i)^{\mathrm{T}}$ 表示第 i 阵元的空间位置，$\boldsymbol{k}^{\mathrm{T}}=2\pi(u,v,w)/\lambda$ 为波数矢量。$\boldsymbol{u}=(u,v,w)^{\mathrm{T}}$ 是入射波相对于阵列天线的单位方向矢量。阵元个数和子阵个数分别为 N、L。单元级幅度加权记为 $\boldsymbol{w}^{\mathrm{ele}}$。第 l 个子阵的子阵级幅度和相位加权分别记为 w_l^{sub} 和 ψ_l。不考虑波的极化信息，阵列的输出可以表示为

$$\sum_{l=1}^{L}w_l^{\mathrm{sub}}\mathrm{e}^{-\mathrm{j}\psi_l}\sum_{i\in\{n|l_n=l\}}w_i^{\mathrm{ele}}\mathrm{e}^{-\mathrm{j}\phi_i}\mathrm{e}^{\mathrm{j}\boldsymbol{k}^{\mathrm{T}}\boldsymbol{r}_i} \tag{3.5}$$

其中，ϕ_i 在第 i 阵元上加入的相位加权（不存在相位加权时，$\phi_i\equiv0$），l_n 是第 n 阵元所属子阵的子阵编号。因此，$\{n|l_n=l\}$ 为所有被划分到第 l 子阵的阵元编号集合。子阵和阵元之间的隶属关系也可以用 δ 函数表示，从而阵列的输出可以表示为

$$\begin{aligned} &\sum_{l=1}^{L}w_l^{\mathrm{sub}}\mathrm{e}^{-\mathrm{j}\psi_l}\sum_{i=1}^{N}w_i^{\mathrm{ele}}\mathrm{e}^{-\mathrm{j}\phi_i}\mathrm{e}^{\mathrm{j}\boldsymbol{k}^{\mathrm{T}}\boldsymbol{r}_i}\delta_{l_i,l} \\ =&\sum_{i=1}^{N}w_i^{\mathrm{ele}}\mathrm{e}^{-\mathrm{j}\phi_i}\mathrm{e}^{\mathrm{j}\boldsymbol{k}^{\mathrm{T}}\boldsymbol{r}_i}\sum_{l=1}^{L}w_l^{\mathrm{sub}}\mathrm{e}^{-\mathrm{j}\psi_l}\delta_{l_i,l} \\ =&\sum_{i=1}^{N}w_i^{\mathrm{ele}}w_{l_i}^{\mathrm{sub}}\mathrm{e}^{\mathrm{j}(\boldsymbol{k}^{\mathrm{T}}\boldsymbol{r}_i-\phi_i-\psi_{l_i})} \end{aligned} \tag{3.6}$$

其中，$\delta_{l_i,l}=\{_{0,l_i\neq l}^{1,l_i=l}$，$w_i^{\mathrm{ele}}w_{l_i}^{\mathrm{sub}}$ 称为等效的第 i 阵元加权，并简记为 $\breve{w}_i$。

记波束指向 $\boldsymbol{u}_{\mathrm{m}}^{\mathrm{T}}=(u_{\mathrm{m}},v_{\mathrm{m}},w_{\mathrm{m}})$，且 $\boldsymbol{k}^{\mathrm{m}}=2\pi\boldsymbol{u}_{\mathrm{m}}/\lambda$，$\boldsymbol{k}_{\mathrm{c}}^{\mathrm{m}}=2\pi\boldsymbol{u}_{\mathrm{m}}/\lambda_{\mathrm{c}}$。其

中，字母"m"和"c"分别代表了"主波束"和"中心频率"①。T_0 是表示子阵
划分的 $0-1$ 矩阵（即第 2 章提出的子阵形成矩阵），具体来说，当且仅当第 i
个阵元被划分到第 j 子阵时，有 $T_0[i,j]=1$。T 则是包含了等效的单元级加权
的子阵变换矩阵，即 $T=\mathrm{diag}(\breve{w})T_0$。理论上，单元级的相位加权通过阵列流
型：$a_\mathrm{c}^\mathrm{m}=\{\exp(\mathrm{j}k_\mathrm{c}^\mathrm{m}\cdot r_i)\}_{i=1,\cdots,N}$ 对应的相位值给出，该相位加权能将波束指向
调整到 k_c^m 的方向上。

3.4.1　有限视场扫描技术

根据图 2.14(a)，在有限视场扫描的应用中，相位补偿只在子阵级实现，因此
第 l 子阵的输出可以表示为

$$\sum_{i=1}^{N}[\delta_{l_i,l}\breve{w}_i\mathrm{e}^{\mathrm{j}(k^\mathrm{m}\cdot r_i-\psi_l)}]$$

$$=\mathrm{e}^{-\mathrm{j}\psi_l}\sum_{i=1}^{N}[\delta_{l_i,l}\breve{w}_i\mathrm{e}^{\mathrm{j}k^\mathrm{m}\cdot r_i}]$$

$$=\mathrm{e}^{-\mathrm{j}\psi_l}\left[T^\mathrm{H}a^\mathrm{m}\right]_l \tag{3.7}$$

其中，$[\cdot]_l$ 表示矢量 $\cdot$ 的第 l 个分量。理想的子阵级相位加权值由子阵级的阵列流
型，也即子阵级导向矢量确定：$T^\mathrm{H}a^\mathrm{m}$。换句话说，理想情况下，ψ_l 为矢量 $T^\mathrm{H}a^\mathrm{m}$
的第 l 分量的相位值，即

$$\psi_l=\angle\left[T^\mathrm{H}a^\mathrm{m}\right]_l \tag{3.8}$$

其中，符号"$\angle$"表示取相位的运算。

实际应用中，总会存在一些非理想因素影响到加在子阵端的相位值。一个主
要的因素在于移相器的频率依赖性，器件的频率依赖性使得通过移相器加入的附
加相位值依赖于载波频率。因此，子阵级附加相位 ψ_l 不能始终等于式 (3.8) 给出
的理想值。下面给出更符合实际的子阵级附加相位计算方法。

为了将波束的指向调整到 u_c^m，应尽可能地保证式 (3.6) 的求和项能够实现
同相叠加，即 $k_\mathrm{c}^\mathrm{m}\cdot r_i-\psi_{l_i}\approx 0$。因此根据附录 A 中的定理 A.1 可得

$$\sum_{i=1}^{N}[\delta_{l_i,l}\breve{w}_i\mathrm{e}^{\mathrm{j}(k_\mathrm{c}^\mathrm{m}\cdot r_i-\psi_l)}]$$

$$\approx\left(\sum_{i=1}^{N}\delta_{l_i,l}\breve{w}_i\right)\cdot\exp\left\{\mathrm{j}\frac{\sum_{i=1}^{N}[\delta_{l_i,l}\breve{w}_i(k_\mathrm{c}^\mathrm{m}\cdot r_i-\psi_l)]}{\sum_{i=1}^{N}[\delta_{l_i,l}\breve{w}_i]}\right\} \tag{3.9}$$

① 由于 u 和 k 都能表示某一个空间指向，因此两个符号在论文都会用来描述波束的指向。对于平面阵而
言，u 和 k 的第三个分量可以省去，即可以用 $(u_\mathrm{m},v_\mathrm{m})$ 表示指向。

上述近似为一阶近似，具有较好的近似效果。由于式 (3.7) 的最大值是 $\sum_i^N \breve{w}_i$，故 ψ_l 的一个合理的取值可以通过令式 (3.9) 中的 $\sum_{i=1}^N [\delta_{l_i,l}\breve{w}_i(\boldsymbol{k}_c^m \cdot \boldsymbol{r}_i - \psi_l)] = 0$ 得到。因此

$$\psi_l = \frac{\sum_{i=1}^N \delta_{l_i,l}\breve{w}_i\boldsymbol{k}_c^m \cdot \boldsymbol{r}_i}{\sum_{i=1}^N \delta_{l_i,l}\breve{w}_i} \tag{3.10}$$

理论分析中，类似于 $\psi_l \mod 2\pi$ 的运算可以略去。定义 $\boldsymbol{\rho}_l$ 如下：

$$\boldsymbol{\rho}_l \triangleq \frac{\sum_{i=1}^N \delta_{l_i,l}\breve{w}_i\boldsymbol{r}_i}{\sum_{i=1}^N \delta_{l_i,l}\breve{w}_i} \tag{3.11}$$

那么，子阵级应加入的相位值可以通过 $\boldsymbol{\rho}_l$ 给出，即

$$\psi_l = \boldsymbol{k}_c^m \cdot \boldsymbol{\rho}_l \tag{3.12}$$

直观上，$\boldsymbol{\rho}_l$ 可以看作是对应于第 l 子阵的特殊空间位置。具体来说，当单元级的等效加权为均匀加权时，$\boldsymbol{\rho}_l$ 正好是第 l 子阵的几何中心；当 $w_l^{sub} = 1$，对于 $\forall l$ 成立时，$\boldsymbol{\rho}_l$ 为文献 [9] 中给出的子阵中心。在式 (3.11) 的定义中，同时考虑到了单元级加权和子阵级加权，因此本书将 $\boldsymbol{\rho}_l$ 称为广义子阵相位中心（GSPC: generalized subarray phase center）。

3.4.2 宽带宽角扫描技术

当在单元级使用了移相器之后，阵元的移相器加权就可以用于补偿中心频率的平面波在单元级单元之间引起的相位差异。使用上述符号，将入射电磁波用参数 $\boldsymbol{k}_c^m$ 表示。相应地，第 i 阵元提供的移相值为

$$\phi_i = \boldsymbol{k}_c^m \cdot \boldsymbol{r}_i \tag{3.13}$$

子阵级采用时间延迟用以补偿给定方向（$\boldsymbol{k}^m$）上不同频率电磁波的相位差异，同式 (3.9)，有

$$\sum_{i=1}^N [\delta_{l_i,l}\breve{w}_i(\boldsymbol{k}^m \cdot \boldsymbol{r}_i - \overbrace{\boldsymbol{k}_c^m \cdot \boldsymbol{r}_i}^{\phi_i} - \psi_l)] = 0 \tag{3.14}$$

因此

$$\psi_l = (\boldsymbol{k}^m - \boldsymbol{k}_c^m) \cdot \boldsymbol{\rho}_l \tag{3.15}$$

类似于式 (3.8)，ψ_l 的更一般的计算方式为

$$\psi_l = \angle \left[\boldsymbol{T}^{\mathrm{H}} \mathrm{diag}(\boldsymbol{a}_{\mathrm{c}}^{\mathrm{m}})^* \boldsymbol{a}^{\mathrm{m}} \right]_l \tag{3.16}$$

如果将幅度加权和相位加权均合并到子阵形成矩阵 $\boldsymbol{T}$ 中，即

$$\boldsymbol{T} = \mathrm{diag}(\boldsymbol{a}_{\mathrm{c}}^{\mathrm{m}}) \mathrm{diag}(\boldsymbol{\breve{w}}) \boldsymbol{T}_0 \tag{3.17}$$

那么，式 (3.8) 和式 (3.16) 的右边部分可以写作 $\angle \left[\boldsymbol{T}^{\mathrm{H}} \boldsymbol{a}^{\mathrm{m}} \right]_l$，其中，$\boldsymbol{T}^{\mathrm{H}} \boldsymbol{a}^{\mathrm{m}}$ 为子阵级阵列流型。

综上所述，任意子阵结构下有限视场扫描和宽带宽角扫描的阵列加权方式为

$$\begin{cases} \phi_i = 0, \ \psi_l = \boldsymbol{k}_{\mathrm{c}}^{\mathrm{m}} \cdot \boldsymbol{\rho}_l & \text{(LFOV)} \\ \phi_i = \boldsymbol{k}_{\mathrm{c}}^{\mathrm{m}} \cdot \boldsymbol{r}_i, \ \psi_l = (\boldsymbol{k}^{\mathrm{m}} - \boldsymbol{k}_{\mathrm{c}}^{\mathrm{m}}) \cdot \boldsymbol{\rho}_l & \text{(WBWS)} \end{cases} \tag{3.18}$$

式中，$i = 1, \cdots, N$，$l = 1, \cdots, L$ 分别为阵元编号和子阵编号。理想的子阵级相位补偿方式由子阵级阵列流型 $\boldsymbol{T}^{\mathrm{H}} \boldsymbol{a}^{\mathrm{m}}$ 确定，其中 $\boldsymbol{T}$ 是包含幅度和相位加权的子阵形成矩阵。

值得指出的是，除了有限视场扫描和宽带宽角扫描，子阵级实现数字化后，还可以开展多种子阵级信号处理内容。本章仅集中分析有限视场扫描和宽带宽角扫描这两种重要的波束形成技术。上述分析中，并没有对子阵划分方法做任何限制，因此任意划分方式（如重叠的、非重叠的、规则的、非规则的等）都能应用上述方法进行分析。另外，虽然仅给出了单层子阵的分析，但上述分析方法可以方便地推广到多层子阵技术中。

3.4.3　天线方向图性能

给定天线的子阵结构及加权方式，阵列天线的方向图（假设阵列单元具有全向的方向图）表示为

$$F(\boldsymbol{k}) = (\boldsymbol{w}^{\mathrm{sub}})^{\mathrm{H}} (\boldsymbol{T}^{\mathrm{H}} \boldsymbol{a}) \tag{3.19}$$

其中，$\boldsymbol{a} = \{\exp(\mathrm{j} \boldsymbol{k} \cdot \boldsymbol{r}_i)\}_{i=1,\cdots,N}$ 为阵列流型。不含上下标的 $\boldsymbol{k}$ 代表了任意频率和入射方向的单频电磁波。

理论上，波束的指向可以在单元级或子阵级进行调整。对应调整方向的单元级加权记为 $\boldsymbol{a}^{\mathrm{ele}}(\boldsymbol{k}_1) = \{\exp(\mathrm{j} \boldsymbol{k}_1 \cdot \boldsymbol{r}_i)\}_{i=1,\cdots,N}$。则子阵级的阵列流型为

$$\{\mathrm{diag}[\boldsymbol{w}^{\mathrm{ele}}] \mathrm{diag}[\boldsymbol{a}^{\mathrm{ele}}(\boldsymbol{k}_1)] \boldsymbol{T}_0\}^{\mathrm{H}} \boldsymbol{a} = \{\mathrm{diag}[\boldsymbol{w}^{\mathrm{ele}} \odot \boldsymbol{a}^{\mathrm{ele}}(\boldsymbol{k}_1)] \boldsymbol{T}_0\}^{\mathrm{H}} \boldsymbol{a} \tag{3.20}$$

其中，$\odot$ 为 Hadamard 乘积，即对应位置的元素相乘。子阵级的幅度和相位加权可以表示为 $\boldsymbol{w}^{\mathrm{sub}} \odot \boldsymbol{a}^{\mathrm{sub}}(\boldsymbol{k}_2)$。子阵级的相位加权通过广义子阵相位中心（GSPC）确定：

$$[\boldsymbol{w}^{\mathrm{sub}} \odot \boldsymbol{a}^{\mathrm{sub}}(\boldsymbol{k}_2)]_l = w_l^{\mathrm{sub}} \exp(\mathrm{j} \boldsymbol{k}_2 \cdot \boldsymbol{\rho}_l) \tag{3.21}$$

因此，通过单元级和子阵级的两级调整，天线的方向图表示为

$$F(\boldsymbol{k}) = [\boldsymbol{w}^{\mathrm{sub}} \odot \boldsymbol{a}^{\mathrm{sub}}(\boldsymbol{k}_2)]^{\mathrm{H}}\{\mathrm{diag}[\boldsymbol{w}^{\mathrm{ele}} \odot \boldsymbol{a}^{\mathrm{ele}}(\boldsymbol{k}_1)]\boldsymbol{T}_0\}^{\mathrm{H}}\boldsymbol{a} \qquad (3.22)$$

进一步，上述推导可以推广至多层子阵的阵列天线。多层子阵（共 $M-1$ 层）的天线方向图为

$$
\begin{aligned}
F(\boldsymbol{k}) = {}&(\boldsymbol{w}_M \odot \boldsymbol{a}_M)^{\mathrm{H}} \\
&\times [\mathrm{diag}(\boldsymbol{w}_{M-1} \odot \boldsymbol{a}_{M-1})\boldsymbol{T}_{M-2}]^{\mathrm{H}} \\
&\qquad\qquad \vdots \\
&\times [\mathrm{diag}(\boldsymbol{w}_1 \odot \boldsymbol{a}_1)\boldsymbol{T}_0]^{\mathrm{H}}\boldsymbol{a} \qquad\qquad (3.23)
\end{aligned}
$$

其中，数字下标用以区分不同层的子阵处理：$\boldsymbol{w}_m$ 和 $\boldsymbol{a}_m$ 分别是第 $m-1$ 层子阵的幅度和相位加权（特别地，$\boldsymbol{w}_1$ 和 $\boldsymbol{a}_1$ 对应单元级的幅度和相位加权）；$\boldsymbol{T}_{m-1}$ 是第 m 层子阵的子阵形成矩阵；第 $m-1$ 层的调向矢量 $\boldsymbol{k}_m$ 隐含在矢量 $\boldsymbol{a}_m$ 中，而不含下标的 $\boldsymbol{a}$ 对应了参数为 $\boldsymbol{k}$ 的电磁波。可以将各层的调向矢量显式地表示在方向图函数中，记为 $F(\boldsymbol{k}, \boldsymbol{k}_1, \boldsymbol{k}_2, \cdots, \boldsymbol{k}_M)$。

注意到式 (3.23) 对子阵划分没有任何约束，因此该天线方向图的计算方式适用于任意子阵结构。另外，此处的分析中数字化可以在任意一层子阵实现，甚至可以直到最后的波束输出都不实现数字化（即完全采用模拟处理）。需要指出的是，实际应用中数字化一般在最后一层子阵实现。对于某些特殊结构的子阵，式 (3.23) 可以结合子阵的特点进行化简，例如，接下来将讨论的非规则多联多边形子阵及下面讨论的规则重叠子阵结构。实质上，实现对式 (3.23) 进一步化简的关键在于结构的规则性。

在讨论非规则子阵划分时，为便于分析，本书重点分析单层子阵结构的阵列天线。对于单层子阵结构，波束扫描可以通过调整 $\boldsymbol{k}_1$ 和 $\boldsymbol{k}_2$ 实现。简而言之，有限视场扫描的波束扫描实现方式为 $F(\boldsymbol{k}, \boldsymbol{k}_1 = \boldsymbol{0}, \boldsymbol{k}_2 = \boldsymbol{k}_{\mathrm{c}}^{\mathrm{m}})$，而宽带宽角的波束扫描实现方式为 $F(\boldsymbol{k}, \boldsymbol{k}_1 = \boldsymbol{k}_{\mathrm{c}}^{\mathrm{m}}, \boldsymbol{k}_2 = \boldsymbol{k}^{\mathrm{m}})$。下面集中讨论有限视场扫描的方向图性能。

不失一般性，记第 i 阵元的方向图为 $f_i^{\mathrm{e}}(\boldsymbol{k})$，则总的方向图通过求和方式求出：

$$
\begin{aligned}
F(\boldsymbol{k}) &= \sum_{i=1}^{N} \breve{w}_i \mathrm{e}^{\mathrm{j}(\boldsymbol{k}\cdot\boldsymbol{r}_i - \boldsymbol{k}_{\mathrm{c}}^{\mathrm{m}}\cdot\boldsymbol{\rho}_{l_i})} f_i^{\mathrm{e}}(\boldsymbol{k}) \\
&= \sum_{i=1}^{N} \breve{w}_i \mathrm{e}^{\mathrm{j}(\boldsymbol{k}\cdot\boldsymbol{\rho}_{l_i} - \boldsymbol{k}_{\mathrm{c}}^{\mathrm{m}}\cdot\boldsymbol{\rho}_{l_i})} \mathrm{e}^{\mathrm{j}(\boldsymbol{k}\cdot\boldsymbol{r}_i - \boldsymbol{k}\cdot\boldsymbol{\rho}_{l_i})} f_i^{\mathrm{e}}(\boldsymbol{k}) \\
&= \sum_{l=1}^{L} \Bigg[\mathrm{e}^{\mathrm{j}(\boldsymbol{k}-\boldsymbol{k}_{\mathrm{c}}^{\mathrm{m}})\cdot\boldsymbol{\rho}_l} \underbrace{\sum_{i=1}^{N} \delta(l_i, l)\breve{w}_i \mathrm{e}^{\mathrm{j}(\boldsymbol{k}\cdot\boldsymbol{r}_i - \boldsymbol{k}\cdot\boldsymbol{\rho}_l)} f_i^{\mathrm{e}}(\boldsymbol{k})}_{f_l^{\mathrm{s}}(\boldsymbol{k})} \Bigg] \\
&= \sum_{l=1}^{L} \mathrm{e}^{\mathrm{j}(\boldsymbol{k}-\boldsymbol{k}_{\mathrm{c}}^{\mathrm{m}})\cdot\boldsymbol{\rho}_l} f_l^{\mathrm{s}}(\boldsymbol{k}) \tag{3.24}
\end{aligned}
$$

其中，$f_l^{\mathrm{s}}(\boldsymbol{k})$ 是第 l 子阵的方向图，$\boldsymbol{k}_{\mathrm{c}}^{\mathrm{m}}$ 为阵列电扫描的波束指向。

根据广义子阵相位中心的概念，引入子阵阵因子（SAF）的定义如下

$$
\mathrm{SAF}(\boldsymbol{k}, \boldsymbol{k}_{\mathrm{c}}^{\mathrm{m}}) = \sum_{l=1}^{L} \mathrm{e}^{\mathrm{j}(\boldsymbol{k}-\boldsymbol{k}_{\mathrm{c}}^{\mathrm{m}})\cdot\boldsymbol{\rho}_l} \tag{3.25}
$$

将广义子阵相位中心想象为一个"超阵[9]"的阵元所在位置，且该超阵的阵元均为全向阵元，则子阵阵因子就是这个超阵的天线方向图。

每个子阵通常都具有相对宽的方向图，如果扫描区域相对较小，则可以忽略不同子阵方向图之间在扫描范围内的差异，即 $f_l^{\mathrm{s}}(\boldsymbol{k}) \approx f^{\mathrm{s}}(\boldsymbol{k}), \forall l$。因此小扫描范围内天线方向图可以近似为

$$
F(\boldsymbol{k}, \boldsymbol{k}_{\mathrm{c}}^{\mathrm{m}}) \approx \mathrm{SAF}(\boldsymbol{k}, \boldsymbol{k}_{\mathrm{c}}^{\mathrm{m}}) f^{\mathrm{s}}(\boldsymbol{k}) \tag{3.26}
$$

将 $f_l^{\mathrm{s}}(\boldsymbol{k}), \forall l \in \{1, \cdots, L\}$ 的算术平均值作为 $f^{\mathrm{s}}(\boldsymbol{k})$，即

$$
\begin{aligned}
f^{\mathrm{s}}(\boldsymbol{k}) &= \frac{1}{L} \sum_{l=1}^{L} f_l^{\mathrm{s}}(\boldsymbol{k}) \\
&= \frac{1}{L} \sum_{l=1}^{L} \sum_{i=1}^{N} \delta_{l_i, l} \breve{w}_i \mathrm{e}^{\mathrm{j}(\boldsymbol{k}\cdot\boldsymbol{r}_i - \boldsymbol{k}\cdot\boldsymbol{\rho}_l)} f_i^{\mathrm{e}}(\boldsymbol{k}) \tag{3.27}
\end{aligned}
$$

于是，天线方向图可以认为是平均子阵方向图和子阵阵因子的乘积。这一结论可以认为是一般的阵列天线方向图乘法原理的推广。

综上可知，式 (3.26)、式 (3.27) 给出了一种评估阵面非规则划分性能的简易方法。具体来说，栅瓣效应通过子阵阵因子来描述；而波束的扫描损耗则由平均子阵方向图给出。

3.4.3.1 一维波束扫描方法的验证实例

下面通过一个一维线阵的例子验证子阵级波束形成方法的有效性。假设一均匀线阵由 32 个全向的单元构成，阵元间距为半波长。图 3.9 给出了几种不同的权值计算方法的方向图扫描效果对比。其中图 3.9(a) 给出了单元级加权为 35dB Taylor 加权时，具有相同子阵个数的两种不同子阵划分方法的波束扫描对比，规则的子阵划分方案为[①](4, 4, 4, 4, 4, 4, 4, 4)，而非规则的子阵划分方案为 (7, 4, 2, 3, 3, 2, 4, 7)。

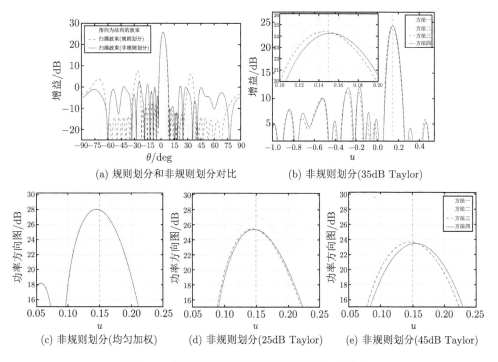

图 3.9　具有子阵结构的均匀线阵波束扫描效果

波束的扫描角度为 $8.63°$（即 $u_m = 0.15$，$v_m = 0$），波束扫描的相位加权方法通过式 (3.18) 确定。从图 3.9(a) 中可以看出子阵划分是决定扫描方向图性能的主要因素，非规则划分能够对栅瓣起到很好的抑制。下面将进一步分析式 (3.18) 所确定的相位加权方法的合理性。为便于对比，设计了四种相位权值的计算方法。

方法一：相位权值在单元级进行调整，相当于不存在子阵。这种方法具有最大的自由度，所加入的相位值可以补偿完整的阵列流型。

方法二：采用式 (3.7) 给出的子阵级相位的理想控制方式。

---

① 采用第 2 章总结的有序序列 $\boldsymbol{S}_B$ 的表示方法。

方法三：采用式 (3.10) 广义子阵相位中心确定的子阵级相位控制方式（图 3.9(a) 就采用了这种方式）。

方法四：采用式 (3.12) 确定的子阵级相位控制方式，并将 ρ_l 特别地取为第 l 子阵的几何中心。

图 3.9(b)~(e) 给出了以上四种相位控制方法的扫描方向图对比。其中，图 3.9(c) 为单元级均匀加权的情况，此时四种相移计算方法没有区别，这是因为均匀加权时广义子阵相位中心和子阵的几何中心是相同的。图 3.9(d) 和图 3.9(e) 中，单元级加权分别为 25dB 和 45dB 的 Taylor 加权。从图中可以看出，方法二和方法三的扫描波束具有较小的损耗和较低的旁瓣电平。方法二和方法三所得到的方向图相差很小，说明了通过广义子阵相位中心给出的子阵相移值非常接近理想值。而且，方法三具有一个非常良好的性质，即所给出的扫描方向图波束指向并不受单元级幅度加权的影响。方法四给出的波束指向就会受到单元级幅度加权的影响，这会增加校准工作的复杂性。

以上例子验证了本书提出的相移值确定方法的有效性，考虑到该相移方法的优势，后续的分析中若无特殊说明，都采用广义子阵相位中心来确定子阵级的相移值。

3.4.3.2　二维矩形栅格面阵扫描实例

依据图 3.5 给出的矩形面阵精确划分实例，下面对两种子阵划分方案的扫描方向图性能进行分析。假设阵列工作于宽带模式，子阵端口连接时间延迟设备，子阵内部的每个阵元都相应地配置了移相器。图 3.10 给出了不同子阵结构的 64×32 的面阵宽带辐射方向图。

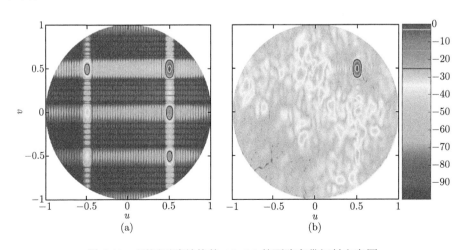

图 3.10　不同子阵结构的 64×32 的面阵宽带辐射方向图

　　图中，阵列的工作频率与中心频率之比为 $f/f_0 = 1.2$，波束指向为 $u_0 = v_0 = 0.5$。单元级设置了 -40dB 的 Taylor 加权，且阵元方向图为 $\cos\theta$（θ 为空间指向相对于阵面法向的偏离角）。图 3.10(a) 对应的阵面由 256 个 2×4 的规则矩形子阵构成（图 3.5(a)）；图 3.10(b) 对应的阵面为图 3.5(b) 所示阵面。图中同时给出了方向图增益为 -3dB、-15dB 和 -25dB 的等高线。从该图可以看出，对于规则子阵划分的阵面设计，方向图中存在 5 个明显的量化瓣，其中 3 个的增益水平远超过 -25dB。而对于本书给出的非规则子阵结构，方向图具有更好的性能，所有的旁瓣电平都低于 -25dB。

3.4.3.3　二维三角形栅格面阵扫描实例

　　依据图 3.7 给出的圆面阵准精确划分实例，下面两种子阵划分方案的扫描情方向图性能进行分析。

　　图 3.11 给出了上述圆口径阵面设计实例的宽带扫描方向图的对比。本例采用圆口径 Taylor 加权，波束的扫描角度设置在 $u_0 = v_0 = 0.25$ 处，其他基本的参数与子阵的移相器和延时器的配置方案与图 3.10 相同。从图 3.11 可以看出，优化的阵列结构获得了较低的旁瓣电平。阵面优化设计前后的最大旁瓣电平分别为 -22.2dB 和 -27.2dB。

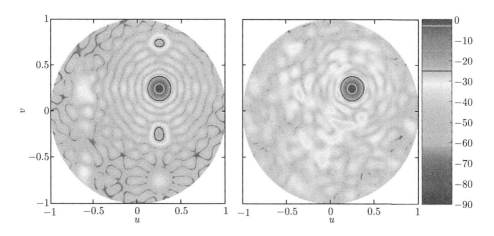

图 3.11　圆口径阵面优化前后的辐射方向图对比

3.4.4　波束扫描性能分析及阵面的进一步优化

　　本节将根据上述波束性能的分析方法，结合 64×32 的矩形阵面分析阵面划分的优化问题。考虑图 3.5(a) 所示的阵列结构，注意到该阵面划分方案只是直接利用 X 算法给出的一种精确划分解，而精确划分的方案数非常庞大（例如，对于图 3.4 所示的 18×24 小规模的阵面，其精确划分方案数就达上千万种）。因此，在如此众多的精确划分方案中，是否存在最优的划分方案，以及如何求出最优的精确划分方案就是比较棘手的问题。下面将基于波束扫描性能的分析理论，以有限视场扫描为例进行分析，给出一种构造式的阵面结构优化方法。

3.4.4.1　子阵结构与扫描覆盖区的关系

根据第 3.4.3 节的理论分析，平均子阵方向图刻画了波束扫描过程中的最大增益的变化。因此，可以认为平均子阵方向图的半功率波束宽度给出了波束扫描中最大偏向角的一个上限值。换句话说，可以根据平均子阵方向图估计出扫描覆盖区的大小。

图 3.12 给出了 64×32 的矩形阵面的不同子阵划分下的平均子阵方向图对比。其中，图 3.12(a) 为均匀子阵划分方案得出的平均子阵方向图（子阵形状为 2×4 的矩形），图 3.12(b) 为 L 型八联骨牌的子阵划分方案得出的平均子阵方向图（对应图 3.5(b) 所示的阵面）。可以看出第一种划分方案的子阵方向图的 3dB 主瓣区大于第二种划分方案。然而这并不意味着第一种划分方法的阵面具备更大的扫描覆盖区，因为对于第一个阵面，栅瓣效应所产生的高旁瓣是不可以忽略的。对于采用了非规则子阵结构的第二种划分方案，由于栅瓣得到了较好的抑制，因此，在图 3.12(b) 中，平均子阵方向图较好地描述了波束的扫描覆盖区。

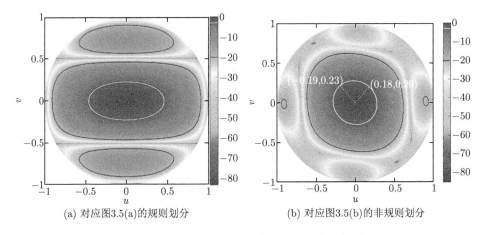

(a) 对应图3.5(a)的规则划分　　　　　　　　(b) 对应图3.5(b)的非规则划分

图 3.12　64×32 的矩形面阵的平均子阵方向图

事实上，子阵的形状同样影响了平均子阵方向图。为了说明这一点，图 3.13 给出了 8 种不同子阵在没有幅度锥削情况下的方向图。8 种子阵编号为①～⑧，考虑对称性，在方向图的显示上进行了简化：首先完整地显示出了①号、③ 号、⑤ 号和⑦ 号子阵的方向图。其中，前两者（①③）在图 3.13(a) 中显示，同时用白色虚线给出了②号和④号子阵的 3dB 主波束区域；类似地，后两者（⑤⑦）在 3.13(b)

中显示，同时用白色虚线给出了⑥号和⑧号子阵的 3dB 主波束区域。

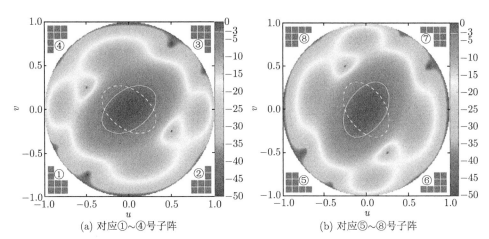

(a) 对应①～④号子阵　　　　　　　(b) 对应⑤～⑧号子阵

图 3.13　不同子阵的方向图对比

表 3.1统计出了图 3.5(b) 所示的阵面划分中所使用的不同子阵的个数。显然，②号、④号、⑥号和⑧号子阵的个数居多。结合图 3.12和图 3.13可以推断，不同子阵的个数差异是引起最终平均子阵方向图发生偏斜的主要因素（图 3.12(b)中，方向图向第二、四象限偏斜）。以图 3.12(b) 中的 3dB 等高线为例，对方向图的偏斜做一个量化的说明，这条 3dB 等高线在第一象限中离原点最远的点是 $(0.18, 0.20)$，而在第二象限中离原点最远的点是 $(-0.19, 0.23)$。如果用 3dB 等高线来表征方向图的扫描覆盖区，那么可以算出在第一、三象限内，波束的最大扫描角约为 $15.6°$，而在第二、四象限内波束的最大扫描角约为 $17.4°$。

表 3.1　不同子阵的个数统计

子阵	①	②	③	④	⑤	⑥	⑦	⑧	①+③	②+④	⑤+⑦	⑥+⑧
子阵个数	30	40	23	39	32	34	22	36	53	79	54	70

3.4.4.2　子阵划分的优化实例

波束扫描的覆盖区是由天线的硬件设计决定的，且无法通过后续信号处理进行改善，设计结果直接影响了子阵级及后续的信号处理。因此，有必要对阵列结构进行优化，以获得期望的扫描覆盖区。

根据上面的分析，平均子阵方向图可以对波束的扫描覆盖区进行估计，反过来，扫描覆盖区也可以通过对平均子阵方向图的设计进行适当地调整。本书将通过一个简单的例子说明这一点。

假设期望的扫描覆盖区是具有对称特性的，两条对称轴分布为 Ou 和 Ov 轴（具有这两条对称轴也就保证了扫描覆盖区无偏斜）。根据图 3.13 可知，通过保证①、③号的子阵个数之和（记为 N_1+N_3）与②、④ 号的子阵个数之和（N_2+N_4）相等，且⑤、⑦号的子阵个数之和（N_5+N_7）和⑥、⑧号的子阵个数之和（N_6+N_8）相等，那么最终的平均子阵方向图就会近似地具备期望的对称特性。

另外，实际应用中一些非理想因素的影响会导致交叉极化的产生，为了尽可能地避免交叉极化，在约束子阵个数的基础上，进一步要求阵面划分具有对称的特点[12-14]。最终得出的子阵划分方案如图 3.14所示。子阵的个数满足：$N_1+N_3=N_2+N_4=80$，$N_5+N_7=N_6+N_8=48$。

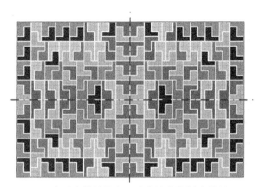

(a) 含子阵数量约束及对称约束的划分结果

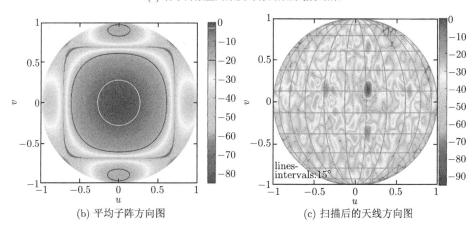

(b) 平均子阵方向图　　　　　　　　　(c) 扫描后的天线方向图

图 3.14　　阵面划分的优化结果

相对于非对称的划分，对称的划分方法具有较好的抑制交叉极化的效果。接下来利用图 3.14的阵面优化结果，简单地验证这一要求的合理性。假设子阵的非对称性对天线方向图的影响可以等价地转换为阵元物理特征的差异产生的影响。以偶极子阵元为例，设理想情况下偶极子沿 y 轴放置，但在加工过程中，偶极子阵元的放置总会存在一定的偏角，图 3.15(a) 给出了偶极子偏角的定义。假设同一子阵内部的偶极子偏角一致，而不同子阵的偶极子偏角不相同。偶极子的偏角设置方法与子阵的对称性有一定联系，不同子阵内偶极子偏角的假设如图 3.15(b) 所示，共存在 8 种子阵，偶极子偏角记为 $(a_1, a_2, a_3, a_4, -a_1, -a_2, -a_3, -a_4)$，图 3.15(b) 中，左列的子阵与右列的子阵互为镜像对称。图 3.15(c) 给出了不同子阵的馈电网络设计原型。

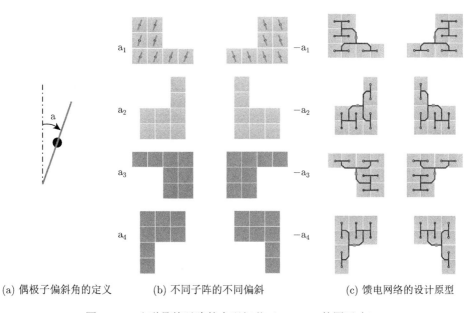

(a) 偶极子偏斜角的定义　　　(b) 不同子阵的不同偏斜　　　(c) 馈电网络的设计原型

图 3.15　八联骨牌子阵的实现细节（$a_2 \sim a_4$ 的图示略）

从图 3.15 给出的八联骨牌子阵实现细节可以发现，如果能保证处于图 3.15(b) 或图 3.15(c) 中同一行的两种子阵个数相等，且二者在阵面上出现的位置具有对称性，那么由偶极子的偏斜所引起的交叉极化就会被很好地抑制掉，这就是设计对称子阵划分原因。根据图 3.15，设定一组 $a_1 \sim a_4$ 的值，就能通过仿真给出图 3.5(b) 和图 3.14中阵面极化方向图的对比。两个阵面的俯仰为零度的方向图剖面如图 3.16所示，其中图 3.16(a) 表示单元级均匀加权的情况，图 3.16(a) 为低副瓣的 Taylor 加权的情况。图 3.16的仿真结果表明具有对称子阵划分结构的阵面在抑制交叉极化方面具有较好的性能。

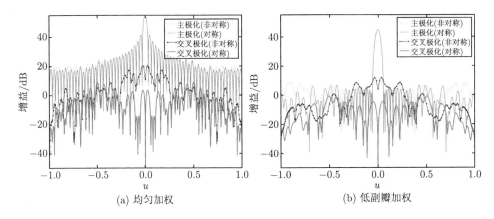

(a) 均匀加权   (b) 低副瓣加权

图 3.16 主极化和交叉极化方向图对比 (见彩图)

3.5 低副瓣加权及主瓣赋形技术

低副瓣加权与主瓣赋形技术是阵列雷达中常用的技术: 低副瓣加权通过权值的调整能够有效降低副瓣电平, 进而抑制副瓣区域的干扰和杂波; 主瓣赋形通过权值的调整能够改变主瓣波束形状, 依据不同的使用场景实现定制化主瓣形状。例如, 星载 SAR 应用中将主瓣赋形为待探测区域的形状 (待探测地区/国家的边境范围), 进而实现精准化的信号侦察, 这种主瓣赋形也称"脚印" (foot print) 方向图。

传统的低副瓣加权和主瓣赋形技术是在每个阵元后设置衰减器实现的, 但是子阵结构下的衰减器仅存在于每个子阵后, 子阵内部不加权或者加均匀权。本节将针对子阵结构下的低副瓣波束加权及主瓣赋形技术展开分析, 并采用仿真实例进行验证。

3.5.1 低副瓣加权分析

当确定了子阵划分方案后, 考虑到实际应用中阵列方向图的低副瓣要求, 以及幅相控制单元均设置在子阵级。当前实现子阵级低副瓣加权的主要思路有以下两种。

(1) 将单个子阵视为相位中心固定的超阵元, 进而将子阵级低副瓣加权类比为对稀布的超级阵元的低副瓣加权, 使用稀布泰勒加权达到降低副瓣的目的。

(2) 认为最优的权值是在单元级进行加权, 进而让子阵级加权后的等效权值尽量逼近单元级低副瓣权的权值, 可以写为如下表示:

$$\min_{\boldsymbol{w}_{\mathrm{sub}}} ||\boldsymbol{T}\boldsymbol{w}_{\mathrm{sub}} - \boldsymbol{w}_{\mathrm{ele}}||^2 \tag{3.28}$$

式 (3.28) 中当子阵划分矩阵 $\boldsymbol{T}$ 及单元级低副瓣权 $\boldsymbol{w}_{\text{ele}}$ 已知时，子阵级加权 $\boldsymbol{w}_{\text{sub}}$ 可解析得到：

$$\boldsymbol{w}_{\text{sub}} = (\boldsymbol{T}^{\text{H}}\boldsymbol{T})^{-1}\boldsymbol{T}^{\text{H}}\boldsymbol{w}_{\text{ele}} \tag{3.29}$$

实际上，由于子阵划分矩阵 $\boldsymbol{T}$ 是一个列满秩矩阵，其最小二乘解最终也等价为在同一个子阵内的阵元加权系数的平均值，即

$$\boldsymbol{w}_{\text{sub}} = \frac{\sum\limits_{l=1}^{L} w_{\text{ele}}^{i}}{L} \tag{3.30}$$

其中，L 为子阵内的阵元数量。

3.5.2 低副瓣加权实例

图 3.17给出了一个非规则子阵划分方案以及子阵相位中心分布（圆点表示子阵的相位中心）示意，可以看出子阵级相位中心排布稀疏且不规则。

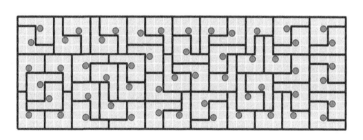

图 3.17 划分方案的相位中心分布

针对子阵内不加权，子阵间加权的有限视场扫描结构，对子阵级加权效果进行了仿真验证。图 3.18 分别为阵列扫描角度为（15°，10°）时的子阵级均匀加权、子阵级稀布权及子阵级近似权方向图。可以看出，低副瓣加权能够有效降低副瓣电平，同时主瓣展宽了。

图 3.19为 3 种方案在俯仰和方位的切面图。可以看出，子阵级近似权相对子阵级稀布泰勒权在第一、二副瓣的电平更低，但是在远副瓣区域存在升高现象。综合来看，子阵级近似权更符合低副瓣加权需求。

图 3.20中分别为 −30dB 单元级泰勒权（相当于子阵内加权、子阵间不加权）、子阵级稀布泰勒权及子阵级近似权的权值分布图。可以看出，子阵级近似权相当于在单元级加权的基础上进行了空间稀疏采样，相当于保留了主要信息（即近主瓣区域）。而子阵级稀布权由于子阵级相位中心和稀疏权值选取的误差存在，会抵消近主瓣区域的加权效果。

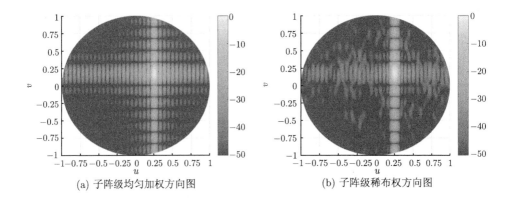

(a) 子阵级均匀加权方向图   (b) 子阵级稀布权方向图

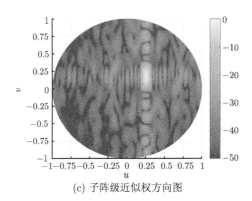

(c) 子阵级近似权方向图

图 3.18   3 种子阵级加权方向图

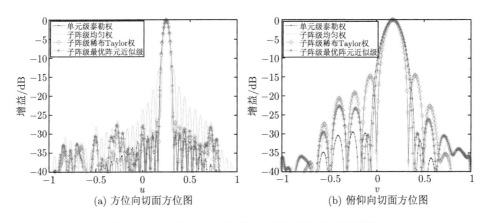

(a) 方位向切面方位图   (b) 俯仰向切面方位图

图 3.19   3 种加权方式扫描方向图切面对比 (见彩图)

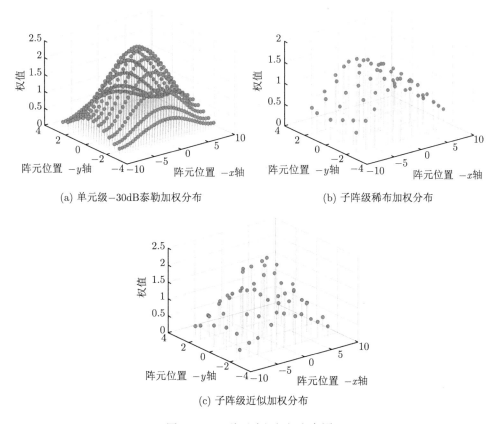

(a) 单元级−30dB泰勒加权分布   (b) 子阵级稀布加权分布

(c) 子阵级近似加权分布

图 3.20   3 种子阵级加权方向图

综上所述，仅在子阵级低副瓣加权时，选取子阵近似加权或者稀布加权方案均能够得到较好的方向图性能，两者差别不大。

3.5.3   主瓣赋形分析

主瓣赋形技术是指通过对阵面各个阵元的幅相权值调整让波束方向图的主瓣变成期望形状。如警戒、搜索雷达中常将俯仰面波束形成超余割平方波束，还有类似平顶（flat-top pattern）的方向图效果。实现方法通常有仅对相位加权、幅度相位均加权两种。目标函数建模也可以分为无约束模型（给定期望方向图进行最优拟合）及有约束模型（主/副瓣均存在约束条件）两种。

限于篇幅，本节仅针对幅相加权下有约束主瓣平顶方向图赋形进行分析讨论，该类问题可以等效为最优空域滤波器设计问题，即在指定空域内（主瓣）增益最大或为常数，在指定空域外（旁瓣）增益最小，且尽量使主瓣边缘下降陡峭。对

于非规则子阵结构的主瓣平顶波束赋形技术, 可以建模为

$$\min \quad \boldsymbol{a}^T(u_x, u_y)\boldsymbol{w}_{\mathrm{sub}}, \quad \{u_x, u_y\} \in U_s$$
$$\text{s.t.} \quad R_{\mathrm{up}} \leqslant \boldsymbol{a}^T(u_x, u_y)\boldsymbol{w}_{\mathrm{sub}} \leqslant R_{\mathrm{down}}, \quad \{u_x, u_y\} \in U_m \tag{3.31}$$

式中, $\boldsymbol{w}_{\mathrm{sub}}$ 为子阵幅度加权向量, U_s 为旁瓣区域, U_m 为旁瓣区域, R_{up} 和 R_{down} 分别为平顶方向图的上下波动边界。通过给定的区域范围, 可以任意限定平顶方向图的形状和宽度。上述模型可以通过凸优化 SOCP 工具箱求解。但需要注意的是, 子阵级幅度加权时子阵内部不加权。因此, 优化的自由度等于子阵个数。

3.5.4   主瓣赋形实例

为验证算法的可行性和有效性, 以图 3.17 中所示的阵面结构和相位中心为对象, 进行平顶方向图的主瓣赋形实例验证。

图 3.21 给出了考虑波束宽度 20° 时的加权方向图, 其中图 3.21(a) 为方向图; 图 3.21(b) 为方位向切面图, 可以看出最大旁瓣电平约为 −15.68dB, 主瓣范围内的平顶方向图仍存在 0.8dB 左右的能量波动, 这是因为自由度仅为 54, 在加权量化时往往由自由度不足而造成加权量化误差, 但总体来看满足方向图赋形要求。

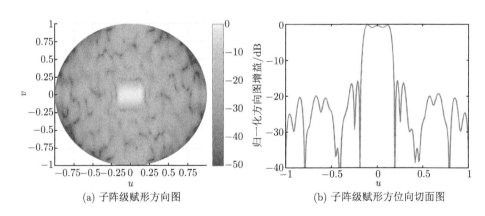

(a) 子阵级赋形方向图   (b) 子阵级赋形方位向切面图

图 3.21   波束宽度20° 时的加权方向图

为进一步定制赋形方向图, 将平顶方向图主瓣范围缩小至 10° 范围内, 图 3.22(a) 为对应的赋形方向图; 图 3.22(b) 为方位向切面图, 可以看出最大旁瓣电平约为 −10.13 dB, 主瓣范围内的平顶方向图存在 0.4 dB 左右的能量波动。

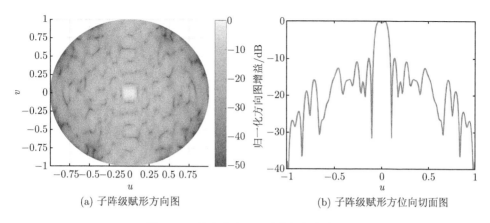

(a) 子阵级赋形方向图   (b) 子阵级赋形方位向切面图

图 3.22　波束宽度10° 时的加权方向图

当考虑到平顶方向图扫描时，需要将相位加权矢量加入导向矢量矩阵中进行优化，其扫描平顶方向图如图 3.23所示。可以看出，由于扫描带来的影响，子阵级平顶方向图加权效果会被削弱，随着扫描角度的增大，最终会变为近似笔形波束扫描，也就是均匀加权的效果。

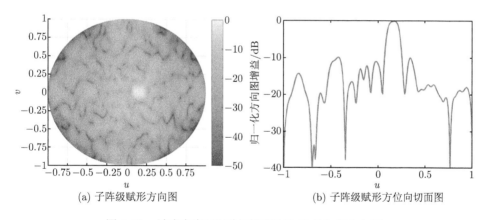

(a) 子阵级赋形方向图   (b) 子阵级赋形方位向切面图

图 3.23　波束宽度10° 时扫描至[10°, 0] 的加权方向图

3.6　最优子阵划分方案遴选

对于一个阵面孔径而言，如果满足精确覆盖的非规则子阵划分方案存在，那么子阵划分方案将远不止一种。如果精确划分方案不存在，则寻求准精确划分，准精确划分方案也远不止一种。因此，对于给定阵面孔径，子阵划分方案"千变万化"，那么如何选择理想的子阵划分方案呢？最为可靠的方法是将所有可能的划分方案全部求出，遍历每一种方案，从中找出最优的方案。但是由于子阵划分方

案个数繁多，求解出所有方案是耗时且不必要的，该思路仅具有理论意义。如何从工程实际需求出发遴选出电性能较优的子阵划分方案是非规则子阵划分设计工程实用化的关键。本节的研究试图回答以下 3 个问题：第一，子阵划分方案个数究竟有多少？第二，不同子阵划分方案电性能是否存在差异，差异是否明显？第三如何从众多子阵划分方案中遴选出电性能较优的方案，或者说主动摈弃电性能"较差"的方案？

特别说明的是本节重点研究子阵划分方案的"遴选"，而非寻找理论"最优"。另外，从理论上进行研究比较困难，本节以 36×12 的矩形阵面为例进行。

3.6.1　子阵划分方案的个数

对于 36×12 的矩形阵面，从理论上很难求出有多少种精确划分方案，但是可以进行合理的数学推断。

假设采用特定策略进行划分。首先将 36×12 的阵列进一步划分成 27 个 4×4 的方阵，再对 4×4 的方阵进行划分。4×4 的方阵子阵划分共有 4 种方案，如图 3.24所示。

图 3.24　4×4 子阵划分方案

那么，全阵列包含 27 个 4×4 的方阵且各个方阵划分独立，按照该策略，阵列的子阵划分方案共有 $4^{27} = 18014398509481984$ 种。因此可以推断：36×12 的矩形阵面的子阵划分方案远大于 4^{27}。因此想要遍历完所有的划分方案几乎是不可能的。

3.6.2　子阵划分方案电性能的差异

图 3.25(a)、(b) 给出了相同阵面结构下两种不同子阵划分方案。图 3.25(c)、(d) 给出了两种划分方案下天线波束扫描至 [20°, 0°] 时的方向图。可以看出，两种方案的最高副瓣电平分别约为 −10dB 和 −0.15dB。方案 2 的旁瓣电平很高，无法满足工程应用需求。相比之下，方案 1 的副瓣电平较低，能够满足工程实用化的需求。

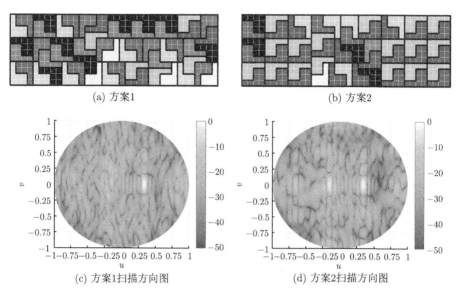

(a) 方案1

(b) 方案2

(c) 方案1扫描方向图

(d) 方案2扫描方向图

图 3.25 两种子阵划分方案与扫描方向图

实例分析中可以看出，不同子阵划分方案的电性能可能存在较大差异，并非每种子阵划分方案都可以实用。因此，有必要从众多子阵划分方案中遴选出较优的划分方案。

3.6.3 子阵划分方案优化的建模与求解

对于 36×12 的矩形阵面，经过 3.3 节基于 X 算法的精确划分算法搜索得到 12845409 种精确划分方案（在计算资源和时间资源足够的情况下还可以得到更多），下面根据一定的电性能指标，从中遴选出较优的子阵划分方案。

3.6.3.1 优化目标函数

图 3.26给出了一种子阵划分方案，图 3.27给出了其一维扫描方向图。

图 3.26 一种子阵划分方案

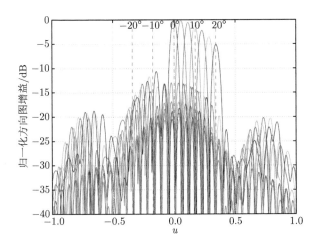

图 3.27　波束指向变化时方向图 (见彩图)

从图中可以看出，当天线波束从法向开始进行方位向扫描时，主瓣增益下降，峰值副瓣电平上升。从法向扫描到 20°，主瓣增益大约下降 5dB，峰值副瓣电平大约提高 8dB。可以看出，当波束从法向开始进行方位向扫描时，峰值副瓣电平提高，从法向扫描到 20°，峰值副瓣大约提高 8dB。

因此，子阵划分方案优选重点考虑的电性能指标主要是：波束指向最大扫描角时的主瓣增益和峰值副瓣电平。优化的目标是：当波束指向最大扫描角时主瓣增益最大并且峰值副瓣电平最低。考虑到方位、俯仰两个方向的扫描，定义优化目标函数如下：

$$\mathrm{SLR} = Gu - \mathrm{SLL}u + Gv - \mathrm{SLL}v \tag{3.32}$$

其中，Gu 和 $\mathrm{SLL}u$ 分别表示方向图扫描至（$\phi_{\max}$,0）时主瓣增益和峰值副瓣电平；Gv 和 $\mathrm{SLL}v$ 分别表示方向图扫描至（0,$\theta_{\max}$）时主瓣增益和峰值副瓣电平，当然还可以有其他的定义方法。

优化问题的求解方法就是对所有获得的子阵划分方案进行遍历搜索，该过程是耗时的，但是阵列方案设计并不需要实时。

3.6.3.2　优化方法与结果

针对每种方案计算得到扫描方向图主瓣增益 G 和峰值副瓣电平 SLL。图 3.28给出了方位向电性能指标曲线，波束指向（20°,0°），图 3.29给出了俯仰向电性能指标曲线，波束指向（0°, 20°）。横坐标为精确划分方案的序号。蓝色曲线表示扫描方向图主瓣增益，红色曲线表示峰值副瓣电平。

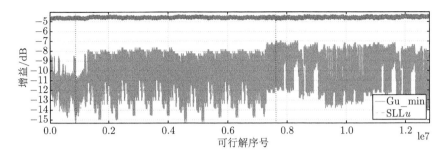

图 3.28 方位向电性能指标曲线，波束指向（20°,0°）(见彩图)

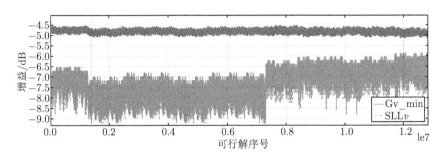

图 3.29 俯仰向电性能指标曲线，波束指向（0°,20°）(见彩图)

从图 3.28 中可以看出，方位向主瓣增益变化并不明显，方位向峰值副瓣电平的浮动范围约 8.3dB，最小值 −15.3dB，最大值 −7.0dB。从图 3.29 中可以看出，俯仰向主瓣增益浮动范围约 0.6 dB，最大值 −5.1 dB, 最小值 −4.5 dB。俯仰向峰值副瓣电平浮动范围大约 3.3dB，最小值 −9.2 dB, 最大值 −5.9 dB。根据图 3.28和图 3.29可得综合优化目标函数曲线如图 3.30所示。

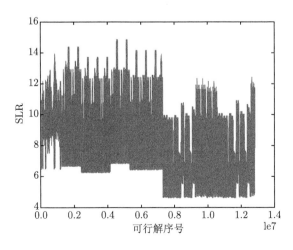

图 3.30 优化目标函数曲线

根据优化目标函数曲线，优选出 SLR 的最大值为 14.85dB，对应的方案为最优方案，最优划分方案是第 4554917 个解，其结构如图 3.31所示。

图 3.31   最优划分方案

3.6.3.3   最优子阵划分方案电性能

图 3.32给出了最优子阵划分方案的扫描方向图，可以看出在扫描过程中增益下降，但是峰值副瓣没有显著提高，进一步说明最优方案的优势。

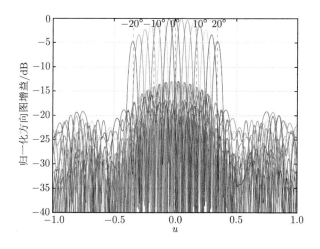

图 3.32   最优划分方案的波束扫描方向图 (见彩图)

3.7   大规模阵面子阵分层设计

当阵面单元规模达到万量级乃至十万量级时，现有的子阵设计方案都将面临超高维度下优化效率急剧低、算法耗时过长等问题，对高维度结构采用普通计算机进行求解可能需要数月乃至更久。此外，即使阵面优化设计问题能够解决，全阵面对子阵拼接的精准性要求所带来的工程量也很大。基于此，提出了大规模阵面子阵分层设计的思想：首先以第一层非规则子阵进行较小规模阵面的拼接作为第二层超阵，然后将第二层超阵进行简单规则的拼接实现全阵面的填充（基本原理如图 3.33所示）。本节重点分析了分层设计背景下的阵列方向图性能，给出了有限视场扫描的电性能及最优工程解决方案。

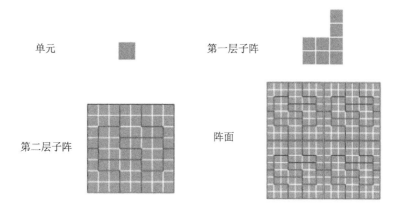

单元　　　　　　　　　　第一层子阵

第二层子阵　　　　　　　　阵面

图 3.33　分层设计原理示意图

3.7.1　分层设计原理分析

分层设计后整个阵面的方向图合成需要分级处理。假设第一层子阵内部由 N 个 M 单元非规则子阵组成，其扫描方向图可以表示为

$$\boldsymbol{F}_1(\boldsymbol{u} - \boldsymbol{u}_0) = \mathrm{EP}(\boldsymbol{u}) \cdot \sum_{i=1}^{\mathrm{LM}} \mathrm{e}^{\mathrm{j}k(\boldsymbol{u}-\boldsymbol{u}_0)\boldsymbol{r}_i} \tag{3.33}$$

其中，$\mathrm{EP}(\boldsymbol{u})$ 为单元方向图，通常认为各单元一致且不考虑耦合效应；$\boldsymbol{u}_0$ 为期望扫描角度。

若将 K 个第一层子阵进行简单拼接，则合成的阵面扫描方向图可以表示为

$$\boldsymbol{F}(\boldsymbol{u} - \boldsymbol{u}_0) = \sum_{k=1}^{K} \boldsymbol{F}_1(\boldsymbol{u} - \boldsymbol{u}_0)\mathrm{e}^{\mathrm{j}k(\boldsymbol{u}-\boldsymbol{u}_0)\boldsymbol{r}_k} \tag{3.34}$$

式 (3.34) 本质上是将第一层子阵看作一个超阵元，不同的子阵差异体现在超阵元的方向图上。这种方向图合成方式就是将各个不同的超阵元方向图进行叠加。一种近似乘法方向图合成的计算方式是将阵面中各个超阵元的方向图进行平均，然后乘以代表超阵元相位中心分布的超阵因子，如下式所示：

$$\boldsymbol{F}(\boldsymbol{u} - \boldsymbol{u}_0) = \frac{\displaystyle\sum_{k=1}^{K} \boldsymbol{F}_1(\boldsymbol{u} - \boldsymbol{u}_0)\mathrm{e}^{\mathrm{j}k(\boldsymbol{u}-\boldsymbol{u}_0)\boldsymbol{r}_k}}{K} \cdot \boldsymbol{F}_2(\boldsymbol{u} - \boldsymbol{u}_0) \tag{3.35}$$

其中，平均超阵方向图由 $\displaystyle\sum_{k=1}^{K} \boldsymbol{F}_1(\boldsymbol{u} - \boldsymbol{u}_0)\mathrm{e}^{\mathrm{j}k(\boldsymbol{u}-\boldsymbol{u}_0)\boldsymbol{r}_k}/K$ 给出。在小角度扫描范围内，该方向图合成方式的近似精度较高，可以作为最终合成方向图性能的参考。

3.7.2　分层波束性能分析

当需要设计大型面阵时，可行的思路是将上述子阵作为第二层子阵/超阵单元进行简单的平铺，这样模块化的布局将大大降低工程实现以及后期维护的难度。本小节以 8×8 矩形阵面作为第二层子阵进行划分，其内部第一层子阵采用八单元 L 型子阵结构。通过 X 算法求解可知共有 270 种不同的子阵划分方案。值得注意的是，若采用 270 种不同的第二层子阵进行拼接会带来两个问题：① 生产 270 种不同的结构会增加工程上的复杂；② 270 种结构中存在一些电性能非常差的划分，若采用这些子阵将会造成合成方向图的电性能损失（图 3.34）。因此，一种更好的方式是选择生产几种电性能较好的第二层子阵方案，让这些方案进行随机拼接，既能满足工程便利性，又能保持电性能的稳定。

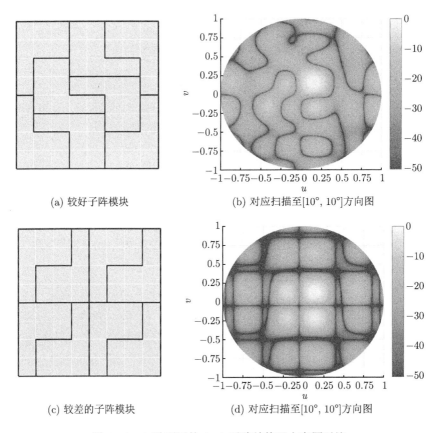

(a) 较好子阵模块　　　　(b) 对应扫描至[10°, 10°]方向图

(c) 较差的子阵模块　　　　(d) 对应扫描至[10°, 10°]方向图

图 3.34　2 种不同的 8×8 子阵结构及方向图对比

在 8×8 矩形阵面结构下，采用第 3.6 节中的子阵优选方法，能够遴选出电性能较优的 6 种方案（图 3.35）。

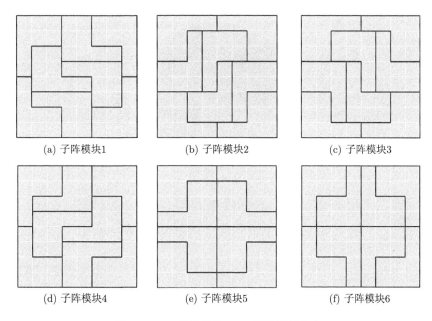

(a) 子阵模块1   (b) 子阵模块2   (c) 子阵模块3

(d) 子阵模块4   (e) 子阵模块5   (f) 子阵模块6

图 3.35   6 种较优的 8×8 子阵设计方案

基于上面的子阵面板划分结果可知，利用超阵进行平铺可以有两种方案。

（1）选择 6 种较好的方案中进行随机平铺。

（2）选择全部 270 种方案进行随机平铺。

考虑全阵面孔径为 80×80 共 6400 单元的面阵，单元间距半波长，需要 100 个 8×8 的一级子阵，二级子阵结构为 10×10，单个阵元方向图为 $\cos^{1/2}$。两种布局方案的扫描电性能进行对比分析如下。

图 3.36 为采用方案一进行拼接的扫描方向图（扫描至 [10°,10°]），阵面合成方向图可以通过式 (3.35) 得到。

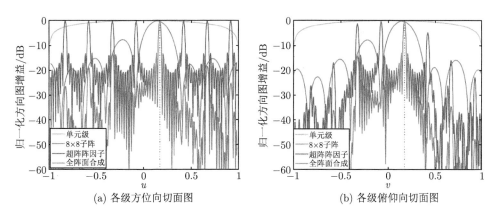

(a) 各级方位向切面图   (b) 各级俯仰向切面图

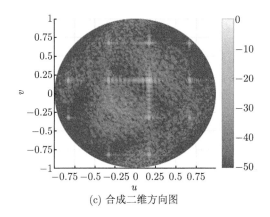

(c) 合成二维方向图

图 3.36　方案一扫描至[10°, 10°] 对应方向图 (见彩图)

图 3.36(a)、(b) 给出了子阵方向图对超阵阵因子栅瓣的抑制效果。可以看出，8×8 的一层子阵方向图对栅瓣抑制起到了主要作用。反之，当扫描角度增大时，由于相位量化导致的 8×8 一级子阵方向图旁瓣/量化瓣必然升高，其对阵面合成方向图栅瓣的抑制能力随之下降，这是导致有限视场扫描的主要原因。从图 3.36(c) 可以看出，其方位向和俯仰向峰值电平分别为 −13.11 dB 及 −13.71 dB，除去两个高峰值点外基本无高旁瓣突起。

图 3.37给出了方案二进行拼接的结果，其扫描（[10°,10°]）方向图方位向和俯仰向峰值电平分别为 −10.11 dB 及 −10.86 dB。可以看出，方案二的平均旁瓣电平相对方案一较低，但是最高副瓣电平相对方案一有抬升。

两种方案的最大扫描范围在 [20°,20°] 以内，且静态方向图均未出现高旁瓣，高旁瓣的出现主要是由方向图扫描时移相器加权量化导致第一层阵因子无法超阵因子栅瓣位置产生零陷引起的。

采用图 3.35所示第二层子阵进行拼接后，若结合具有强方向性的阵元方向图，便能够在小角度有限视场扫描情形下得到较低的扫描副瓣电平。同时该方案相比其他非传统阵列设计方案节约了 87.5% 的移相器和射频通道数，若实现子阵级数字化更能够大大降低全数字化带来的成本及数据处理维度问题，具有广阔的应用前景。

值得一提的是，若还需要进一步降低扫描过程中的副瓣电平，还可以结合子阵平移错位优化方法进行设计。但其超阵面板数目较多时，优化变量数目同步增加，需要设计有效的优化方法保证算法效率。若考虑阵面倾斜放置情形时，还能够进一步增大阵元间距，减少阵元数目进而降低阵面制造成本。此外，由于移相器等器件数目大大降低导致的有限视场扫描局限问题可以通过适当增加器件成本得到有效缓解，本节讨论的仅为最低成本方案。

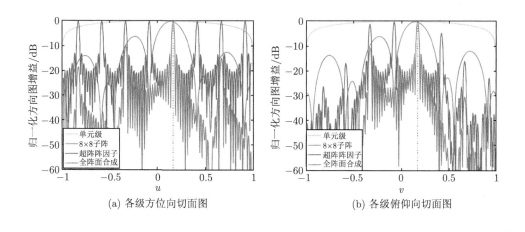

(a) 各级方位向切面图　　　　　　　　　　(b) 各级俯仰向切面图

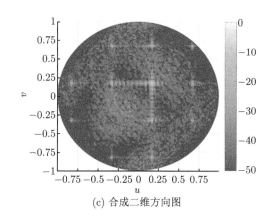

(c) 合成二维方向图

图 3.37　方案二扫描至[10°, 10°] 对应方向图 (见彩图)

3.8　非规则子阵实验研究

为了验证非规则子阵阵列天线的性能优势，发现其在实际应用中的不足之处，作者研究团队与中国电子科技集团第十四研究所联合研制了国内首部非规则子阵阵列天线，并开展试验测试。国际上尚无非规则子阵阵面研制加工及应用的报道。

3.8.1　非规则子阵天线研制

作者研究团队提供了最优阵面划分方案，十四所研制加工了 L 型八联骨牌子阵（图 3.38），单元采用微带贴片天线，体积小、重量轻、低剖面、易集成，适合批量生产。用 54 个子阵拼接成一个 36×12 的小型矩形面阵，如图 3.39所示。

图 3.38   L 型八联骨牌子阵实物

图 3.39   36×12 非规则子阵阵面

3.8.2   实验测试

暗室测量实验得出八联骨牌非规则子阵方向图如图 3.40(a)、(b) 所示，可以看出实测子阵方向图与理论预期基本一致。

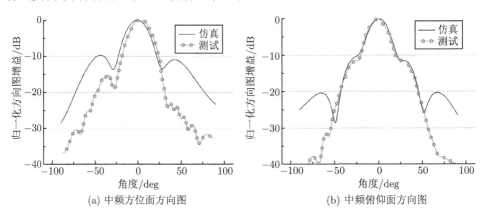

(a) 中频方位面方向图   (b) 中频俯仰面方向图

图 3.40   单个子阵天线测试方向图

面阵实测方向图如图 3.41所示。测试结果表明：当波束指向法向时，阵列实测方向图与理论仿真比较接近。

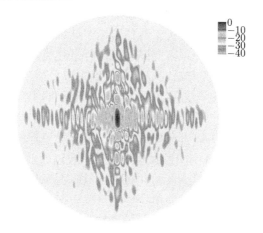

图 3.41　法向实测结果 (见彩图)

关于实验研究刚刚起步，还需要进一步开展更深入的研究，进一步推动非规则子阵在实际雷达装备中的应用。

3.9　本　章　小　结

本章研究了非规则子阵技术的理论与实现技术，提出了阵面精确划分的算法，开展了基于非规则子阵技术的波束形成方法及方向图性能分析方法的研究。

（1）借鉴了多联骨牌子阵的设计理念，进一步给出了一般的多联多边形子阵概念。多联六边形子阵是这一概念推广的结果之一，它与多联骨牌结合可以方便地描述常见的矩形栅格和三角形栅格分布的非规则子阵。

（2）提出了基于 X 算法的阵面精确划分方法和准精确划分方法。首先，运用格论和集合表示法将阵面精确划分问题转换为精确覆盖问题，进而将精确覆盖理论中的 X 算法成功地应用到了阵面精确划分求解中。然后，针对某些情况下精确划分难以求出的问题，提出了阵面的准精确划分方法。该方法运用了松弛单元的概念，对任意情况下都能得出准精确划分。结合 L 型八联骨牌子阵和 X 型八联六边形子阵仿真验证了精确划分方法和准精确划分方法的有效性。

（3）提出了非规则子阵划分情况下阵列天线的波束形成方法及简便的子阵划分性能评估方法。波束形成方法重点解决了有限视场扫描和宽带宽角波束形成技术，并且该方法适用于任意子阵结构，包括任意的形状及多层子阵结构。方向图性能评估方法立足于已有的阵列天线方向图分析方法，推广得出了子阵技术中的"乘法原理"，可以用于估算阵列天线的波束扫描范围和旁瓣水平。结合所推导的波束扫描方法分析了阵列的宽带宽角波束扫描性能及有限视场扫描性能，在性能分析的基础上对子阵划分进行了进一步的优化设计。

（4）研究了低副瓣加权波束及主瓣赋形波束，针对低副瓣方向图及主瓣平顶方向图的最优子阵加权进行了分析。对比验证了几种不同的加权方案，确定了最优低副瓣加权准则。对主瓣平顶方向图加权进行了建模，仿真实例表明在有效自由度下（子阵级加权），所提方法能够有效实现主瓣平顶波束。

（5）提出了最优子阵划分方案遴选方法，针对不同子阵划分方案的扫描电性能差异总结出了最优方案的遴选准则并选出了全局最优划分方案。

（6）针对大型阵面的子阵设计问题，提出了分层子阵设计思想。当阵面孔径急剧增大时（上万单元），解空间过大会导致算法难以收敛的问题，并且复杂的阵面设计对工程实现也是一项巨大考验。将大孔径阵面先划分为规则的面板，而面板内部进行优化设计，然后通过简单拼接就可以实现大孔径阵面的覆盖。仿真实验验证了分层设计的可行性，并从有限视场扫描电性能的角度出发进行了波束形成性能对比。

（7）对本章研究的新型非规则子阵体制阵列进行了实装测试，相关工作在中国电子科技集团第十四研究所展开，研制了国内乃至国际上首部新型非规则子阵体制阵列天线。对八单元 L 型子阵进行了加工并组装测试，在暗室环境中分别测试了静态方向图、扫描方向图、主瓣展宽扫描方向图等性能。实测数据表明，该体制阵列与仿真结果相吻合，说明非规则子阵体制阵列的天线架构是有效、可行的。

参 考 文 献

[1] Wikipedia. Tiling puzzle. http://en.wikipedia.org/wiki/Tiling_puzzle [2012-5-21].

[2] Mathpuzzle. http://www.mathpuzzle.com/30November2008.html[2012-5-21].

[3] Knuth D E. Dancing links [J]. arXiv preprint cs/0011047. 2000.

[4] 纪政, 宋海岸. 覆盖问题解决技巧的深入探讨 [J]. 软件导刊, 2010, 9 (9): 58-60.

[5] Institute C M. P vs NP Problem. http://www.claymath.org/millennium/P_vs_NP/[2012-5-21].

[6] Wikipedia. NP-complete. http://en.wikipedia.org/wiki/[2012-5-21].

[7] Gerard. Gerard's Universal Polyomino Solver. http://gp.home.xs4all.nl/PolyominoSolver/Polyomino.html[2012-5-21].

[8] Xiong Z Y, Xu Z H, Chen S W, et al. Subarray partition in array antenna based on the algorithm X [J]. IEEE Antennas and Wireless Propagation Letters, 2013, 12: 906–909.

[9] Nickel U. Spotlight MUSIC: super-resolution with subarrays with low calibration effort [C]. IEE Proceedings on Radar, Sonar and Navigation, 2002: 166–173.

[10] Mailloux R, Santarelli S, Roberts T, et al. Irregular polyomino-shaped subarrays for space-based active arrays [J]. International Journal of Antennas and Propagation, 2009: 379–386.

[11] Mailloux R, Santarelli S, Roberts T. Wideband arrays using irregular (polyomino) shaped subarrays [J]. Electronics Letters, 2006, 42 (18): 1019–1020.

[12] Woelder K, Granholm J. Cross-polarization and sidelobe suppression in dual linear polarization antenna arrays [J]. IEEE Transactions on Antennas and Propagation, 1997, 45 (12): 1727–1740.

[13] Granholm J, Woelders K. Dual polarization stacked microstrip patch antenna array with very low cross-polarization [J]. IEEE Transactions on Antennas and Propagation, 2001, 49 (10): 1393–1402.

[14] Haupt R L, Aten D. Low sidelobe arrays via dipole rotation [J]. IEEE Transactions on Antennas and Propagation, 2009, 57 (5): 1575–1579.

第 4 章　重叠子阵技术

4.1　引　言

重叠子阵技术的相关研究起步较早，相关的文献可以追溯到 20 世纪 70 年代[1,2]。鉴于重叠子阵的巨大应用潜力，它可以应用在各种实际阵列雷达系统，尤其新一代的相控阵雷达研制计划中[3,4]。所谓重叠子阵，即相邻子阵间重叠复用部分单元，移相器或延时器配置在子阵级，阵列波束在子阵波束宽度内进行扫描。控制器件仅配置在子阵级，从而有效降低设备量，进而降低子阵成本。重叠子阵结构使得阵列天线仅使用少量的控制端口就能实现一定角度范围内的方向图扫描，也可以将数字接收通道布置在子阵级，进而在给定的角度范围内用数字方式实现同时多波束。重叠子阵的最大优势在于，能保证所有的子阵具有完全相同的结构，即实现子阵的"模块化"。通过子阵模块周期重复地组装，最终可以组成一个大阵，大阵的尺寸还可以结合具体应用进行适当的调整[5,6]。

已有的重叠子阵技术涉及多种不同类型的阵列和馈电网络，包括反射面的阵列、空间馈电和强迫馈电的网络结构，Skobelev[1] 和 Mailloux[7,8] 对该领域的研究做了较为详细的总结和分析。子阵方向图在最终的阵列方向图中起到了类似于"包络"的作用，因此目前几乎所有的重叠子阵方向图综合技术都关注如何通过对子阵内部加权值的调整获得一个性能较优的"平顶"子阵方向图。经典的幅度加权优化方法是直接在单元级（子阵内部）和子阵级分别设置低副瓣加权[2]。为了获得"平顶"的子阵方向图，文献 [5] 提出了交替投影的权值优化方法，并将该方法应用在空间馈电结构的阵列天线设计中，该原理同样可以推广到其他的阵列结构中。文献 [6] 将交替投影方法应用到了印刷电路结构的贴片阵列中。

无论是两级直接加权方法还是子阵内加权值的交替投影方法，单元级加权和子阵级加权的优化都是相互独立的，也就是说，这些传统的优化方法只是实现对"超阵"阵因子方向图或者子阵方向图的优化，而并非总的方向图优化。鉴于子阵方向图的"包络"作用，优化出的子阵方向图能给出总方向图增益的上界，因此这样的独立优化方法具有一定优势。但是，直接优化总方向图的方法无疑更为合理，而且由于对总方向图的优化不偏向子阵方向图或"超阵"阵因子方向图，因此直接优化总方向图能够获得更好的方向图性能。另外，随着技术的发展，在单元级和子阵级设置"用户自定义加权值"也变得较容易实现了。因此本章针对重叠子阵的权值设计问题，提出一种能同时优化单元级和子阵级加权值的方法，优化问

题的性能指标直接来自于最终的方向图，可以获得性能更优的天线方向图。本章
研究属于重叠子阵方向图综合问题，其关键技术是重叠子阵阵列加权的优化。

　　本章的内容安排如下：第 4.2 节结合一维均匀线型的阵列分析重叠子阵的结
构特征，给出了方向图的计算方法，奠定了重叠子阵方向图计算的理论基础。第
4.3 节建立权值优化模型，提出了基于线性规划的权值优化方法，并针对阵列天线
设计中两类典型应用，研究了其权值优化问题，详细给出了优化的参数设置方法
及具体流程。第 4.4 节将线阵情况下的权值优化方法推广到面阵情况下的重叠子
阵权值优化，重点研究了二维重叠子阵结构的阵列方向图的计算以及权值优化问
题建模。第 4.5 节结合具体的实例，通过仿真给出了本书提出的权值优化方法与
传统方法的性能对比。仿真实例包括一维线阵和二维面阵两种情况，还对一维线
阵幅度加权误差的影响做了理论分析与仿真验证。

4.2　阵列结构和方向图

4.2.1　子阵结构

　　图 4.1给出了一个具有重叠子阵结构的均匀线阵示意图。该阵列天线中，子阵
个数为 L，每个子阵由 N_1 个阵元组成。相邻两个子阵的间距为 $D = Kd$，其中 d
为相邻两个阵元之间的距离。可以算出总的阵元个数为 $N = (L-1)K + N_1$。每
个子阵内部的加权值（即单元级加权）记为 $\boldsymbol{h}^1 = \{h_1^1, \cdots, h_{N_1}^1\}$，子阵级的加权
则记为 $\boldsymbol{h}^2 = \{h_1^2, \cdots, h_L^2\}$。为了给出重叠的定量描述，定义子阵的重叠比为子阵
内阵元总数与未重叠阵元数之比，即 N_1/K。

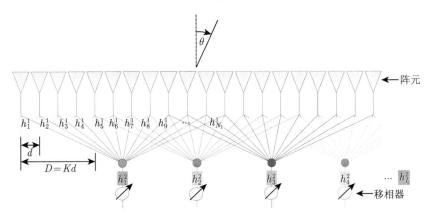

图 4.1　重叠子阵的结构示意图（线阵）

　　图 4.1中的所有子阵都具有相同的结构，其中三个子阵的结构被完整地呈现
出来。可以看出，每个子阵由 12 个阵元组成，从接收的角度来看，每个阵元上的

信号通过了 1 分 3 的分配器（1:3 divider）进入不同的子阵，每个子阵的输出端都是一个 12 合 1 的组合器（12:1 combiner），$\boldsymbol{h}^1$ 恰好表示了 12 个组合系数。将这样的子阵结构重复地"拼接"，可以得出任意 L 个子阵组成的均匀线阵。

　　林肯实验室的 Jeffrey S H 采用印刷电路的方式制作了一个实际的重叠子阵天线[6]，其结构如图 4.2 所示。在其给出的电路结构中，为了便于实现，12 合 1 的组合器被分解成了 3 个 4 合 1 的组合器与 1 个 3 合 1 的组合器的级联。

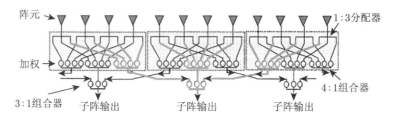

图 4.2　重叠子阵的电路实现（由 Herd 发明）

　　本书重点研究权值的优化问题，至于如何生产制造相应天线的问题暂不做深入研究，下面针对一维线阵的分析均采用图 4.1 所示的简化模型。从图 4.1 中可以发现，阵列的移相器并没有像常规的阵列一样被安装在单元级，而是安装在了每个子阵的输出端，这样的结构通常应用在有限视场扫描中。将移相器安装在单元级，并在子阵级使用时间延迟器，可以使阵列具有宽带宽角的扫描能力，本章后续内容将以有限视场扫描为例研究重叠子阵技术。

4.2.2　方向图的计算

　　使用正弦空间坐标来表示方向，即 $u = \sin\theta$（θ 的定义如图 4.1 所示），并以阵列孔径的中心作为相位的参考点。则阵列方向图的计算公式为

$$E = \sum_{n=1}^{N} w_n^* \boldsymbol{f}_n(u) \exp\left(\mathrm{j}\frac{2\pi n d u}{\lambda} - \mathrm{j}\frac{\pi(N+1)du}{\lambda} \right) \tag{4.1}$$

其中，w_n 表示第 n 阵元的加权值，$\boldsymbol{f}_n(u)$ 表示第 n 阵元的单元方向图。该式中 $\boldsymbol{f}_n(u)$ 为矢量形式，单元方向图包含极化信息。假设所有的阵元具有相同的单元方向图，则

$$E = \boldsymbol{f}(u) \sum_{n=1}^{N} w_n^* \exp\left(\mathrm{j}\frac{2\pi n d u}{\lambda} - \mathrm{j}\frac{\pi(N+1)du}{\lambda} \right)$$
$$\triangleq \boldsymbol{f}(u) H(u) \tag{4.2}$$

其中，标量值 $H(u)$ 被称为阵列的阵因子。于是阵列方向图可以看作是单元方向图与阵因子的乘积，这就是常说的阵列方向图的乘法原理。为了简化分析，通常

假设单元方向图都是全向的，并集中分析阵因子的优化问题，下面在分析重叠子阵方向图优化时也采用这种简化分析方法。

当阵列采用重叠子阵结构时，其阵因子 $H(u)$ 的计算比较特殊。以图 4.1 为例，可以得出：

$$
\begin{aligned}
H(u) &= \sum_{l=1}^{L} h_l^{2*} \sum_{n_1=1}^{N_1} h_{n_1}^{1*} \exp\left(\mathrm{j}\frac{2\pi[(l-1)K+n_1]du}{\lambda} - \mathrm{j}\frac{\pi[(L-1)K+N_1+1]du}{\lambda}\right) \\
&= \sum_{l=1}^{L} h_l^{2*} \exp\left(\mathrm{j}\frac{2\pi lKdu}{\lambda} - \mathrm{j}\frac{\pi(L+1)Kdu}{\lambda}\right) \\
&\quad \times \underbrace{\sum_{n_1=1}^{N_1} h_{n_1}^{1*} \exp\left(\mathrm{j}\frac{2\pi n_1 du}{\lambda} - \mathrm{j}\frac{\pi(N_1+1)du}{\lambda}\right)}_{H^1(u)} \\
&= H^1(u) \sum_{l=1}^{L} h_l^{2*} \exp\left(\mathrm{j}\frac{2\pi lDu}{\lambda} - \mathrm{j}\frac{\pi(L+1)Du}{\lambda}\right) \\
&\triangleq H^1(u)H^2(u)
\end{aligned}
\tag{4.3}
$$

式中，每个子阵的方向图记为 $H^1(u)$；$H^2(u)$ 则可以认为是一个"超阵"的方向图，该"超阵"的阵元位置分布在每个子阵的中心，根据图 4.1，"超阵"的阵元间距为 D。由式 (4.3) 可知，阵列的阵因子实际上是子阵方向图与"超阵"方向图的乘积。子阵和"超阵"方向图的计算公式可以用矢量乘的形式简写为

$$
\begin{cases}
H^1(u) = \left(\boldsymbol{h}^1\right)^{\mathrm{H}} \boldsymbol{a}^1(u) \\
H^2(u) = \left(\boldsymbol{h}^2\right)^{\mathrm{H}} \boldsymbol{a}^2(u)
\end{cases}
\tag{4.4}
$$

其中，$\boldsymbol{a}^1(u)$ 和 $\boldsymbol{a}^2(u)$ 分别为单元级和子阵级的导向矢量：

$$
\begin{cases}
\boldsymbol{a}^1(u) = \left\{\exp\left(\mathrm{j}\frac{2\pi n_1 du}{\lambda} - \mathrm{j}\frac{\pi(N_1+1)du}{\lambda}\right)\right\}_{n=1,\cdots,N_1} \\
\boldsymbol{a}^2(u) = \left\{\exp\left(\mathrm{j}\frac{2\pi lKdu}{\lambda} - \mathrm{j}\frac{\pi(L+1)Kdu}{\lambda}\right)\right\}_{l=1,\cdots,L}
\end{cases}
\tag{4.5}
$$

从信号处理的观点来看，H 可以等同为两个滤波器（H^1 和 H^2）的级联。H^1 对应子阵内部的加权，由于单个子阵的孔径小，空间采样率较密，因此 H^1 是一个主瓣较宽的方向图。而 H^2 对应于子阵级加权（即"超阵"的加权），超阵的孔径一般较大（阵列由非常多的子阵构成），空间采样率较稀疏，因此 H^2 方向图主瓣较窄，且在可见区内存在若干个栅瓣。这样的两个滤波器的级联与时域的插

值 FIR（IFIR）滤波器具有十分类似的结构，借用 IFIR 滤波器的概念[9,10]，H^1 相当于"压制镜像子滤波器"，滤波器的设计要求 H^1 的低旁瓣与 H^2 的栅瓣处在相同的区域，从而二者相乘后能够把这些栅瓣抑制掉；而 H^2 相当于"整形子滤波器"，H^2 的整个主瓣均在 H^1 的主瓣内，因此阵因子 H 的主瓣形状主要由 H^2 决定，H^2 因而得名为整形子滤波器。本书对权值优化的研究本质就是对这两个滤波器的优化设计，优化变量为 $\{\boldsymbol{h}^1, \boldsymbol{h}^2\}$（或等效的 $\{H^1(u), H^2(u)\}$）。

4.2.3　一维重叠子阵方向图仿真

该仿真中参数设置：全阵单元数 $N = 144$，子阵单元数 $N_1=12$，重叠子阵间隔 $K = 4$，子阵数目 $L = 34$。子阵方向图与超阵加权分别设计。子阵采用平顶方向图设计，子阵幅度加权和子阵方向图分别如图 4.3(a)、(b) 所示。子阵幅度加权系数近似为 Sinc 函数，子阵平顶方向图第一零点宽度 40°，3dB 宽度范围为 $[-12.4°, 12.4°]$。

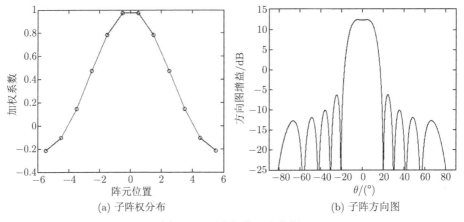

(a) 子阵权分布　　　　　　　　　(b) 子阵方向图

图 4.3　子阵权值及方向图

超阵采用 Taylor 加权，超阵幅度加权与超阵方向图分别如图 4.4(a)、(b) 所示。从图 4.4 可以看出超阵栅瓣间隔为 $u_T = 0.5$，因此最大扫描间隔为 $u_{\max} = 0.25$，对应的最大扫描角度间隔为 $\theta_{\max} = 14.4°$。

图 4.5 给了阵列综合方向图，图中不同颜色分别对应波束指向为 0°、3°、6°、9° 和 12°。可以看出，当天线波束由阵列法向开始扫描时，超阵的主瓣受到子阵平顶方向图加权有所下降；超阵的第一栅瓣逐渐进入子阵平顶方向图主瓣范围，形成峰值副瓣。

图 4.6 给出了相对副瓣电平随波束指向的变化曲线。可以看出在整个扫描过程中，平均峰值副瓣电平大约在 -20dB 左右，需要进一步优化双层加权系数，进一步降低峰值副瓣电平。

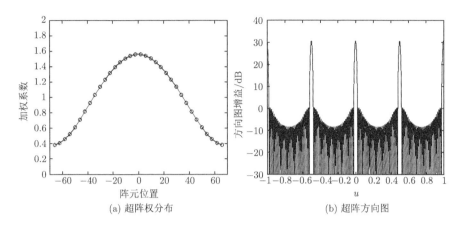

(a) 超阵权分布   (b) 超阵方向图

图 4.4　超阵权值及方向图

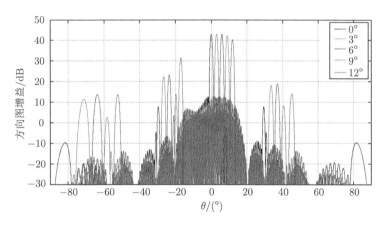

图 4.5　全阵综合方向图（见彩图）

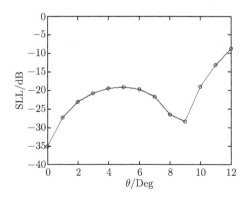

图 4.6　峰值旁瓣电平随波束指向的变化曲线

表 4.1给出了不同波束指向时方向图的特征参数，天线增益和峰值副瓣。可以看出当天线波束扫描到 12° 时，第一栅瓣即将进入子阵方向图范围内，峰值副瓣相对电平陡然增加。

表 4.1   全阵综合方向图特征参数

波束指向	0°	3°	6°	9°	12°
增益/dB	42.94	43.02	42.98	42.26	40.25
峰值副瓣/dB	−35.16	−20.73	−19.73	−28.38	−8.9

4.3   优化问题的建立

方向图优化通常是通过求解一个带约束的优化问题实现的。优化问题的建立可分为两个阶段，首先将期望方向图（即空域滤波器）的特性表示成一些约束条件的集合，然后根据期望方向图性能构造出优化问题的目标函数[11]。另外，在建立优化问题时也需要同时考虑问题的求解，使得所建立的优化问题能够采用较为成熟的求解方法。

根据式 (4.3) 可以看出，$\{\boldsymbol{h}^1, \boldsymbol{h}^2\}$ 和 $H(u)$ 之间是一个复杂的变换关系，如果直接把 $\{\boldsymbol{h}^1, \boldsymbol{h}^2\}$ 作为优化变量，以方向图函数 $H(u)$ 的性能为优化的目标函数，优化问题将难以求解。根据式 (4.3) 的乘法原理及式 (4.4) 的方向图计算公式可知，当固定 $\boldsymbol{h}^1$（或 $\boldsymbol{h}^2$）时，$H(u)$ 与 $\boldsymbol{h}^2$（或 $\boldsymbol{h}^1$）恰为线性关系，因此可以采用交替优化的思路[12]方便地构建出易于求解的方向图优化问题。概括起来这种方法主要步骤如下。

步骤 1   初始化 H^1，即 $\boldsymbol{h}^1 = \boldsymbol{w}_{\text{init}}(n)$。

步骤 2   固定 $\boldsymbol{h}^1$，在给定约束下优化 $\boldsymbol{h}^2$，$\boldsymbol{h}^1$ 的固定值由步骤 1 确定。

步骤 3   固定 $\boldsymbol{h}^2$，在给定约束下优化 $\boldsymbol{h}^1$，$\boldsymbol{h}^2$ 的固定值由步骤 2 确定。

步骤 4   重复步骤 2 和步骤 3 直到算法收敛。

这种交替优化方法的优点在于，充分利用了式 (4.4) 所揭示的线性关系，使得优化问题易于求解。另外，由于该线性关系实际上是傅里叶变换关系，因此可以使用 FFT 这样的快速算法求解 [13,14]。

结合图 4.7，对方向图各区域做出定量地界定。假设幅度加权为偶对称的实数权，那么由式 (4.4) 给出的方向图将是实的、偶对称的。

当波束指向为阵面法向时，参考图 4.7中的上半子图，方向图的通带为 $\Omega_p = [-\rho u_{\text{BW}}, \rho u_{\text{BW}}]$，$0 < \rho \leqslant 1$，$u_{\text{BW}}$ 是半功率波束宽度。图中 $\Omega_1 = [u_0^+, \lambda/d - u_0^+]$ 为整个镜像抑制子滤波器所控制的旁瓣区域，$\Omega_2 = [u_0^+, \lambda/D - u_0^+]$ 为整形子滤波器所控制的旁瓣区域，u_0^+ 为方向图在 u 的正方向上的第一零点位置，λ/d 和 λ/D 分别为镜像抑制子滤波器和整形子滤波器的单周期长度。

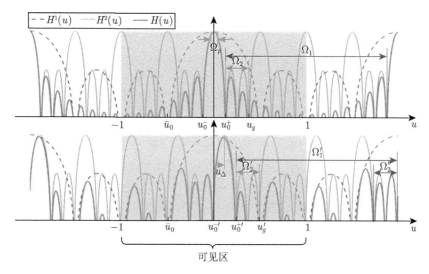

图 4.7 方向图各区域的界定（上半子图：波束不扫描的情况；
下半子图：子阵级波束扫描）

当波束指向为其他方向时，根据图 4.1可知，需要在子阵级采取适当的相位加权。子阵级的相位加权使得子阵阵因子 H^2（即"超阵"方向图）的主波束发生扫描，在正弦坐标系中表现为方向图的整体平移，设平移量为 u_Δ，本章不加区分地将 u_Δ 称为"超阵"方向图和总方向图的波束指向[①]。根据图 4.7可知，波束指向法向与波束指向 u_Δ 两种典型情况下，天线的旁瓣区域分别由以下两式给出：

$$\begin{cases} \Omega_1 = [u_0^+, \lambda/d - u_0^+] \\ \Omega_2 = [u_0^+, \lambda/D - u_0^+] \end{cases} \quad (4.6)$$

$$\begin{cases} \Omega_1' = [u_0^+ + u_\Delta, \lambda/d - u_0^+ + u_\Delta] \\ \Omega_2' = [u_0^+ + u_\Delta, \lambda/D - u_0^+ + u_\Delta] \end{cases} \quad (4.7)$$

结合阵列的实际使用，下面分两种情况讨论权值的优化。

4.3.1 单个波束的优化

本节以单个波束的优化为例，阐明上述交替优化的思想。不失一般性，假设波束指向为阵面法向。对于单一指向的波束方向图（对应于图 4.7 中的上半子图），权值优化的具体流程表述如下。

（1）初始化。设 $\bm{h}_{\text{fixed}}^1(n) = \bm{w}_{\text{init}}(n)$。

---

① 由于子阵方向图不是全向的，总方向图的主波束指向并不严格等同于阵因子的主波束指向。

（2）固定 $\boldsymbol{h}^1$，优化 $\boldsymbol{h}^2$。令 $\boldsymbol{h}^1 = \boldsymbol{h}^1_{\text{fixed}}$，结合对主瓣和旁瓣的约束，优化问题描述为

$$\text{minimize } t_1$$
$$\text{s.t. } |H^1_{\text{fixed}}(u)H^2(u)| < t_1, \ u \in \Omega_2$$
$$\alpha < H^1_{\text{fixed}}(u)H^2(u) < \beta, \ u \in \Omega_p \tag{4.8}$$

优化结果记为 $\boldsymbol{h}^2_{\text{fixed}}$。其中第一个约束中的优化变量 t_1 的作用是使最大旁瓣电平最小化。α 和 β 限定了波束指向附近的增益起伏范围，根据滤波器设计的观点可将该起伏称为通带波纹。假设波束指向处增益为 0dB，通带纹波为 ϵ dB，则相应地取 $\alpha = 10^{-\epsilon/20}$，$\beta = 10^{\epsilon/20}$。

（3）固定 $\boldsymbol{h}^2$，优化 $\boldsymbol{h}^1$。令 $\boldsymbol{h}^2 = \boldsymbol{h}^2_{\text{fixed}}$，优化问题描述为

$$\text{minimize } t_2$$
$$\text{s.t. } |H^1(u)H^2_{\text{fixed}}(u)| < t_2, \ u \in \Omega_1$$
$$10^{-\epsilon/20} < H^1(u)H^2_{\text{fixed}}(u) < 10^{\epsilon/20}, \ u \in \Omega_p \tag{4.9}$$

优化结果为 $\boldsymbol{h}^1_{\text{fixed}}$。

（4）迭代。当（3）完成后（即当前迭代结束），判断算法是否收敛，如果满足收敛条件则算法结束，$\boldsymbol{h}^1_{\text{fixed}}$ 和 $\boldsymbol{h}^2_{\text{fixed}}$ 分别为最优的单元级和子阵级加权；否则移至（2）开始下一次迭代。

在（4）中，判断算法是否收敛的简单方法是设置最大的迭代次数，当算法执行中达到了最大迭代次数就退出迭代。另外，式 (4.8) 和式 (4.9) 所给出的优化问题实际上都是线性规划问题[11,15,16]，可以直接借助成熟的优化工具进行求解，本书使用的是 MATLAB 的 CVX 凸优化工具箱。

值得指出的是，上述的单一指向波束优化方法既适用于波束不扫描（指向为阵面法向，如图 4.7中上半子图），也适用于波束扫描情况。另外，上述优化问题中，加权值 $\boldsymbol{h}^1$ 和 $\boldsymbol{h}^2$ 都假定为实的、对称的，也就是说，式 (4.9) 隐含了下面的附加约束条件：

$$h^1_k = h^1_{N_1+1-k}, \quad k = 1, \cdots, \left\lfloor \frac{N_1}{2} \right\rfloor \tag{4.10}$$

而式 (4.8) 隐含了下面的附加约束条件：

$$h^2_k = h^2_{L+1-k}, \quad k = 1, \cdots, \left\lfloor \frac{L}{2} \right\rfloor \tag{4.11}$$

其中，$\lfloor x \rfloor$ 表示对 x 进行向下取整的操作。对加权值采取的此类附加约束使得 $H^1(u)$ 和 $H^2(u)$ 都是实的、偶对称的。另外，$\boldsymbol{w}_{\text{init}}$ 作为权值 $\boldsymbol{h}^1_{\text{fixed}}$ 的初始化取值具有多种可能的选取方式，如均匀加权、Taylor 加权、Chebychev 加权等。

4.3.2 多个波束的同时优化

当需要同时考虑多个不同指向的波束时（又称"波束簇"，阵列应用中经常需要考虑的情况），需要对上述不同波束独立优化的方法作进一步修改。不同指向的波束共用相同的子阵内部权，甚至子阵级加权，因此设计出一套权值需要考虑到不同指向的方向图性能。

在一维情况下，本书提出了只考虑阵面法向及最大扫描角下的权值优化方法，在 4.3.1 节给出的权值优化的方法流程中，修改 (2) 和 (3)，就可以得到多个波束同时优化的具体流程，仅将修改的流程给出如下。

（1）固定 $\boldsymbol{h}^1$，优化 $\boldsymbol{h}^2$。令 $\boldsymbol{h}^1 = \boldsymbol{h}^1_{\text{fixed}}$，权值优化问题描述为

$$\text{minimize } t_1$$
$$\text{s.t. } |H^1_{\text{fixed}}(u)H^2(u)| < t_1,\ u \in \Omega_2$$
$$|H^1_{\text{fixed}}(u)H^2(u - u_\Delta)| < t_1,\ u \in \Omega'_2$$
$$10^{-\epsilon/20} < H^1_{\text{fixed}}(u)H^2(u) < 10^{\epsilon/20},\ u \in \Omega_p$$
$$H^1_{\text{fixed}}(u)H^2(u) > \gamma_0,\ u = u_{\text{max-scan}} \tag{4.12}$$

（2）固定 $\boldsymbol{h}^2$，优化 $\boldsymbol{h}^1$。令 $\boldsymbol{h}^2 = \boldsymbol{h}^2_{\text{fixed}}$，权值优化问题描述为

$$\text{minimize } t_2$$
$$\text{s.t. } |H^1(u)H^2_{\text{fixed}}(u)| < t_2,\ u \in \Omega_1$$
$$|H^1(u)H^2_{\text{fixed}}(u - u_\Delta)| < t_2,\ u \in \Omega'_1$$
$$10^{-\epsilon/20} < H^1(u)H^2_{\text{fixed}}(u) < 10^{\epsilon/20},\ u \in \Omega_p$$
$$H^1(u)H^2_{\text{fixed}}(u) > \gamma_0,\ u = u_{\text{max-scan}} \tag{4.13}$$

以流程 (1) 为例，对优化问题的建模进行说明。第一个约束中的优化变量 t_1 使得波束指向法向时，方向图的最大旁瓣电平最小化；第二个约束中的优化变量 t_1 使得波束指向 u_Δ 时，方向图的最大旁瓣电平最小化。前两个约束综合起来，最终使得波束在 $[-u_\Delta, u_\Delta]$ 的有限视场内扫描时，方向图的最大旁瓣电平最小化；天线的增益通常会随着扫描角的增大而减小，上述第四个约束中的参数 γ_0 给出了波束扫描到最大扫描角时天线方向图最大增益的下界，增大 γ_0 可以降低天线增益损耗。

将式 (4.8) 和式 (4.9) 分别替换为式 (4.12) 和式 (4.13) 就得出了完整的权值设计方法流程。在式 (4.12) 和式 (4.13) 中，第一个约束对应指向为阵面法向的方向图，且 Ω_1、Ω_2 由式 (4.6) 确定；第二个约束对应了最大扫描角的方向图，且 Ω'_1、Ω'_2 由式 (4.7) 确定。第三个约束同前。第四个约束限定了扫描波束的增益损耗。

4.3.3   约束条件的构造方法

4.3.3.1   关于波束的扫描

观察图 4.7可知，当超阵方向图 H^2 发生平移之后，总方向图 H 的主瓣区域和旁瓣区域都会发生改变。虽然 H^1 和 H^2 都是周期的，但是 H 和 H^2 的周期并不相同。注意到 Ω_2'' 区域内的旁瓣要明显高于 Ω_2' 区域内的旁瓣，而且在式 (4.12) 中，第一个约束条件使得波束指向法向时，Ω_2 区域内的旁瓣电平最小化，第二个约束条件使得波束发生扫描时，Ω_2' 区域内的旁瓣电平最小化。由于 Ω_2' 区域内的旁瓣电平相对较低，第二个约束条件可能不起作用（也就是说满足了第一个约束，第二个约束就自然地满足了，第二个约束变成了一个较弱的约束，称该约束“失效”）。因此最终的方向图会在 Ω_2'' 区域内出现较高的旁瓣。为了降低 Ω_2'' 内的旁瓣，以获得更好的优化结果，可以将 Ω_2' 替换为 Ω_2''，相应的式 (4.7) 中的阻带（旁瓣）区域替换为

$$\Omega_1' = [u_0^+ + u_\Delta, \lambda/d - u_0^+ + u_\Delta]$$
$$\Omega_2' = \left[2 - \frac{\lambda}{D} + u_0^+ + u_\Delta, 2 - u_0^+ + u_\Delta\right] \tag{4.14}$$

4.3.3.2   关于空间频率区域的冗余

在建立优化问题时，针对 h_1 和 h_2 的优化分别设计了不同的旁瓣区域。旁瓣区域 Ω_1、Ω_2 是依据 H^1、H^2 的周期性确定的。显然，在优化中始终仅使用总方向图 H 的旁瓣区域会使得问题的表述更加简洁，但是这样做实际上引入了大量冗余的约束，求解的效率大大降低，而且也会出现上述约束“失效”的现象。

另外，当加权值为实数（即 $h_1 \in \mathbb{R}^{N_1}$、$h_2 \in \mathbb{R}^L$）时，$H^1(u)$、$H^2(u)$ 在其单周期内具有共轭对称的特点。去除由对称性产生的冗余后，通带和阻带区域可以进一步简化为

$$\Omega_1 = \left[u_0^+, \frac{\lambda}{2d}\right], \Omega_2 = \left[u_0^+, \frac{\lambda}{2D}\right], \Omega_p = [0, \rho u_{\mathrm{BW}}] \tag{4.15}$$

4.3.3.3   关于空间频率区域的重叠

在图 4.7中，比较 Ω_1 和 Ω_2 及 Ω_1' 和 Ω_2' 可以看出，前者完全包含了后者。这使得 Ω_2 及 Ω_2' 在两次独立的优化中都会出现。注意到子阵方向图 H_1 通常具有较宽的主瓣，而且 Ω_2 通常都位于 H_1 的主瓣内，因此可以将 Ω_2 从 Ω_1 中去除。相应地，式 (4.6) 和式 (4.7) 分别变换为

$$\begin{cases} \Omega_1 = \left[\dfrac{\lambda}{2D}, \dfrac{\lambda}{2d}\right] \\ \Omega_2 = \left[u_0^+, \dfrac{\lambda}{2D}\right] \end{cases} \tag{4.16}$$

$$\begin{cases} \Omega_1' = \left[\dfrac{\lambda}{D} - u_0^+ + u_\Delta, 2 - \dfrac{\lambda}{D} + u_0^+ + u_\Delta \right] \\ \Omega_2' = \left[2 - \dfrac{\lambda}{D} + u_0^+ + u_\Delta, 2 - u_0^+ + u_\Delta \right] \end{cases} \tag{4.17}$$

式 (4.6) 和式 (4.16) 的区别在于：式 (4.6) 中，$\Omega_1 \cap \Omega_2 = \Omega_2$，这意味着 Ω_1 和 Ω_2 之间存在重叠；而式 (4.16) 中，$\Omega_1 \cap \Omega_2 = \varnothing$，即 Ω_2 和 Ω_1 之间没有重叠。因此，不难想象，当 $\Omega_2 \in \Omega_1$ 时，远旁瓣的约束条件就会被"淹没"在近旁瓣的约束条件中，导致远旁瓣的约束条件失效。类似的结论可以推广到对式 (4.7) 和式 (4.17) 的分析。因此，使用式 (4.16) 和式 (4.17) 这两个约束条件有可能获得更低的远旁瓣。

4.3.3.4 关于天线增益

锥削效率 ε_T 是一个有效地衡量天线增益的量化指标，其计算方式为[7]

$$\varepsilon_T = \frac{1}{N} \frac{\left| \sum\limits_{n=1}^{N} w_n \right|^2}{\sum\limits_{n=1}^{N} |w_n|^2} \tag{4.18}$$

其中，w_n 为等效在第 n 阵元上的阵列加权值（文献 [17] 形象地称该加权值为"上浮"取值），利用 $N \times L$ 维的子阵形成矩阵 $\boldsymbol{T}$ 可将该加权值表示为

$$\boldsymbol{w} = \boldsymbol{T}\boldsymbol{h}^2 \tag{4.19}$$

且

$$\boldsymbol{T} = \begin{pmatrix} h_1^1 & 0 & \cdots & 0 \\ \vdots & h_1^1 & \cdots & \vdots \\ h_{N_1}^1 & \vdots & \cdots & \vdots \\ \vdots & h_{N_1}^1 & \ddots & h_1^1 \\ \vdots & \vdots & \cdots & \vdots \\ 0 & 0 & \cdots & h_{N_1}^1 \end{pmatrix} \tag{4.20}$$

根据图 4.1将式 (4.19) 展开，可得：

$$w_n = \begin{cases} h_p^1 h_q^2 & q = 1 \\ h_p^1 h_q^2 + h_{p+4}^1 h_{q-1}^2 & q = 2 \\ h_p^1 h_q^2 + h_{p+4}^1 h_{q-1}^2 + h_{p+8}^1 h_{q-2}^2 & 3 \leqslant q \leqslant L \\ h_{p+4}^1 h_{q-1}^2 + h_{p+8}^1 h_{q-2}^2 & q = L+1 \\ h_{p+8}^1 h_{q-2}^2 & q = L+2 \end{cases} \tag{4.21}$$

其中, $p = n \mod K$, $q = \left\lfloor \dfrac{n}{K} \right\rfloor$, 本例中 K 值取 4。

以上所建立的优化问题已经将天线方向图的增益损耗和最大旁瓣电平都考虑在内了，然而从式 (4.12) 和式 (4.13) 中可以发现，优化问题并不包含锥削效率 ε_T。由于 ε_T 是关于加权值的二次函数（参见式 (4.18)），如果引入了锥削效率的变量，优化问题将不再是简单的线性规划，而是变得更加复杂。一种折中的方法是在每次优化后再对锥削效率 ε_T 做进一步地计算分析，这样依然可以在给定的锥削效率约束下得出最优解，本书在数值实验部分中将给出相应的例子。

4.4   平面阵中的重叠子阵技术

前面的分析均以一维线阵为例，本节将相应的分析方法推广到二维面阵情况，图 4.8给出了面阵情况下的重叠子阵示意图[18]。在二维情况下，权值的优化问题变得更加复杂，但其关键问题有两个：一是二维情况下的方向图计算；二是二维情况下方向图通带（主瓣）、阻带（旁瓣）的确定。本节重点针对这两个关键问题展开分析，其他内容参考一维线阵的情况进行推广和移植即可，本节不再赘述。

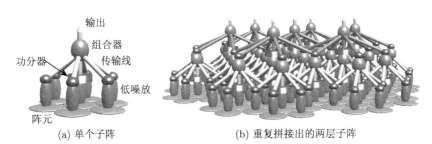

(a) 单个子阵   (b) 重复拼接出的两层子阵

图 4.8   重叠子阵结构示意图（面阵）

4.4.1   方向图计算方法

在一维情况下，采用将方向图求和公式合并同类项并化简的方法，得出了方向图的计算公式 (4.3)。在二维情况下，如果继续采用这种方法，求和项的处理将会变得异常烦琐。为了得出更具推广价值的计算公式，本书应用第 2 章格论表示方法。引入特殊的数学表示方法之后，阵列的基本运算也需要重新定义，本节将从这些基本的运算出发，推导出方向图的计算方法。

4.4.1.1   周期子阵的基本运算法则

1. 基本运算的定义

1）运算一：空域卷积

两个空域离散变量 s, h 的卷积 $s * h$ 定义如下：

$$(s * h)_n \triangleq \sum_m s_m h_{n-m} = \sum_m s_{n-m} h_m \tag{4.22}$$

其中，$(X)_n$ 表示 X 的第 n 个分量，下同。下标 n，m 可以是高维的整数列矢量（对于平面阵而言，维数为 2），相当于阵元的编号索引，可以方便地指示阵元（参考第 2 章格论的内容）。

2）运算二：相移运算

为表述方便，将相移运算分为两类：空域信号的相位延迟和阵列的空域调向。空域信号的相位延迟 $s \curvearrowright \boldsymbol{f}_\triangle$ 定义如下：

$$(s \curvearrowright \boldsymbol{f}_\triangle)_n \triangleq s_n \mathrm{e}^{-\mathrm{j}2\pi \boldsymbol{f}_\triangle^\mathrm{T} n} \tag{4.23}$$

阵列的空域调向，即阵列系统的空域冲击响应 h 的空域调向 $\boldsymbol{f}_\triangle \curvearrowleft h$ 定义如下：

$$(\boldsymbol{f}_\triangle \curvearrowleft h)_n \triangleq \mathrm{e}^{\mathrm{j}2\pi \boldsymbol{f}_\triangle^\mathrm{T} n} h_n \tag{4.24}$$

其中，$\boldsymbol{f}_\triangle$ 为粗体，其含义：① $\boldsymbol{f}_\triangle$ 可表述一个高维（本书仅考虑二维情况）的矢量，表征了空间方位；② $\boldsymbol{f}_\triangle^\mathrm{T} n$ 是一个矢量积，$\boldsymbol{f}_\triangle$ 与物理空间的指向 $\boldsymbol{u}_\triangle$ 之间的关系根据第 2 章中式 (2.16) 确定，即 $\boldsymbol{u}_\triangle = \boldsymbol{D}^{-\mathrm{T}} \boldsymbol{f}_\triangle$ 或 $\boldsymbol{f}_\triangle = \boldsymbol{D}^\mathrm{T} \boldsymbol{u}_\triangle$，$\boldsymbol{D}$ 是阵元位置格的基矩阵。该式中的系数 n 可以通过 $\boldsymbol{D}n$ 对应到阵元的物理位置。

上述两类相移运算在数学上具有相同的含义，此处加以区分主要是为了体现实际阵列系统中模拟移相和数字移相的差异。下面将给出具体实例。

3）运算三：抽取与插零运算

层间抽取运算 "↓" 通过一个 2×2 的整数矩阵给出（相当于第 2 章中的标量抽取因子 R 的推广），基本的运算法则如下：

$$\begin{aligned} s^j = s^i \downarrow \mathbf{R} \quad &\text{表示} \quad s_n^j = s_{\mathbf{R}n}^i \\ s^i \downarrow \mathbf{R}_i \downarrow \mathbf{R}_j \quad &\text{表示} \quad ((s^i \downarrow \mathbf{R}_i) \downarrow \mathbf{R}_j) \end{aligned} \tag{4.25}$$

层内插零运算 "↑" 的作用通过结合卷积运算来体现：

$$g = g^i * \mathbf{R} \uparrow g^j \quad \text{表示} \quad g_n = \sum_k g_k^j g_{n-\mathbf{R}k}^i \tag{4.26}$$

注意到插零运算都是与卷积结合在一起的，因此下面将式 (4.26) 所揭示的运算记为 "$*\uparrow$"，这样的运算包含两个操作符和三个操作数，即具备 $A * B \uparrow C$ 这样的形式。

2. 运算的优先级规定

卷积和相移运算的优先级：括号优先级最高；当无括号时 $*$、$\curvearrowright$ 按从左到右的顺序，因此 $s^0 \curvearrowright \boldsymbol{f}_\triangle * h$ 即为 $(s^0 \curvearrowright \boldsymbol{f}_\triangle) * h$；而无括号时 $*$、$\curvearrowleft$ 则按从右至左的顺序，因此 $h^1 * \boldsymbol{f}_\triangle \curvearrowleft h^2 = h^1 * (\boldsymbol{f}_\triangle \curvearrowleft h^2)$。

卷积和抽取与插零运算的优先级：括号优先级最高；当无括号时 $*\uparrow$ 按从右到左的顺序，如 $g^i * \boldsymbol{R}_i \uparrow g^j * \boldsymbol{R}_j \uparrow g^k = (g^i * \boldsymbol{R}_i (\uparrow g^j * \boldsymbol{R}_j \uparrow g^k))$。

上述运算规则对于设计和分析复杂的系统十分有利。

4.4.1.2　阵列单波束输出及方向图扫描

根据上述基本运算，对于没有子阵的情况，阵列输出可以表示为

$$
\begin{aligned}
s &= (s^0 \frown \boldsymbol{f}_\triangle * h)_0 \\
&= (s^0 * (\boldsymbol{f}_\triangle \frown h) \frown \boldsymbol{f}_\triangle)_0 \\
&= (s^0 * (\boldsymbol{f}_\triangle \frown h))_0
\end{aligned}
\tag{4.27}
$$

式中，s^0 表示单元级的接收信号。

4.4.1.3　多层子阵的阵列输出

多层子阵输出可以直接从式 (4.27) 扩展得到。以两层子阵为例，有

$$
\begin{aligned}
s^1 &= s^0 \frown \boldsymbol{f}_\triangle^1 * h^1 \downarrow \boldsymbol{R} \\
s^2 &= s^1 \frown \boldsymbol{f}_\triangle^2 * h^2
\end{aligned}
\tag{4.28}
$$

图 4.9给出了一个特殊的例子。s^0、s^1 和 s^2 表示单元级的接收信号、第一层子阵的输出信号和第二层子阵的输出信号，$\boldsymbol{f}_\triangle^1$、$\boldsymbol{f}_\triangle^2$ 分别为第一、第二层子阵的阵列调向矢量，h^1、h^2 分别为第一、第二层子阵的加权系数。图中 h^1 和 h^2 的长度分别为 3 和 4。在抽取矩阵 $\boldsymbol{R}$ 的作用下，s^1 舍去了卷积操作 $s^0 \frown \boldsymbol{f}_\triangle^1 * h^1$ 中的部分结果，被舍弃部分在图中用虚线圆圈表示。由于第二层子阵为阵列的最后一层子阵，h^2 和 $s^1 \frown \boldsymbol{f}_\triangle^2$ 是一个直接相乘求和的运算，两层子阵的阵列输出为 s_0^2。对于阵元规则排列的平面阵列，设其基矩阵为 $\boldsymbol{D}$，经抽取运算后新的基矩阵为 $\boldsymbol{DR}$。因此 $\boldsymbol{f}_\triangle^1$ 和 $\boldsymbol{f}_\triangle^2$ 可分别表示为 $\boldsymbol{D}^{\mathrm{T}} \boldsymbol{u}_\triangle^1$ 和 $\boldsymbol{R}^{\mathrm{T}} \boldsymbol{D}^{\mathrm{T}} \boldsymbol{u}_\triangle^2$。

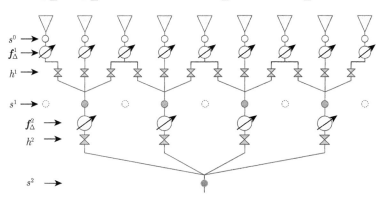

图 4.9　多层子阵的阵列输出示意图

根据式 (4.28) 及附录 C 给出的两个重要等式, 有

$$
\begin{aligned}
s^2 &= s^0 \curvearrowright \boldsymbol{f}_\Delta^1 * h^1 \downarrow \boldsymbol{R} \curvearrowright \boldsymbol{f}_\Delta^2 * h^2 \\
&= s^0 \curvearrowright \boldsymbol{f}_\Delta^1 * h^1 \downarrow \boldsymbol{R} * (\boldsymbol{f}_\Delta^2 \curvearrowright h^2) \curvearrowright \boldsymbol{f}_\Delta^2 (\text{应用等式一}) \\
&= s^0 \curvearrowright \boldsymbol{f}_\Delta^1 * (h^1 * \boldsymbol{R} \uparrow \boldsymbol{f}_\Delta^2 \curvearrowright h^2) \downarrow \boldsymbol{R} \curvearrowright \boldsymbol{f}_\Delta^2 (\text{应用等式二}) \\
&= s^0 * (\boldsymbol{f}_\Delta^1 \curvearrowright h^1 * \boldsymbol{R} \uparrow \boldsymbol{f}_\Delta^2 \curvearrowright h^2) \curvearrowright \boldsymbol{f}_\Delta^1 \downarrow \boldsymbol{R} \curvearrowright \boldsymbol{f}_\Delta^2 (\text{应用等式一})
\end{aligned} \tag{4.29}
$$

因此阵列输出 s_0^2 为

$$
s_0^2 = s^0 * (\boldsymbol{f}_\Delta^1 \curvearrowright h^1 * \boldsymbol{R} \uparrow \boldsymbol{f}_\Delta^2 \curvearrowright h^2) \tag{4.30}
$$

阵列的作用体现在式 (4.30) 右边括号内的部分, 记

$$
g^1 = \boldsymbol{f}_\Delta^1 \curvearrowright h^1 * \boldsymbol{R} \uparrow \boldsymbol{f}_\Delta^2 \curvearrowright h^2 \tag{4.31}
$$

式 (4.31) 的傅里叶变换为

$$
G^1(\boldsymbol{f}) = H^1(\boldsymbol{f} + \boldsymbol{f}_\Delta^1) H^2(\boldsymbol{R}^{\mathrm{T}}(\boldsymbol{f} + \boldsymbol{f}_\Delta^1) + \boldsymbol{f}_\Delta^2) \tag{4.32}
$$

对于阵元规则分布的情况, 有

$$
G^1(\boldsymbol{D}^{\mathrm{T}}\boldsymbol{u}) = H^1\left(\boldsymbol{D}^{\mathrm{T}}(\boldsymbol{u} + \boldsymbol{u}_\Delta^1)\right) H^2\left(\boldsymbol{R}^{\mathrm{T}}\boldsymbol{D}^{\mathrm{T}}(\boldsymbol{u} + \boldsymbol{u}_\Delta^1 + \boldsymbol{u}_\Delta^2)\right) \tag{4.33}
$$

更一般地, 记最终的输出信号为 s_0, 第 i 层子阵输出为 s^i, 抽取矩阵为 $\boldsymbol{R}_i$, $i \in \{1, \cdots, N\}$, 则

$$
s^i \triangleq s^{i-1} \curvearrowright \boldsymbol{f}_\Delta^i * h^i \downarrow \boldsymbol{R}_i \tag{4.34}
$$

$$
s \triangleq s^N \curvearrowright \boldsymbol{f}_\Delta^{N+1} * h^{N+1} \tag{4.35}
$$

$$
\boldsymbol{D}_i \triangleq \boldsymbol{D}_{i-1}\boldsymbol{R}_{i-1} \tag{4.36}
$$

$$
\boldsymbol{f}_\Delta^i \triangleq \boldsymbol{D}_i^{\mathrm{T}}\boldsymbol{u}_\Delta^i \tag{4.37}
$$

其中 $\boldsymbol{D}_1 = \boldsymbol{D}$, s^N 为倒数第二层的子阵输出, h^{N+1} 为最后一层的阵列加权系数。类似于式 (4.29) 的推导, 有

$$
s = s^{N-1} * g^N \curvearrowright \boldsymbol{f}_\Delta^N \downarrow \boldsymbol{R}_N \curvearrowright \boldsymbol{f}_\Delta^{N+1}
$$

$$
g^N = \boldsymbol{f}_\Delta^N \curvearrowright h^N * \boldsymbol{R}_N \uparrow \boldsymbol{f}_\Delta^{N+1} \curvearrowright h^{N+1} \tag{4.38}
$$

根据式 (4.38) 给出的递推关系, s 最终可以表示为

$$
s = s^0 * g^1 \curvearrowright \boldsymbol{f}_\Delta^1 \downarrow \boldsymbol{R}_1 \cdots \curvearrowright \boldsymbol{f}_\Delta^N \downarrow \boldsymbol{R}_N \curvearrowright \boldsymbol{f}_\Delta^{N+1} \tag{4.39}
$$

$$
g^{N+1} = \boldsymbol{f}_\Delta^{N+1} \curvearrowright h^{N+1} \tag{4.40}
$$

$$
g^i = \boldsymbol{f}_\Delta^i \curvearrowright h^i * \boldsymbol{R}_i \uparrow g^{i+1} \tag{4.41}
$$

阵列输出只由 s_0 确定，而 s_0 不受式 (4.39) 中相移运算的影响，因此阵列输出为 $s_0 = (s^0 * g^1)_0$。g^1 则由递推关系式 (4.40) 和式 (4.41) 确定，将式 (4.40)、式 (4.41) 做傅里叶变换，得

$$G^{N+1}(\boldsymbol{f}) = H^{N+1}(\boldsymbol{f} + \boldsymbol{f}_\Delta^{N+1}) \tag{4.42}$$

$$G^i(\boldsymbol{f}) = H^i(\boldsymbol{f} + \boldsymbol{f}_\Delta^i)G^{i+1}(\boldsymbol{R}_i^{\mathrm{T}}(\boldsymbol{f} + \boldsymbol{f}_\Delta^i)) \tag{4.43}$$

结合式 (4.36) 和式 (4.37)，有

$$\begin{aligned}
G^1(\boldsymbol{u}) =& H^1(\boldsymbol{D}_1^{\mathrm{T}} \cdot (\boldsymbol{u} + \boldsymbol{u}_\Delta^1)) \\
& \times H^2(\boldsymbol{D}_2^{\mathrm{T}} \cdot (\boldsymbol{u} + \boldsymbol{u}_\Delta^1 + \boldsymbol{u}_\Delta^2)) \\
& \vdots \\
& \times H^{N+1}(\boldsymbol{D}_{N+1}^{\mathrm{T}} \cdot (\boldsymbol{u} + \boldsymbol{u}_\Delta^1 + \cdots + \boldsymbol{u}_\Delta^{N+1}))
\end{aligned} \tag{4.44}$$

该式即为二维情况下对式 (4.3) 的推广，采用格论的表示方法，方便地实现了从一维推广到二维、从两层子阵推广到 N 层子阵。更一般地，假设阵列在第 j 层实现数字化，阵元方向图为 $\boldsymbol{f}_e$。下面的式子用一个较为简捷的方式给出了阵列设计中若干重要的定义[18]：

阵元方向图	$\boldsymbol{f}_e$		
前 i 层子阵的方向图	$\boldsymbol{f}_e H^1 \cdots H^i$		
总的阵列方向图	$\boldsymbol{f}_e H^1 \cdots H^{N+1}$		
模拟处理的方向图	$\boldsymbol{f}_e H^1 \cdots H^{j-1}$		
数字处理的阵因子		$H^j \cdots H^{N+1}$	
第 i 层子阵的阵因子		H^i	
倒数第二层子阵的阵因子		H^N	
最后一层子阵的阵因子			H^{N+1}
总的阵因子	H^1		$\cdots H^{N+1}$

$$\tag{4.45}$$

阵元方向图 $\boldsymbol{f}_e$ 以矢量方式表示，是因为其中可包含极化信息，以下将重点讨论阵列阵因子设计，即 $\prod_{i=1}^{N+1} H^i$。由于阵列结构的周期性，最终阵因子相当于将每层空域滤波器串联，这一点与一维情况类似。下面分析二维阵列中的权值优化问题建模。

4.4.2　优化问题建模

权值优化方法依然采用交替优化的思路，与一维情况相比，最主要的区别在于方向图各个区域的确定变得更加复杂，本节重点分析这些区域的确定方法。

以一个矩形栅格阵列为例，不妨直接将一维情况下的 12 单元组成的线阵直接扩展为 12×12 的矩形面阵，子阵模型的简化结构如图 4.10 所示。

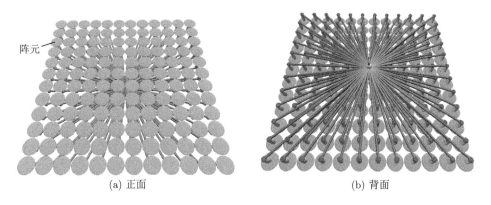

(a) 正面   (b) 背面

图 4.10   12×12 的矩形面阵构成的单个子阵示意图

图 4.11 给出 9 个小矩形阵面按 3:1 的重叠比组合成 3×3 的面阵示意图。

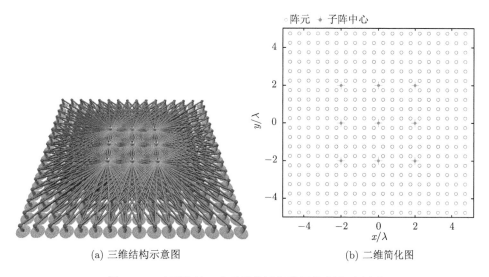

(a) 三维结构示意图   (b) 二维简化图

图 4.11   小面阵按一定重叠比进行扩展的方法示意图

阵元间距为半波长，采用格论的表示方法后，参照图 4.11(b) 可知，子阵中心位置的分布可以用 $\boldsymbol{D}_1 = (2,0)^{\mathrm{T}}$、$\boldsymbol{D}_2 = (0,2)^{\mathrm{T}}$ 的整数线性组合，即格 $\Lambda([\boldsymbol{D}_1, \boldsymbol{D}_2])$ 表示。而阵元的位置则为格 $\Lambda([\boldsymbol{d}_1, \boldsymbol{d}_2]) = \Lambda\begin{pmatrix} 0.5 & 0 \\ 0 & 0.5 \end{pmatrix}$ 的平移，根据第 2 章的引理 2.2，阵元位置格的平移不改变阵因子周期格。因此对于单个子阵，其子阵方向

图在正弦空间坐标系中的周期性由格 $\Lambda([\boldsymbol{d}_1, \boldsymbol{d}_2]^{-\mathrm{T}})$ 给出，"超阵"阵因子方向图的周期性由格 $\Lambda([\boldsymbol{D}_1, \boldsymbol{D}_2]^{-\mathrm{T}})$ 给出。

结合图 4.11所示的阵面构型，图 4.12给出了相应的天线方向图各个区域的确定方法。

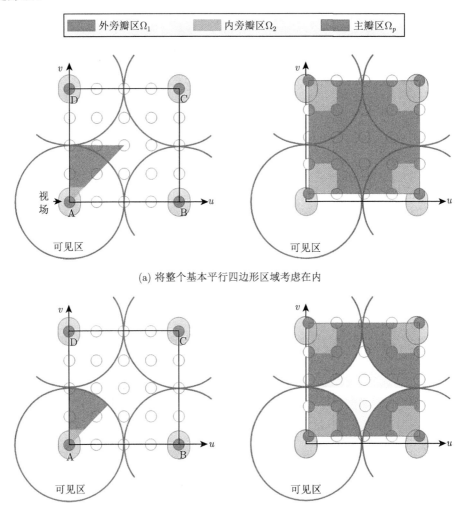

（a）将整个基本平行四边形区域考虑在内

（b）只考虑可见区

图 4.12　二维情况下方向图各区域的界定（基本平行四边形表示法）

图中的四边形 ABCD 为 $\Lambda([\boldsymbol{d}_1, \boldsymbol{d}_2]^{-\mathrm{T}})$ 的基本平行四边形，该四边形是子阵方向图的最小周期，由于子阵方向图的周期性，对该四边形内的方向图进行优化就能实现对整个方向图的优化。如果加入了阵元加权的对称性约束（对于正方形口径，加权值具有"米"字形的对称轴；对于一般的矩形口径，加权值具有"十"

字形的对称轴），相应的方向图也将具有类似的对称特性，因此图 4.12(a) 的左子图中外旁瓣 Ω_1 和内旁瓣 Ω_2 的控制区域均在两个四分之一的基本平行四边形之内。当"超阵"阵因子方向图发生了平移之后，总方向图的对称性遭到了破坏，但较大的基本平行四边形区域依然是总方向图的最小周期，图 4.12(a) 的右子图给出了方向图发生扫描的情况下 Ω_1、Ω_2 的选取方法。如果不考虑不可见区的方向图，那么在优化时完全可以不考虑位于可见区之外的部分，图 4.12(b) 给出了这样的示意图。实际应用中，虽然非可见区的方向图特性并不对应任何的空间角度，但是该区域对阵列处理的噪声功率有一定的影响，所以本书在优化时将非可见区也考虑在内。

第 2 章给出了另外一种描述方向图最小正周期的方式——Voronoi 区域。使用 Voronoi 区域表示法与使用基本平行四边形的表示并没有实质差异，只是图形显示上略为方便，如图 4.13所示。

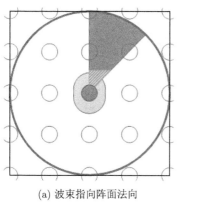 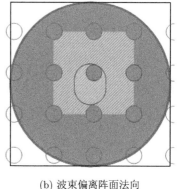

(a) 波束指向阵面法向　　　　　　　　(b) 波束偏离阵面法向

图 4.13　二维情况下方向图各区域的界定（Voronoi 区域表示法）

上述表示方法只用到了方向图第一零点区域、近旁瓣和远旁瓣区，这些信息的合理利用成功地解决了一维情况下重叠子阵权值优化。然而，二维情况下如果继续采用一维情况下的区域划分方案，就会得出较大的内旁瓣区，由于使用了内外旁瓣不重叠的方案，这样得出的外旁瓣区丢失了较多的对近旁瓣的"控制权"（图 4.13(b)）。因此，下面结合视场区域的信息将二维情况下的区域划分做一定的改进。

改进后的方向图各区域的界定方法如图 4.14所示，为了在优化过程中加强单元级加权对近旁瓣区域的"控制"，将外旁瓣 Ω_1 定义为视场区域之外的区域。这样一来，外旁瓣区 Ω_1 和内旁瓣区 Ω_2 就可能出现重叠，图 4.14用不同的阴影显示了 Ω_1、Ω_2 及二者的重叠区。

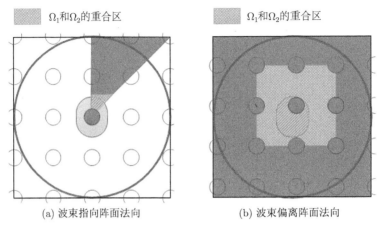

(a) 波束指向阵面法向   (b) 波束偏离阵面法向

图 4.14   二维情况下方向图各区域的界定（利用了视场区域的信息）

在本章的仿真部分，将结合图 4.14所示的区域确定方法给出二维面阵情况下的重叠子阵权值设计实例。事实上，研究中针对图 4.12(a)、图 4.13和图 4.14所给出的几种区域划分方法均做过仿真，对比的结果确实能够说明图 4.14方法是最好的，考虑到罗列出所有仿真结果需要大量篇幅且没有显著的意义，本书仅给出了最好的实验结果。

4.5   仿真结果与分析

4.5.1   一维线阵中的重叠子阵

4.5.1.1   与两级低副瓣加权方法的对比

本节以均匀线阵的重叠子阵权值设计为例进行仿真分析。假设每个子阵由 12 个阵元构成，重叠比为 3:1，重叠方案类似于图 4.1所示，其中 $d = \lambda/2$，$K = 4$，$N_1 = 12$，$L = 10$。文献 [2] 针对该阵列，采用了两级 Taylor 加权实现方向图赋形。在文献 [6] 中同样采用了类似的子阵结构，并使用交替投影算法优化子阵内加权，其子阵级加权使用了切比雪夫加权。下面本书将针对这个阵面结构，验证所提出的阵列权值优化方法的有效性，并与传统的两级 Taylor 加权方法相比较。

参数设置：$u_{\text{max-scan}} = \sin 6°$，$\rho = 0.1$，$u_0^+ = 0.04$，$\epsilon = 0.3 \text{ dB}$，$\gamma_0 = 3 \text{ dB}$。根据上述的约束条件设置方法，$\Omega_1$、$\Omega_2$ 及 Ω_1'、Ω_2' 分别通过式 (4.16) 和式 (4.17) 确定。为了便于对比，在优化中加入了半功率波束宽度的约束，使得本书优化得出的方向图波束宽度与文献 [2] 的基本一致，计算可得 $u_{\text{BW}} = \sin 0.77°$。

图 4.15给出了波束指向为阵面法向和偏离法向 6° 两种情况下方向图的对

比①。经过本书优化算法得出 $\boldsymbol{h}^1$ 和 $\boldsymbol{h}^2$ 的方法简记为"OPT"，通过两级 Taylor 加权给出 $\boldsymbol{h}^1$ 和 $\boldsymbol{h}^2$ 的方法则记为"TST"，不同方法得出的权值总结在表 4.2 中。

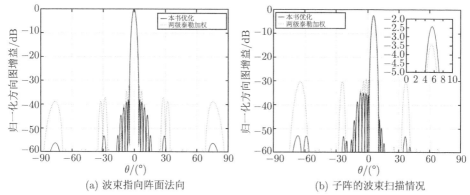

(a) 波束指向阵面法向   (b) 子阵的波束扫描情况

图 4.15 不同权值优化方法对应的阵列方向图

表 4.2 不同方法的阵列加权值

单元级加权值	$\boldsymbol{h}_1^1(\boldsymbol{h}_{12}^1)$	$\boldsymbol{h}_2^1(\boldsymbol{h}_{11}^1)$	$\boldsymbol{h}_3^1(\boldsymbol{h}_{10}^1)$	$\boldsymbol{h}_4^1(\boldsymbol{h}_9^1)$	$\boldsymbol{h}_5^1(\boldsymbol{h}_8^1)$	$\boldsymbol{h}_6^1(\boldsymbol{h}_7^1)$
TST 方法	0.27	0.38	0.57	0.76	0.91	1.00
OPT 方法	0.08	0.19	0.39	0.65	0.85	1.00
子阵级加权值	$\boldsymbol{h}_1^2(\boldsymbol{h}_{10}^2)$	$\boldsymbol{h}_2^2(\boldsymbol{h}_9^2)$	$\boldsymbol{h}_3^2(\boldsymbol{h}_8^2)$	$\boldsymbol{h}_4^2(\boldsymbol{h}_7^2)$	$\boldsymbol{h}_5^2(\boldsymbol{h}_6^2)$	
TST 方法	0.282	0.441	0.675	0.884	1.000	
OPT 方法	0.193	0.363	0.630	0.856	1.000	

从图 4.15可以看出，本书提出的优化方法极大地降低了天线方向图的峰值旁瓣比（PSL）。当波束指向阵面法向时，OPT 和 TST 两种方法对应的 PSL 分别为 38.14 dB 和 32.12 dB；当波束指向扫描到 $u_\triangle = \sin 6°$ 时，PSL 分别变为 34.93 dB 和 29.11 dB。

另外，图 4.16给出了 OPT 方法和 TST 方法得出的 5 个波束的波束簇方向图。可以发现，当波束扫描到最大偏角时，方向图通常具有最低的增益，因此可以用最大扫描角处的相对增益 γ 来描述天线增益在整个扫描区域内的稳定度。对于图 4.15中的例子，OPT 方法的 $\gamma = -2.44$ dB，TST 方法的 $\gamma = -3.44$ dB。

两种方法的对比总结在表 4.3中。从表中的数据来看，OPT 方法的锥削效率 ε_T 要低于 TST 方法。可以认为，本书提出的方法通过牺牲一定的锥削效率，换来了对峰值旁瓣电平及增益平坦度的有效控制。正因如此，这些结果并不能明确

---

① 此处的"偏离法向 6°"，在本节中特指 $u_\triangle = \sin 6°$，由于 $H^1(u)$ 增益的变化，这种方式并不能保证总方向图的峰值恰好位于 6°。对于有限视场扫描真正的波束指向和 $u_\triangle$ 差别不大，本书不再深入讨论波束指向的修正问题。

地说明哪种方法更好，下面将通过更多的验证得出较为确切的结论。

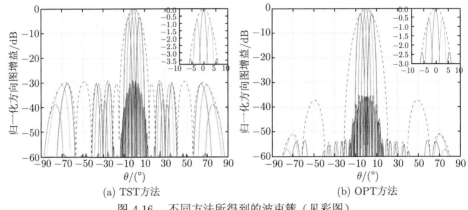

(a) TST 方法　　　　　　　　　　　(b) OPT 方法

图 4.16　不同方法所得到的波束簇（见彩图）

表 4.3　OPT 方法和 TST 方法的性能对比

	PSL/dB $(u_\Delta = 0)$	PSL/dB $(u_\Delta = \sin 6°)$	γ/dB	ε_T
TST 方法	32.12	29.10	−3.44	0.7432
OPT 方法	38.14	34.93	−2.44	0.6919

　　在最小的峰值旁瓣比[①]固定的情况下，对比不同优化方法的幅度锥削效率 ε_T 及增益平坦度 γ 是一种较好的比较方法。图 4.17给出了两种方法的 15 次数值实验结果对比。

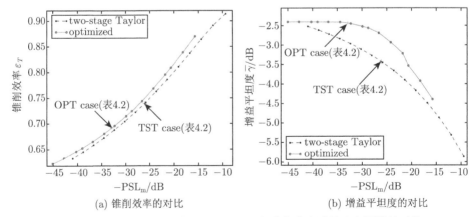

(a) 锥削效率的对比　　　　　　　　　(b) 增益平坦度的对比

图 4.17　固定最小峰值旁瓣比下，不同权值优化方法的方向图性能对比

　　在这 15 次实验中，TST 方法使用了不同副瓣水平的 Taylor 加权。从图 4.17中

---

① 所谓最小的峰值旁瓣比是指波束在扫描区内扫描时，方向图所具有的最小峰值旁瓣比。

可以看出，PSL 的值从 10 dB 到 45 dB 变化。然后，对每一次 TST 方法都计算出方向图的 u_0^+ 和 γ，并应用到 OPT 方法中：u_0^+ 代入式 (4.16)、式 (4.17) 得出旁瓣区域；γ 则应用到式 (4.12)、式 (4.13) 的第四个约束中。如图 4.17所示，当最小的 PSL（记为 PSL_{m}）固定时，OPT 方法可以获得更高的锥削效率和增益平坦度。表 4.3中的实例对应的 ε_T 和 γ 的值也同时标注在了图 4.17中，用符号 "+"表示。

4.5.1.2 权值随机误差的影响

1）理论分析

上述分析并没有考虑阵列误差的影响，然而，实际中阵列的非理想因素会引入各种不同类型的误差，导致方向图性能的下降。下面对加权值幅度误差的影响做简单的分析。重叠子阵较一般的阵列在误差影响方面具有特殊性，可以看出，当加权值存在误差时，式 (4.3) 所给出的方向图乘法公式将不再成立，此时 $H(u)$ 只能通过下式计算：

$$H(u) = \sum_n \tilde{w}_n \mathrm{e}^{\mathrm{j}2\pi n d u/\lambda} \tag{4.46}$$

其中，$\tilde{w}_n$ 是第 n 阵元上的等效单元级加权（含幅度和相位加权）。

对于上述仿真实例，每个阵元最多属于三个子阵。假设第 n 阵元在划入不同子阵内的加权支路上存在不同的幅度加权误差，分别记为 α_n，β_n 和 γ_n。第 l 子阵上的子阵级幅度加权误差为 δ_l，则

$$w_n = \begin{cases} (h_p^1 + \alpha_n)(h_q^2 + \delta_q) & q=1 \\ (h_p^1 + \alpha_n)(h_q^2 + \delta_q) + (h_{p+4}^1 + \beta_n)(h_{q-1}^2 + \delta_{q-1}) & q=2 \\ (h_p^1 + \alpha_n)(h_q^2 + \delta_q) + (h_{p+4}^1 + \beta_n)(h_{q-1}^2 + \delta_{q-1}) + (h_{p+8}^1 + \gamma_n)(h_{q-2}^2 + \delta_{q-2}) & 3 \leqslant q \leqslant L \\ (h_{p+4}^1 + \beta_n)(h_{q-1}^2 + \delta_{q-1}) + (h_{p+8}^1 + \gamma_n)(h_{q-2}^2 + \delta_{q-2}) & q=L+1 \\ (h_{p+8}^1 + \gamma_n)(h_{q-2}^2 + \delta_{q-2}) & q=L+2 \end{cases} \tag{4.47}$$

根据文献 [7]，幅度加权误差的大小与加权值相关，可以得到 $\alpha_n = h_p^1 \xi_n^{(\text{L})}$，$\beta_n = h_{p+4}^1 \xi_n^{(\text{M})}$，$\gamma_n = h_{p+8}^1 \xi_n^{(\text{R})}$ 及 $\delta_q = h_q^2 \zeta_q$，假设单元级权值误差 $\xi_n^{(\text{L})}$，$\xi_n^{(\text{M})}$，$\xi_n^{(\text{R})}$ 服从零均值、方差为 σ_1^2 的高斯分布，子阵级权值误差 ζ_q 服从零均值、方差为 σ_2^2 的高斯分布，而且单元级加权误差与子阵级加权误差相互独立。存在误差情况下的方向图计算应该依据式 (4.47) 先求出带误差的幅度加权值，再代入式 (4.46) 求总的方向图。

虽然各个子阵的加权不再完全相同，但是每个子阵的方向图依然可以采用统一的计算方式：

$$H^1(u) = \sum_{i=1}^{N_1} h_i^1 (1 + \xi_i) a_i^1(u) \tag{4.48}$$

其中, $\xi_i \sim \mathcal{N}(0, \sigma_1^2)$, $a_i^1(u)$ 为导向矢量的第 i 项。则 $H^1(u)$ 的平均功率方向图为

$$
\begin{aligned}
\mathrm{E}\{|H^1(u)|^2\} &= \mathrm{E}\left\{\left|\sum_{i=1}^{N_1} h_i^1 a_i^1(u) + \sum_{i=1}^{N_1} h_i^1 \xi_i a_i^1(u)\right|^2\right\} \\
&= |H_0^1(u)|^2 + \mathrm{E}\left\{\left|\sum_{i=1}^{N_1} h_i^1 \xi_i a_i^1(u)\right|^2\right\} \\
&= |H_0^1(u)|^2 + \sigma_1^2 \sum_i^{N_1} (h_i^1)^2
\end{aligned}
\tag{4.49}
$$

式中, 第二个等号利用了误差均值为零的特点, 第三个等号利用了维纳辛欣定理[19]。同理,

$$
\mathrm{E}\{|H^2(u)|^2\} = |H_0^2(u)|^2 + \sigma_2^2 \sum_i^{N_1} (h_i^2)^2
\tag{4.50}
$$

式中, $|H_0^1(u)|^2$ 为理想情况下的子阵阵因子的功率方向图。根据式 (4.49) 和式 (4.50), 随机误差存在时, 方向图为理想的方向图（$|H_0^1(u)|^2$ 或 $|H_0^2(u)|^2$）与一个与角度无关的常数项的叠加, 常数项的大小正比于误差的大小。由于单元级的幅度加权误差和子阵级的幅度加权误差相互独立, 因此, 在存在误差的情况下, 方向图的平均功率方向图为

$$
\begin{aligned}
\mathrm{E}\{|H(u)|^2\} &= \mathrm{E}\{|H^1(u)H^2(u)|^2\} \\
&= \mathrm{E}\{|H^1(u)|^2\}\mathrm{E}\{|H^2(u)|^2\} \\
&= \left(|H_0^1(u)|^2 + \sigma_1^2 \sum_i^{N_1}(h_i^1)^2\right)\left(|H_0^2(u)|^2 + \sigma_2^2 \sum_i^{N_1}(h_i^2)^2\right)
\end{aligned}
\tag{4.51}
$$

根据式 (4.51), 可以得出幅度加权误差在统计意义上对方向图的影响。具体而言, 权值的幅度误差使得 $H^1(u)$ 和 $H^2(u)$ 的平均功率方向图在理想方向图的基础上叠加了一项与角度无关的常数, 这使得平均功率方向图存在一个基底, 基底的高度随着误差水平的增大而增高。

在统计意义上, 式 (4.51) 的乘法原理依然可以解释误差对 $H(u)$ 平均功率方向的影响。在方向图扫描范围内, 子阵的方向图具有类似“平顶”的结构, 方向图的增高并不会破坏这种“平顶”结构, 因此单元级的幅度加权误差对扫描范围内的方向图性能影响不大, 其影响主要体现在扫描区外副瓣水平的抬高。而子阵级的幅度加权误差则不同, 因为“超阵”阵因子的主瓣较窄, 其近旁瓣会出现在扫描区域内, 整个扫描区内的“超阵”阵因子方向图特征会被具有类似“平顶”结构的子阵方向图较好地保留下来, 因此最终方向图会具有较高的近旁瓣, 远区旁

瓣一般落在扫描区之外，虽然远区旁瓣的水平也会抬高，但子阵方向图的旁瓣和"超阵"阵因子的旁瓣两者相乘会使得远区旁瓣不至于很高。因此误差对方向图的性能恶化主要体现在近旁瓣区域，而且以子阵级幅度加权误差的影响最为明显。

2）仿真实验

下面基于仿真实验，进一步开展权值误差情况下的重叠子阵方向图性能分析。为了便于对比，沿用上面的阵列参数，并将 TST 和 OPT 两种方法的最小峰值旁瓣比都固定为 -30dB。从图 4.17 中可知，对于 TST 方法，相应的 (ε_T, γ) 取值为 $(0.707, -3.131)$；对于本章提出的方法，相应的 (ε_T, γ) 取值为 $(0.715, -2.522)$。图 4.18 中给出了两个不同误差水平下的阵列方向图的示例，可以看出子阵级的权值误差对方向图的峰值旁瓣比影响较大。

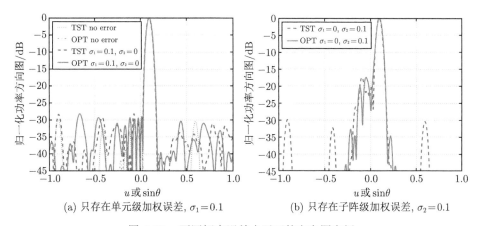

(a) 只存在单元级加权误差，$\sigma_1 = 0.1$ (b) 只存在子阵级加权误差，$\sigma_2 = 0.1$

图 4.18 不同幅度误差水平下的方向图实例

图 4.19 给出了 1000 次蒙特卡洛仿真统计的平均方向图性能，包括波束在 $[-6°, 6°]$ 的区域内扫描时，方向图最小峰值旁瓣比的平均值 $\overline{\text{PSL}_\text{m}}$（图 4.19(a)），幅度加权的锥削效率平均值 $\overline{\varepsilon_T}$（图 4.19(b)），方向图增益平坦度的平均值 $\bar{\gamma}$（图 4.19(a)）。图 4.19(a) 和图 4.19(b) 分别给出平均最小 PSL 和平均 ε_T 相对于 (σ_1, σ_2) 的数值等高线分布图；统计结果表明 σ_1 的取值对 $\bar{\gamma}$ 几乎没有影响，因此图 4.19(c) 将 $\bar{\gamma}$ 相对于 (σ_1, σ_2) 的不同取值投影到 σ_2 轴上，并同时给出了不同 σ_1 下 $\bar{\gamma}$ 的最大值、平均值和最小值。从图 4.19(c) 可以看出，与传统的 TST 方法相比，本章提出的方法在存在误差时依然能够获得更高的锥削效率和更好的增益平坦度（PSL 相当的前提下）。实际上，无误差情况下，本书的方法就较为占优，统计结果可以发现误差对两种方法性能指标的影响程度相当，这一点在图 4.19(a) 中表现得最为明显。另外，误差对几种方向图性能的影响并不一致，对于平均 PSL 而言，单元级和子阵级的误差对 PSL 均有影响，且子阵级误差影响最为显著；对于锥削效率而言，子阵级误差的影响略强于单元级误差；增益平坦度

主要受子阵级误差的影响，而与单元级误差几乎无关。这些分析对于阵列雷达的系统设计具有指导性的作用，在实际研制中，更应该注意提高子阵级权值的控制精度。

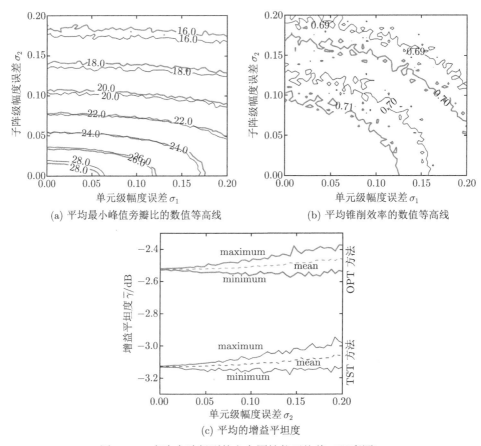

(a) 平均最小峰值旁瓣比的数值等高线   (b) 平均锥削效率的数值等高线

(c) 平均的增益平坦度

图 4.19   多次实验得到的方向图性能平均值（见彩图）

4.5.2   平面阵中的重叠子阵

本节对平面阵情况下的重叠子阵权值优化进行仿真分析。参数设置：每个子阵由 12×12 的阵元组成，阵元间距为半波长（图 4.10）；若干个子阵按照一定的重叠比构造出更大的阵面（构造方法如图 4.11）；设置一个八边形边界来限定阵面口径的大小，子阵的中心被设定在该正八边形的支撑域上，最终构造出的阵型如图 4.20 所示（图中各符号的含义同图 4.11）。该阵列天线共由 1920 个阵元组成，划分为 76 个重叠子阵。

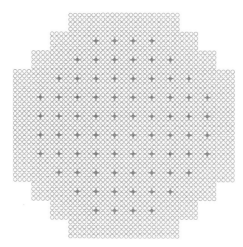

图 4.20 具有重叠子阵结构的平面阵实例

阵列天线中最简单的加权方式就是子阵级和单元级都采用均匀加权。图 4.21 给出了这种情况下的子阵方向图（图 4.21(a)）、"超阵"阵因子方向图（图 4.21(b)）、波束指向阵面法向的总方向图（图 4.21(c)）和波束扫描方位角为 10° 时的总方向图（图 4.21(d)）；相应的单元级加权值和子阵级加权值在图 4.22中给出。从图 4.21可以看出，均匀加权的情况下，阵列方向图的旁瓣电平较高。另外，波束的扫描范围（视场区域）也很有限，例如，当子阵级的"超阵"阵因子扫描到偏离阵面法向 10° 时，总方向图的主瓣已经遭到了严重的破坏。

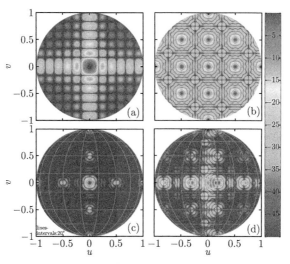

图 4.21 均匀加权情况下的方向图

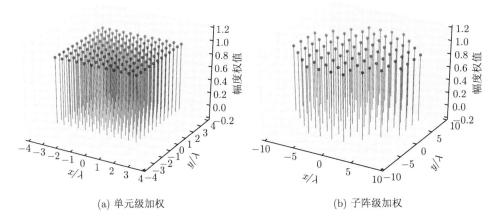

(a) 单元级加权　　　　　　　　　　　(b) 子阵级加权

图 4.22   均匀加权情况下的权值分布

采用两级的低副瓣加权是一种压低旁瓣和扩大视场区域的常用方法。图 4.23 给出了使用 Taylor 加权情况下的子阵方向图（图 4.23(a)）、"超阵" 阵因子方向图（图 4.23(b)）、波束指向阵面法向的总方向图（图 4.23(c)）和波束扫描方位角为 10° 时的总方向图（图 4.23(d)）；相应的单元级加权值和子阵级加权值在图 4.24 中给出。从图 4.23 可以看出，Taylor 加权的情况下，阵列方向图已经能够扫描到偏离阵面法向 10° 的指向上，然而其方向图性能并不理想，扫描后的主瓣产生了一定的变形，旁瓣电平也较高。

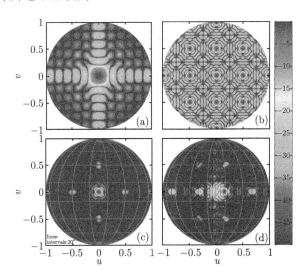

图 4.23   Taylor 加权情况下的方向图

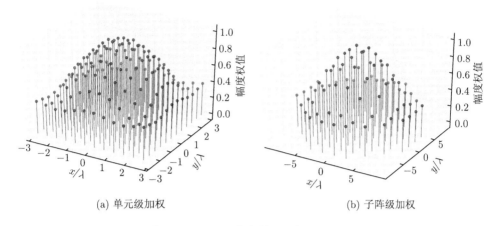

(a) 单元级加权   (b) 子阵级加权

图 4.24   Taylor 加权情况下的权值分布

采用本书提出的子阵级和单元级权值的交替优化方法可以得到性能较优的天线方向图。交替优化法的基本流程在第 4.3 节给出，结合二维情况下方向图的计算方法（第 4.4.1 节）、方向图各个区域的划分方法（第 4.4.2 节），针对图 4.20 中的阵面，最终得出的方向图优化结果如图 4.25 所示。该图给出了采用最优权值的子阵方向图（图 4.25(a)）、"超阵"阵因子方向图（图 4.25(b)）、波束指向阵面法向的总方向图（图 4.25(c)）和波束扫描方位角为 $10°$ 时的总方向图（图 4.25(d)）；相应的单元级加权值和子阵级加权值在图 4.26 中给出，该图中，红色部分代表加权值为负数。从图 4.25 可以看出，优化后的阵列方向图已经能够扫描到偏离阵面法向 $10°$ 的指向上，且方向图性能较优。

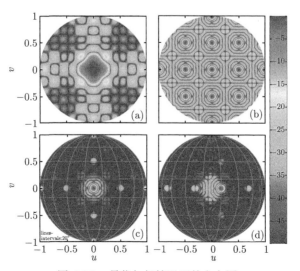

图 4.25   最优加权情况下的方向图

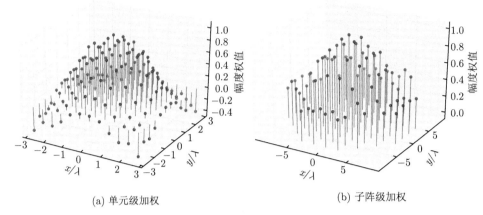

(a) 单元级加权　　　　　　　　　　(b) 子阵级加权

图 4.26　最优加权情况下的权值分布（见彩图）

图 4.27显示了三种不同加权方法的方向图在方位向上的剖面对比，同时标注出了重要的量化指标。

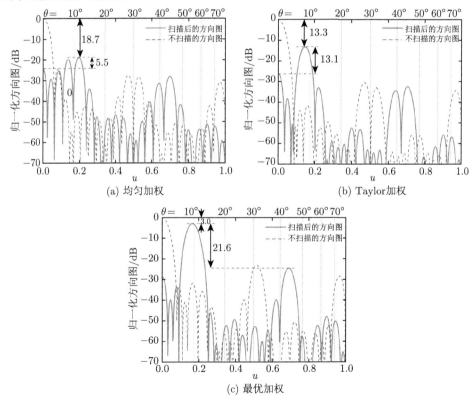

(a) 均匀加权　　　　　　　　　　(b) Taylor加权

(c) 最优加权

图 4.27　不同加权情况下的方向图方位向的剖面对比

从图中可以看出，对于均匀加权，"超阵"阵因子扫描到 10° 时，方向图的最大增益下降了约 18.7dB，扫描后的方向图峰值旁瓣比约为 −5.5dB，在期望的波束指向附近波束甚至发生了分裂；对于 Taylor 加权，子阵阵因子扫描到 10° 时，波束的主瓣特征明显，增益下降了 13.3dB 左右，峰值旁瓣比约为 −13.1dB，另外，子阵方向图主瓣增益下降，使得最终的方向图指向偏差较大；对于优化后的加权，扫描方向图的主瓣保形良好，主瓣增益下降约 3dB（该数值通过算法参数 γ_0 调控），峰值旁瓣比约为 −21.6dB。

4.6 本 章 小 结

本章研究了重叠子阵的权值优化问题，对优化问题的建立进行了深入的分析。借鉴 IFIR 滤波器的有关概念，提出了重叠子阵最优权值的求解方法，并深入分析了重叠子阵方向图的性能特点。

（1）揭示了重叠子阵和 IFIR 滤波器之间的内在联系，进而将重叠子阵天线的方向图分解为子阵方向图和"超阵"阵因子方向图的乘积，将方向图的综合问题转换为两个空域滤波器级联的优化问题。

（2）提出了重叠子阵权值优化方法。该方法基于交替优化方式，将一个复杂的优化转化为两个线性规划的交替求解。以均匀线阵为例，给出了重叠子阵权值优化的具体流程。

（3）将线阵重叠子阵的权值优化方法推广到面阵重叠子阵的权值优化。详细讨论了面阵情况下子阵的方向图计算方法及优化问题的约束条件构造方法。

（4）开展了大量的数值实验，验证了所提权值优化方法的有效性。仿真包括典型的线阵和面阵的重叠子阵，同时还通过理论推导和仿真分析研究了权值误差对方向图性能的影响。

与传统的权值优化方法相比，本书方法最大的优势在于能够直接控制总的方向图，而不限于总方向图包络（即子阵方向图）的控制，因此新方法能够获得更大的优化自由度，方向图的优化效果较好。当固定方向图的峰值旁瓣比时，新方法能够获得更高的锥削效率及更好的方向图增益平坦度。

参 考 文 献

[1] Skobelev S P. Phased Array Antennas with Optimized Element Patterns [M]. Norwood: Artech House, 2011.

[2] Azar T. Overlapped subarrays: review and update [J]. IEEE Antennas and Propagation Magazine, 2013, 55 (2): 228–234.

[3]　Herd J, Duffy S. Overlapped digital subarray architecture for multiple beam phased array rada [C]. Proceedings of the 5th European Conference on Antennas and Propagation (EUCAP), 2011: 3027–3030.

[4]　Gehring R, Hartmann J, Hartwanger C, et al. Trade-off for overlapping feed array configurations [C]. The 29th ESA Antenna Workshop on Multiple Beams and Reconfigurable Antennas, 2007: 18–20.

[5]　Mailloux R J. A low-sidelobe partially overlapped constrained feed network for time-delayed subarrays [J]. IEEE Transactions on Antennas and Propagation, 2001, 49 (2): 280–291.

[6]　Herd J S, Duffy S M, Steyskal H. Design considerations and results for an overlapped subarray radar antenna [C]. 2005 IEEE Aerospace Conference, 2005: 1087–1092.

[7]　Mailloux R J. Phased Array Antenna Handbook [M]. Boston: Artech House, 2005.

[8]　Mailloux R J. Electronically scanned arrays [J]. Synthesis Lectures on Antennas, 2007, 2 (1): 1–82.

[9]　Lyons R G. Understanding Digital Signal Processing [M]. New York: Pearson Education, 2010.

[10]　Richard G. 精简数字信号处理——方法与技巧指导 [M]. 张国梅译. 西安: 西安交通大学出版社, 2012.

[11]　Davidson T N. Enriching the art of FIR filter design via convex optimization [J]. IEEE Signal Processing Magazine, 2010, 27 (3): 89–101.

[12]　Coleman J O. Nonseparable Nth-band filters as overlapping-subarray tapers [C]. 2011 IEEE Radar Conference (RADAR), 2011: 141–146.

[13]　Coleman J O. Planar arrays on lattices and their FFT steering, a primer [R]. http://www.dtic.mil/docs/citations/ADA544059[2011-4-3].

[14]　Ricciardi G, Connelly J, Krichene H, et al. A fast-performing error simulation of wideband radiation patterns for large planar phased arrays with overlapped subarray architecture [J]. IEEE Transactions on Antennas and Propagation, 2014, 62 (4): 1779–1788.

[15]　高红卫. 实用线性规划工具 [M]. 北京: 科学出版社, 2007.

[16]　Stephen B, Lieven V. 凸优化 [M]. 王书宁, 许鋆, 黄晓霖译. 北京: 清华大学出版社, 2013.

[17]　Nickel U R. Properties of digital beamforming with subarrays [C]. International Conference on Radar, 2006: 1–5.

[18]　Coleman J, McPhail K, Cahill P, et al. Efficient subarray realization through layering [C]. Antenna Applications Symposium, 2005.

[19]　罗鹏飞, 张文明. 随机信号分析与处理 [M]. 2 版. 北京: 清华大学出版社, 2012.

第 5 章　单脉冲处理中的子阵技术

5.1　引　　言

子阵技术的一个经典应用是解决单脉冲和差矛盾,即通过子阵划分在子阵级同时获得性能较优的和差方向图,从而避免采用多套波束形成网络。目前,大量关于子阵划分的文献都集中在单脉冲技术和差波束综合方面,但总的来说,现有文献对单脉冲处理中的子阵技术的研究较为零散,尚不够系统。实际上,和差波束综合是子阵级多波束综合的一种特例,文献 [1]∼ [3] 将单脉冲处理中的子阵划分扩展到了面阵的情况,文献 [4]、[5] 将子阵级的和差波束综合扩展到子阵级多波束综合。本章在深入分析现有文献的基础上,开展激励匹配准则下的子阵划分方法研究。在激励匹配准则下,最优子阵划分问题可以转换为一个类似于聚类分析的问题。基于这一事实,本章提出了基于聚类分析的子阵划分优化方法。在最优划分结果的基础上,进一步开展了子阵级单脉冲测角技术研究。

本章内容安排如下。第 5.2 节分析了子阵级的和差波束形成框架,回顾了单脉冲应用中几种经典的子阵划分求解方法。第 5.3 节以子阵级和差方向图优化为目标,建立了子阵技术的优化模型及评价子阵划分方法优劣的激励匹配准则。揭示了聚类分析与激励匹配准则之间的联系,进而提出了聚类子阵划分方法和分级聚类子阵划分方法。通过圆口径阵面的仿真分析验证了本书提出的子阵划分方法的有效性。第 5.4 节在子阵划分方案的基础上,进一步研究了子阵级单脉冲测角技术,推导出了测角方法及测角性能,并结合优化后的圆口径阵面进行了单脉冲测角的仿真研究。

5.2　单脉冲处理中的子阵划分

5.2.1　子阵级和差波束形成框架

图 5.1中给出了两种子阵级和差波束形成框架。从图中可以看出子阵级单脉冲技术与第 1 章中图 1.37 的全阵列单脉冲技术有明显差别,全阵列单脉冲雷达需要多套波束形成网络,而通过子阵技术可以极大地降低系统的复杂性和成本。假设阵列由 N 个阵元组成,划分为 L 个不重叠的子阵。单元级的模拟加权和子阵级的数字加权分别记为 $\boldsymbol{w}^{\text{ele}}$ 和 $\boldsymbol{w}^{\text{sub}}$。

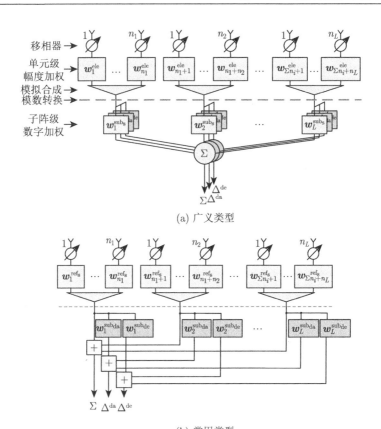

(a) 广义类型

(b) 常用类型

图 5.1　子阵级的单脉冲和差波束形成框架

任意一个非重叠的子阵划分方案可以表示成一个 N 维序列：

$$\boldsymbol{S}_A = \{l_1, l_2, \cdots, l_N\} \tag{5.1}$$

其中，$l_i = q$，当且仅当第 i 个阵元属于第 q 个子阵。第 i 阵元对应的子阵级加权为 $w_{l_i}^{\mathrm{sub}}$。包含单元级幅度加权的子阵变换矩阵可以表示为

$$\boldsymbol{T} = \mathrm{diag}(\boldsymbol{a}^{\mathrm{ele}}(\boldsymbol{u}))\mathrm{diag}(\boldsymbol{w}^{\mathrm{ele}})\boldsymbol{T}_0 \tag{5.2}$$

其中，$\boldsymbol{T}_0$ 是一个 0-1 矩阵，代表子阵划分的子阵形成矩阵（当且仅当第 i 个阵元属于第 j 个子阵时有 $\boldsymbol{T}_0[i,j] = 1$，参考第 2 章），$\boldsymbol{a}^{\mathrm{ele}}(\boldsymbol{u})$ 为单元级移相器加权，本节对子阵划分的分析暂不考虑移相器加权的影响，即假设 $\boldsymbol{a}^{\mathrm{ele}}(\boldsymbol{u})$ 为全 1 矢量，即波束指向为阵面法向。根据给定的子阵划分及子阵级加权求出其等价的单元级加权为

$$\tilde{\boldsymbol{w}}^{\mathrm{ele}} = \boldsymbol{T}\boldsymbol{w}^{\mathrm{sub}} \tag{5.3}$$

该等效加权在文献 [6] 中又被形象地称为"上浮权"。

将在单元级实现的最优加权称为参考加权，记为 $\boldsymbol{w}^{\text{ref}}$，且对于不同波束所对应的变量，在必要时附以字母"s"、"d"、"da"和"de"用来区分和波束、差波束、方位差波束和俯仰差波束（图 5.1）。

通常将阵元的模拟加权设置为参考和波束加权，而差波束则通过子阵级的加权进一步合成（图 5.1(b) 所示的常用类型），这样做的主要原因是实际中和波束往往比差波束用途更广，工程实践中基本上都使用这样的结构，本书将基于这样的和差波束形成框架展开研究。

5.2.2 典型的划分方法

5.2.2.1 Nickel 划分方法

Nickel 给出了一种通过参考的和差波束加权值求解子阵划分的方法。下面简要回顾 Nickel 划分方法（又称幅度锥削函数量化法）的主要步骤。

定义集合 $\mathcal{H}$ 为

$$\mathcal{H} = \left\{ h_i^{\text{da}} \middle| h_i^{\text{da}} = w_i^{\text{ref}_{\text{da}}} / w_i^{\text{ref}_s}, \quad i \in \mathcal{I} \right\} \tag{5.4}$$

其中，$\mathcal{I}$ 为阵元编号的集合，即 $\{1, \cdots, N\}$。设 Q 为一量化函数，通过函数 Q 的量化运算，将集合 $\mathcal{H}$ 的元素量化为 L_s 阶：$\{\Delta_1, \Delta_2, \cdots, \Delta_{L_s}\}$。通过该量化结果可以获得对应的子阵划分：$\mathcal{S}^{\text{da}} = \left\{ S_k^{\text{da}} \middle| k = 1, \cdots, L_s \right\}$，其中

$$S_k^{\text{da}} = \left\{ i \middle| Q\left(h_i^{\text{da}}\right) = \Delta_k, i \in \mathcal{I} \right\}, \quad k = 1, \cdots, L_s \tag{5.5}$$

对于平面阵而言，通常还需要生成俯仰差波束。此时可以将集合 $\mathcal{H}$ 表示为

$$\mathcal{H} = \left\{ \boldsymbol{h}_i = (h_i^{\text{da}}, h_i^{\text{de}})^{\text{T}} \middle| i \in \mathcal{I} \right\} \tag{5.6}$$

俯仰差波束对应的量化：$\mathcal{S}^{\text{de}} = \left\{ S_k^{\text{de}} \middle| k = 1, \cdots, L_s \right\}$，其中

$$S_k^{\text{de}} = \left\{ i \middle| Q\left(h_i^{\text{de}}\right) = \Delta_k, \quad i \in \mathcal{I} \right\} \tag{5.7}$$

最终的子阵划分方案可以通过集合 $\mathcal{S}^{\text{da}}$ 和 $\mathcal{S}^{\text{de}}$ 的相交运算得到。

图 5.2 给出了 Nickel 划分方法的示意图。图中的符号"□"代表一个天线单元。和波束加权值（采用圆口径 Taylor 权值）及 $\mathcal{H}^{\text{da}}$ 在阵面上的分布情况用色彩图分别显示在图 5.2(a) 和图 5.2(b) 中。集合 $\mathcal{S}^{\text{da}}$ 和 $\mathcal{S}^{\text{de}}$ 的元素组成分别用红色实线和蓝色虚线绘制在图 5.2(b) 中。

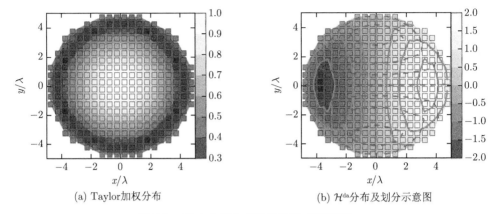

(a) Taylor加权分布   (b) $\mathcal{H}^{\mathrm{da}}$分布及划分示意图

图 5.2   Nickel 划分方法示意图（见彩图）

综上所述，Nickel 划分方法中的两个关键步骤可以总结为"量化运算"和"相交运算"。下面将要介绍的邻接划分方法（CPM，contiguous partition method）可以认为是量化运算的扩展；而相交运算是将划分方法推广到子阵级多波束综合的简便方法，在本章的仿真部分将会进一步用到。

5.2.2.2   CPM 划分方法

对于子阵级单一方向图综合（如方位差波束方向图）的情况，当优化准则为

$$\boldsymbol{S}_{A,\mathrm{opt}} = \arg\min_{\boldsymbol{S}_A} \sum_{i=1}^{N} \left(h_i^{\mathrm{da}} - z_{l_i} \right)^2 \tag{5.8}$$

时，文献 [4] 证明了最优的子阵划分方案一定是集合 $\{h_i^{\mathrm{da}}\}, i = 1, \cdots, N$ 的一个邻接划分 (contiguous partition)①。其中，$\boldsymbol{S}_A$ 表征了子阵划分方案（其定义见式 (5.1)），z_{l_i} 是属于同一子阵的所有 h_i^{da} 的算术平均值。下面将准则 (5.8) 中的目标函数简记为 Ψ^{da}。

基于邻接划分的特点，文献 [4] 提出了优化子阵划分的邻接划分方法（CPM），其具体步骤如下。

步骤 1   构建有序序列 $\{h_i^{\mathrm{da}}\}$。将有序序列按从小到大的顺序排列，排序结果记为 $\{\bar{h}_i^{\mathrm{da}}\}$，满足 $\bar{h}_1^{\mathrm{da}} \leqslant \bar{h}_2^{\mathrm{da}} \leqslant \cdots \leqslant \bar{h}_N^{\mathrm{da}}$。

步骤 2   从有序序列 $\{\bar{h}_i^{\mathrm{da}}\}$ 中选出 $L-1$ 个元素间隔将序列分隔成 L 个子序列。

步骤 3   利用子阵和 $\{\bar{h}_i^{\mathrm{da}}\}$ 的子序列之间的一对一映射关系得出子阵划分方案。

---

① 所谓邻接划分，是指对于三个给定的元素 (h_i、h_j 和 h_k)，不失一般性，令 $h_i < h_j < h_k$，此时如果 h_i 和 h_k 属于划分在同一类中，那么 h_j 一定也属于该类 [7]。

可以发现，解空间的维数即所有邻接划分方案的个数为 $\begin{pmatrix} N-1 \\ L-1 \end{pmatrix}$（图 5.3 中，

序列 $\{\bar{h}_i^{\mathrm{da}}\}$ 的元素间隔共有 $N-1$ 个）①。因此，CPM 方法将解空间维数从 L^N 的量级② 降为二项式系数的量级，极大地降低了解空间的维数。但是，对于大型阵列而言，直接穷举所有可能的邻接划分方案依然很困难。为了解决这一问题，学者们提出了许多方法，如 tree-based strategy[7]、bording element method (BEM)[1]、ant clony optimization (ACO)[9]、ACO-weighted procedure[2] 等。这些方法的核心就是设计一种有效、快速地寻找最优 $L-1$ 个间隔的策略。

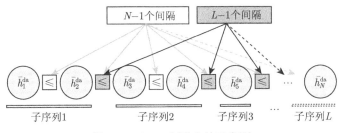

图 5.3 CPM 划分方法示意图

5.3 基于聚类分析的子阵划分方法

5.3.1 优化模型和激励匹配准则

本节以和差方向图的性能优化为着眼点，通过调整子阵划分方案及阵列加权值，在子阵级进行方向图综合，获得与期望方向图的最佳逼近，即

$$\min_{\mathbf{T}_0, \boldsymbol{w}^{\mathrm{sub}}} f(\mathbf{T}_0, \boldsymbol{w}^{\mathrm{sub}}) \triangleq \|\mathrm{AF}(\boldsymbol{u}) - \mathrm{AF}^{\mathrm{ref}}(\boldsymbol{u})\| \tag{5.9}$$

式中，$\mathrm{AF}(\boldsymbol{u}) = (\tilde{\boldsymbol{w}}^{\mathrm{ele}})^{\mathrm{H}} \boldsymbol{a}(\boldsymbol{u})$，$\mathrm{AF}^{\mathrm{ref}}(\boldsymbol{u}) = (\boldsymbol{w}^{\mathrm{ref}})^{\mathrm{H}} \boldsymbol{a}(\boldsymbol{u})$。其中，AF 表示阵列的阵因子，符号 "~" 表示等效的单元级加权，其他符号含义详见式 (5.3) 的解释。$\boldsymbol{a}(\boldsymbol{u}) = \exp\left\{ \mathrm{j}\dfrac{2\pi}{\lambda} \boldsymbol{r}_i^{\mathrm{T}} \boldsymbol{u} \right\}_{i=1,\cdots,N}$ 为阵列导向矢量，其中 λ 为电磁波的波长；$\boldsymbol{r}_i$ 为第 i 阵元的空间位置；$\boldsymbol{u} = (u, v, w)$ 为方向余弦矢量，其三个分量分别对应了方位向、俯仰向和阵面法线方向上的方向余弦。式 (5.9) 中，$\|\cdot\|$ 为连续函数的范

---

① $\begin{pmatrix} n \\ k \end{pmatrix}$ 为二项式系数，计算公式：$n!/((n-k)!k!)$。

② 严格地讲，该数值应为第二类 Stirling 数 [8]。在组合数学中，第二类 Stirling 数确定了将 N 个对象划分为 L 个非空类的所有可能的划分数，计算公式为 $\dfrac{1}{L!} \sum\limits_{n=1}^{L} (-1)^{L-n} \begin{pmatrix} L \\ n \end{pmatrix} n^N$。

数，该范数表征了综合方向图和期望方向图之间的差异。不失一般性，$\|\cdot\|$ 可以选自 $\mathscr{L}_p$ 范数（$p = 1, \cdots, \infty$ 中的任意一个），例如，便于理论计算的 $\mathscr{L}_2$ 范数，以及实际中常使用的 $\mathscr{L}_\infty$ 范数。

为了得出最为有效的求解上述优化问题的方法，接下来将对优化变量、优化准则等关键因素进行详细的分析。

5.3.1.1 最优子阵加权

本节首先讨论当子阵划分固定时，子阵级加权的求解问题。当子阵划分固定时，式 (5.9) 所确定的目标函数实际上是加权值 $\boldsymbol{w}^{\mathrm{sub}}$ 的凸函数，因此，最优加权值并不难求出。在某些情况下甚至可以得出最优权的解析解，文献 [10] 就给出了 $\mathscr{L}_2$ 范数情况下最优子阵级加权值的求解公式：

$$\boldsymbol{w}^{\mathrm{sub}} = (\boldsymbol{T}^{\mathrm{H}}\boldsymbol{P}\boldsymbol{T})^{-1}\boldsymbol{T}^{\mathrm{H}}\boldsymbol{P}\boldsymbol{w}^{\mathrm{ref}} \tag{5.10}$$

式中，$\boldsymbol{P}$ 是一个 $N \times N$ 维的矩阵，并通过加权 $\mathscr{L}_2$ 范数定义如下：

$$\int_\Omega \|(\boldsymbol{w}^{\mathrm{ref}})^{\mathrm{H}}\boldsymbol{a}(\boldsymbol{u}) - (\boldsymbol{T}\boldsymbol{w}^{\mathrm{sub}})^{\mathrm{H}}\boldsymbol{a}(\boldsymbol{u})\|^2 p(\boldsymbol{u})\mathrm{d}\boldsymbol{u}$$

$$= (\boldsymbol{w}^{\mathrm{ref}} - \boldsymbol{T}\boldsymbol{w}^{\mathrm{sub}})^{\mathrm{H}}\underbrace{\left(\int_\Omega \boldsymbol{a}(\boldsymbol{u})\boldsymbol{a}^{\mathrm{H}}(\boldsymbol{u})p(\boldsymbol{u})\mathrm{d}\boldsymbol{u}\right)}_{\boldsymbol{P}}(\boldsymbol{w}^{\mathrm{ref}} - \boldsymbol{T}\boldsymbol{w}^{\mathrm{sub}}) \tag{5.11}$$

其中，Ω 定义了关心的指向范围（如整个可见区），$p(\boldsymbol{u})$ 是跟指向有关的加权值。如果 $p(\boldsymbol{u})$ 在不同指向上的取值有差异，那就意味着优化问题对于不同指向上方向图匹配效果的关注度并不相同，例如，p 取值大的区域对目标函数的贡献大，对应的方向图优化效果会较好。如果 $\boldsymbol{w}^{\mathrm{ref}}$ 表示的是差波束的加权矢量，那么可以在优化准则中加入阵面法向上方向图增益为零的等式约束，即 $\boldsymbol{a}^{\mathrm{H}}(\boldsymbol{u}_0)\boldsymbol{T}\boldsymbol{w}^{\mathrm{sub}} = 0$，最优权值的解析解则为[11]

$$\boldsymbol{w}^{\mathrm{sub}} = (\boldsymbol{T}^{\mathrm{H}}\boldsymbol{P}\boldsymbol{T})^{-1}\boldsymbol{T}^{\mathrm{H}}\left(\boldsymbol{I} - \frac{\boldsymbol{a}(\boldsymbol{u}_0)\boldsymbol{a}^{\mathrm{H}}(\boldsymbol{u}_0)\boldsymbol{T}(\boldsymbol{T}^{\mathrm{H}}\boldsymbol{P}\boldsymbol{T})^{-1}\boldsymbol{T}^{\mathrm{H}}}{\boldsymbol{a}^{\mathrm{H}}(\boldsymbol{u}_0)\boldsymbol{T}(\boldsymbol{T}^{\mathrm{H}}\boldsymbol{P}\boldsymbol{T})^{-1}\boldsymbol{T}^{\mathrm{H}}\boldsymbol{a}(\boldsymbol{u}_0)}\right)\boldsymbol{P}\boldsymbol{w}^{\mathrm{ref}} \tag{5.12}$$

如果加权因子 $p(\boldsymbol{u})$ 在所有指向上取值相等，那么 $\boldsymbol{P}$ 可以近似为一个单位矩阵[12]。此时，式 (5.10) 和式 (5.12) 可以分别化简为

$$\boldsymbol{w}^{\mathrm{sub}} = (\boldsymbol{T}^{\mathrm{H}}\boldsymbol{T})^{-1}\boldsymbol{T}^{\mathrm{H}}\boldsymbol{w}^{\mathrm{ref}} \tag{5.13}$$

及

$$\boldsymbol{w}^{\mathrm{sub}} = (\boldsymbol{T}^{\mathrm{H}}\boldsymbol{T})^{-1}\boldsymbol{T}^{\mathrm{H}}\left(\boldsymbol{I} - \frac{\boldsymbol{a}(\boldsymbol{u}_0)\boldsymbol{a}^{\mathrm{H}}(\boldsymbol{u}_0)\boldsymbol{T}(\boldsymbol{T}^{\mathrm{H}}\boldsymbol{T})^{-1}\boldsymbol{T}^{\mathrm{H}}}{\boldsymbol{a}^{\mathrm{H}}(\boldsymbol{u}_0)\boldsymbol{T}(\boldsymbol{T}^{\mathrm{H}}\boldsymbol{T})^{-1}\boldsymbol{T}^{\mathrm{H}}\boldsymbol{a}(\boldsymbol{u}_0)}\right)\boldsymbol{w}^{\mathrm{ref}} \tag{5.14}$$

对于非重叠的子阵划分，式 (5.13) 可以进一步化简为

$$\boldsymbol{w}_l^{\mathrm{sub}} = \frac{\displaystyle\sum_{i\in\{\,k|l_k=l\,\}}(w_i^{\mathrm{ele}})^* w_i^{\mathrm{ref}}}{\displaystyle\sum_{i\in\{\,k|l_k=l\,\}}|w_i^{\mathrm{ele}}|^2}, \quad l=1,\cdots,L \tag{5.15}$$

假设波束指向 $\boldsymbol{u}_0$ 为阵面的法向，则根据式 (5.14) 可得

$$\boldsymbol{w}_l^{\mathrm{sub}} = \frac{\displaystyle\sum_{i\in\{\,k|l_k=l\,\}}(w_i^{\mathrm{ele}})^* w_i^{\mathrm{ref}}}{\displaystyle\sum_{i\in\{\,k|l_k=l\,\}}|w_i^{\mathrm{ele}}|^2}$$

$$-\sum_{p=1}^{L}\left(\frac{\displaystyle\sum_{i\in\{\,k|l_k=l\,\}}w_i^{\mathrm{ele}}\sum_{i\in\{\,k|l_k=p\,\}}w_i^{\mathrm{ele}}}{\displaystyle\sum_{i\in\{\,k|l_k=l\,\}}|w_i^{\mathrm{ele}}|^2\sum_{i\in\{\,k|l_k=p\,\}}|w_i^{\mathrm{ele}}|^2}\sum_{i\in\{\,k|l_k=p\,\}}(w_i^{\mathrm{ele}})^* w_i^{\mathrm{ref}}\right) \tag{5.16}$$

在求解最优子阵级加权值的过程中，也可以采用其他形式的范数，如 $\mathscr{L}_1$ 范数、$\mathscr{L}_\infty$ 范数等。但是，很难得出诸如式 (5.10)、式 (5.12)~ 式 (5.16) 的闭合表达式。

5.3.1.2 激励匹配准则

根据式 (5.11) 和矩阵 $\boldsymbol{P}$ 的近似（近似为单位阵），式 (5.9) 可以进一步化简为

$$\min_{\boldsymbol{T}_0,\boldsymbol{w}^{\mathrm{sub}}}\|\boldsymbol{T}\boldsymbol{w}^{\mathrm{sub}}-\boldsymbol{w}^{\mathrm{ref}}\| \tag{5.17}$$

其中，$\|\cdot\|$ 为欧式范数（即 $\mathbb{R}^N$ 中的 ℓ_2 范数）。本书称式 (5.17) 确定的优化准则为激励匹配准则（excitations matching，简记为 EM 准则），其含义为最小化等效加权值与参考加权之间的差异。使用激励匹配准则时，最优的子阵加权值由式 (5.13) 或式 (5.15) 确定。式 (5.17) 中的目标函数等价于 $\|\boldsymbol{T}\boldsymbol{w}^{\mathrm{sub}}-\boldsymbol{w}^{\mathrm{ref}}\|^2$，本书称其为等效单元级加权值相对于参考加权值的残余误差，记为 error_w。

类似于对式 (5.9) 的讨论，同样在式 (5.17) 中也可以尝试使用不同的范数。McNamara 就开展过这样的研究，他使用式 (5.17) 作为优化准则，对比了几类不同范数的优化效果，包括 ℓ_1、ℓ_2 和 ℓ_∞ 范数。McNamara 开展的针对一维线阵的仿真实验表明[13]：ℓ_1 范数对应了最差的旁瓣性能和最宽的主瓣宽度；而最好的方向图性能是在 ℓ_2 范数下获得的。其原因在于 ℓ_2 范数下，方向图匹配准则 (5.9) 和权值匹配准则是近似等价的，即权值 ℓ_2 范数逼近对应方向图的 $\mathscr{L}_2$ 范数逼近，而

且方向图的 $\mathcal{L}_2$ 范数逼近通常能够保证优化结果具有较好的整体性能。关于权值逼近准则和方向图逼近准则之间等价关系的讨论可参考附录 C。

以方位差波束为例，优化准则 (5.17) 所给出的权值逼近误差可以表示为

$$
\begin{aligned}
\mathrm{error}_w &= \|\boldsymbol{T}\boldsymbol{w}^{\mathrm{sub_{da}}} - \boldsymbol{w}^{\mathrm{ref_{da}}}\|^2 \\
&= \sum_{i=1}^{N} \left(\tilde{w}_i^{\mathrm{ele_{da}}} - w_i^{\mathrm{ref_{da}}} \right)^2 \\
&= \sum_{i=1}^{N} \left(w_i^{\mathrm{ele}} \right)^2 \left(w_i^{\mathrm{ref_{da}}}/w_i^{\mathrm{ele}} - w_{l_i}^{\mathrm{sub_{da}}} \right)^2
\end{aligned}
\tag{5.18}
$$

对于平面阵，通常需要将俯仰差波束也考虑在内，则权值逼近误差为

$$
\sum_{i=1}^{N} \left(w_i^{\mathrm{ele}} \right)^2 \left[\left(\frac{w_i^{\mathrm{ref_{da}}}}{w_i^{\mathrm{ele}}} - w_{l_i}^{\mathrm{sub_{da}}} \right)^2 + \left(\frac{w_i^{\mathrm{ref_{de}}}}{w_i^{\mathrm{ele}}} - w_{l_i}^{\mathrm{sub_{de}}} \right)^2 \right]
\tag{5.19}
$$

令 $\boldsymbol{h}_i$ 表示为 $(h_i^{\mathrm{da}}, h_i^{\mathrm{de}})^{\mathrm{T}} = \left(\dfrac{w_i^{\mathrm{ref_{da}}}}{w_i^{\mathrm{ele}}}, \dfrac{w_i^{\mathrm{ref_{de}}}}{w_i^{\mathrm{ele}}} \right)^{\mathrm{T}}$，由所有阵元对应的 $\boldsymbol{h}_i$ 所组成的集合记为 $\mathcal{H}$。$\boldsymbol{z}_{l_i}$ 为第 l_i 子阵的最优数字加权，表示为 $(w_{l_i}^{\mathrm{sub_{da}}}, w_{l_i}^{\mathrm{sub_{de}}})^{\mathrm{T}}$。权值残余误差可以表示为

$$
\sum_{i=1}^{N} \left(w_i^{\mathrm{ele}} \right)^2 \|\boldsymbol{h}_i - \boldsymbol{z}_{l_i}\|^2 = \sum_{l=1}^{L} \sum_{i \in \{ k | l_k = l \}} \left(w_i^{\mathrm{ele}} \right)^2 \|\boldsymbol{h}_i - \boldsymbol{z}_l\|^2
\tag{5.20}
$$

因此，优化问题 (5.17) 等价于

$$
\boldsymbol{S}_{A,\mathrm{opt}} = \arg\min_{\boldsymbol{S}_A} \sum_{l=1}^{L} \sum_{i \in \{ k | l_k = l \}} \left(w_i^{\mathrm{ele}} \right)^2 \|\boldsymbol{h}_i - \boldsymbol{z}_l\|^2
\tag{5.21}
$$

式中，序列 $\boldsymbol{S}_A$ 表征了子阵的划分方案，子阵的加权值则由 $\boldsymbol{z}_l$, $l = 1, \cdots, L$ 确定。根据上述对最优权值的分析可知，当子阵划分固定时，最优的子阵级加权值可以解析求出。本书的研究进一步表明，当采用激励匹配准则时，最优的子阵划分也可以基于聚类分析求出。下面针对两类典型的情况：均匀加权和低副瓣加权分别讨论基于聚类分析的子阵划分方法。

5.3.2　聚类子阵划分方法

假设单元级加权为均匀加权，即 $w_i^{\mathrm{ele}} \equiv c$, $\forall i \in \mathcal{I}$，其中 c 为一任意的非零常数（如 1）。此时，式 (5.21) 给出的目标函数等价于

$$
\varPsi = \sum_{l=1}^{L} \sum_{i \in \{ k | l_k = l \}} \|\boldsymbol{h}_i - \boldsymbol{z}_l\|^2
\tag{5.22}
$$

且优化问题（式 (5.17) 或式 (5.21)）可以转换为

$$S_{A,\text{opt}} = \arg\min_{S_A} \Psi \tag{5.23}$$

不难发现，式 (5.22) 就是集合 $\mathcal{H}$ 的聚类误差。其中，聚类数等于子阵个数 L，相似性测度[14,15]为欧氏距离。因此子阵划分方案可以通过对集合 $\mathcal{H}$ 的聚类分析得到[16,17]。K 均值聚类算法是一种应用非常广泛的聚类算法，本书提出基于 K 均值算法的聚类子阵划分方法，具体流程如下。

（1）使用参考加权值 $\boldsymbol{w}^{\text{ref}_s}$（即 $\boldsymbol{w}^{\text{ele}}$）、$\boldsymbol{w}^{\text{ref}_{\text{da}}}$ 和 $\boldsymbol{w}^{\text{ref}_{\text{de}}}$ 构建集合 $\mathcal{H}$：

$$\mathcal{H} = \left\{ (h_i^{\text{da}}, h_i^{\text{de}}) \,\middle|\, h_i^{\text{da}} = \frac{w_i^{\text{ref}_{\text{da}}}}{w_i^{\text{ele}}}, h_i^{\text{de}} = \frac{w_i^{\text{ref}_{\text{de}}}}{w_i^{\text{ele}}} \right\} \tag{5.24}$$

（2）给出集合 $\mathcal{H}$ 的初始划分。初始划分采用随机方式或基于一定的先验信息给出，进而求出质心矩阵 $\boldsymbol{Z} = [\boldsymbol{z}_1, \boldsymbol{z}_2, \cdots, \boldsymbol{z}_L]$，$\boldsymbol{z}_l$ 定义为 $\mathcal{H}$ 中属于第 l 子类的所有元素的算术平均值。

（3）根据最近邻准则将集合 $\mathcal{H}$ 的元素划分到每一个子类（C_l, $l = 1 \cdots L$）中，即

$$\boldsymbol{h}_i \in C_l, \text{ if } \|\boldsymbol{h}_i - \boldsymbol{z}_l\| \leqslant \|\boldsymbol{h}_i - \boldsymbol{z}_k\|$$
$$\text{for } i = 1, \cdots, N, \, k \neq l, \text{ and } k = 1, \cdots, L \tag{5.25}$$

（4）基于上一步的划分结果更新质心矩阵：

$$\boldsymbol{z}_l = \frac{1}{N_l} \sum_{\boldsymbol{h}_i \in C_l} \boldsymbol{h}_i \tag{5.26}$$

其中，N_l 为第 l 子类的元素个数。

（5）重复流程 (3) 和 (4)，直到每一类不再发生变化。

早在 1984 年，文献 [18] 就已经论证了 K 均值算法的收敛性。在实际使用中，可以通过设置最大迭代次数作为算法结束条件。算法结束后，最优的子阵划分方案和最优子阵加权分别由分类 $\{C_l\}_{l=1,\cdots,L}$ 和质心矩阵 $\boldsymbol{Z}$ 给出。由于聚类算法是上述方法的核心，因此本书将该方法称为聚类子阵划分方法，并记为 CM（源于 clustering method）。

关于 CM 子阵划分方法的几点说明。

（1）聚类子阵方法采用的聚类算法具有较为完备的理论基础，而且算法的收敛速度较快。对于 K 均值算法而言，其时间复杂度为 $O(NLdm)$[14]，其中 m 是算法迭代次数，d 是 $\boldsymbol{h}_i$ 的维数，L 是子阵个数。由于 d、m 和 L 相对于阵元个数 N 来说通常都比较小，因此聚类子阵划分方法的时间复杂度较低。

（2）对于最优子阵划分这样的大规模组合优化问题，很难有算法能够保证一定能找到最优解。采用聚类子阵划分方法，同样存在这个问题。因此，在使用 CM 方法时，可以尽可能多地重复使用 CM（如使用不同的初始化分重复 10 次），最终由最小的权值逼近误差给出最优的划分方案。

（3）式 (5.25) 是著名的最近邻准则（NN: nearest neighbor）[15]，实际上，CPM 方法可以看作是 NN 准则的特殊情况。值得指出的是，即使单元级加权不是均匀加权时，NN 准则依然成立。一种简单的解释方法如下：对于最优加权值 $\mathbf{Z} = [\boldsymbol{z}_1, \boldsymbol{z}_2, \cdots, \boldsymbol{z}_L]$，有

$$\begin{aligned}
\mathrm{error}_w &= \sum_{i=1}^{N} \left(w_i^{\mathrm{ele}}\right)^2 \|\boldsymbol{h}_i - \boldsymbol{z}_{l_i}\|^2 \\
&\geqslant \sum_{i=1}^{N} \left(w_i^{\mathrm{ele}}\right)^2 [\min_j \|\boldsymbol{h}_i - \boldsymbol{z}_j\|^2]
\end{aligned} \tag{5.27}$$

其中，$l_i \in \{1, \cdots, L\}$，$j \in \{1, \cdots, L\}$。

（4）理论上，上述的 CM 方法仅适用于单元级为均匀加权的情况。但当该条件不满足时，将最小化 Ψ 修改为最小化 error_w，依然可以采用上述 CM 方法对子阵划分进行一定程度的优化。针对单元级低副瓣加权的情况，更为严格的优化方法应该结合低副瓣加权的特点，对 CM 进行一些适当的修改，得出更好的求解低副瓣加权情况下最优子阵划分的方法，即下面要提到的分级聚类子阵划分方法。

5.3.3　分级聚类子阵划分方法

正如上面指出的，CM 方法的使用条件是单元级采用均匀加权，但是在实际中，和波束通常采用低副瓣加权。本节将进一步研究单元级低副瓣加权时子阵划分的优化方法。

注意到 CM 方法是由式 (5.8) 和式 (5.22) 导出的，而式 (5.20) 中的每一个求和项相当于式 (5.22) 式中的每一项乘以系数 $\left(w_i^{\mathrm{ele}}\right)^2$ 得到的。由于系数项 $\left(w_i^{\mathrm{ele}}\right)^2$ 的存在，权值逼近误差 error_w 就不再等价于聚类误差。具体来说，取值较大的 $\left(w_i^{\mathrm{ele}}\right)^2$ 对应的求和项将会引入较大的残余误差（相对于聚类误差），而取值较小的 $\left(w_i^{\mathrm{ele}}\right)^2$ 对应的求和项则反之。

进一步分析发现，其模值较大的低副瓣和波束加权系数通常分布在阵面中部。而阵面中部位置对应的差波束加权值又具有较小的模值。这些特征使得集合 $\mathcal{H}$ 中范数接近零的元素总是对应了 $\boldsymbol{w}^{\mathrm{ele}}$ 中模值较大的分量。图 5.2显示出了这样的权值分布特征。基于这些特征，本书提出了一种改进的聚类子阵划分方法，具体流程如下。

(1) 使用参考加权值 $\boldsymbol{w}^{\mathrm{refs}}$、$\boldsymbol{w}^{\mathrm{refda}}$ 和 $\boldsymbol{w}^{\mathrm{refde}}$ 构建集合 $\mathcal{H}$，如式 (5.24) 所示。

(2) 将集合 $\mathcal{H}$ 分解为两个不相交的子集: $\mathcal{H} = \mathcal{H}_* \cup \mathcal{H}_\bigcirc$,其中 $\mathcal{H}_* = \{\boldsymbol{h}_i \,|\, \|\boldsymbol{h}_i\| \leqslant \alpha \max_{i \in \mathcal{I}} \|\boldsymbol{h}_i\|\}$, $\mathcal{H}_\bigcirc = \{\boldsymbol{h}_i \,|\, \|\boldsymbol{h}_i\| > \alpha \max_{i \in \mathcal{I}} \|\boldsymbol{h}_i\|\}$, $0 < \alpha \leqslant 1$, $\mathcal{H}_* \cap \mathcal{H}_\bigcirc = \varnothing$。

(3) 使用聚类算法（如 5.3.2 节的 K 均值算法）给出集合 $\mathcal{H}$ 的初始划分方案。类数为 $L_0 = [\beta L]$, $0 < \beta \leqslant 1$,其中 $[\cdot]$ 表示四舍五入运算。集合 $\mathcal{H}_\bigcirc$ 的聚类结果记为 $\mathcal{S}(\mathcal{H}_\bigcirc)$,其相应的类数为 $\mathcal{L}(\mathcal{H}_\bigcirc)$。

(4) 使用聚类算法（同流程 (3)）对 $\mathcal{H}_*$ 分类,类数为 $L - \mathcal{L}(\mathcal{H}_\bigcirc)$。将分类结果记为 $\mathcal{S}(\mathcal{H}_*)$。

(5) 通过 $\mathcal{S}(\mathcal{H}) = \mathcal{S}(\mathcal{H}_\bigcirc) \cup \mathcal{S}(\mathcal{H}_*)$ 给出集合 $\mathcal{H}$ 的最终划分方案。

该方法非常直观,流程 (2) 中的分解运算提取出了集合 $\mathcal{H}$ 中的小范数元素;流程 (3)、(4) 针对小范数元素进行了更细致的分类。图 5.4 给出了该方法的基本流程图。该方法中的两个关键步骤可以归纳为"分级 (grading)"和"聚类 (clustering)",因此本书称此方法为分级聚类的子阵划分方法 (GCM)。

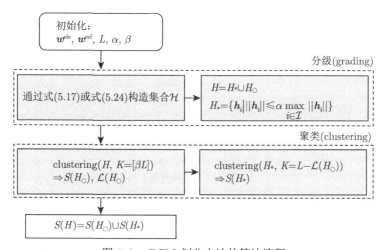

图 5.4　GCM 划分方法的算法流程

不难想象,对集合 $\mathcal{H}$ 中的小范数元素给予恰当的"关注"后,理应获得较小的权值逼近误差 error_w。在上述算法流程的陈述中,α 和 β 这两个参数分别控制了小范数元素的抽取及对其所做的精细划分,换句话说,这两个参数不同取值体现了算法对 $\mathcal{H}$ 中的小范数元素有差别的关注度。两个参数的取值范围为: $0 < \alpha \leqslant 1$, $0 < \beta \leqslant 1$,不同的参数取值直接影响了优化的效果。使用训练集作为样本可以对取值方法给出一定的分析。仿真部分将给出针对参数 α, β 取值的专门讨论。

理论上,可以将上述 GCM 设计方法重复作用在集合 $\mathcal{H}_*$ 上,从而得到广义的 GCM 方法（图 5.5）。实际上,CM 方法又可以看作是广义 GCM 方法中当 $N_g = 0$ 和 $\beta = 1$ 的特殊情况。图 5.5中给出了通过样本训练确定算法参数取值组合的含义，其中虚线表示训练集不一定来自于待优化的天线，可以是由具有相同激励类型的较小规模的天线提供。

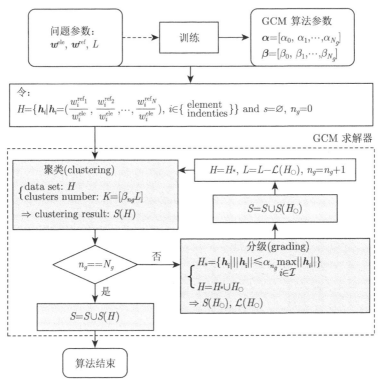

图 5.5 广义 GCM 划分方法的算法流程

5.3.4 仿真结果与分析

本节对圆口径阵面的子阵划分进行仿真分析，验证本书所提方法的有效性。假设阵元分布在矩形栅格上，x 方向和 y 方向的阵元间距均为 $\lambda/2$，圆口径阵面的半径为 10 倍波长，整个阵面由 1208 个阵元组成。

5.3.4.1 子阵级单个差波束的综合

不失一般性，以方位差波束为例，研究子阵级单个差波束的综合问题。差波束的参考加权 $\boldsymbol{w}^{\mathrm{refda}}$ 通过 Bayliss 综合方法给出[19]，峰值旁瓣比和参数 $\bar{n}$ 分别取为 -35 dB 和 7。

1）单元级均匀加权

假设单元级加权为均匀加权，即 $\boldsymbol{w}^{\mathrm{ele}} \equiv 1$，相应的集合 $\mathcal{H}$ 为 $\{w_i^{\mathrm{refda}}\}_{i \in \mathcal{I}}$。设子阵个数为 6，利用第 5.3.2 节的聚类子阵划分方法求解最优的子阵划分方案。

图 5.6给出了聚类子阵划分方法得出的子阵划分方案。图中，每个符号代表一个阵元，相同符号对应的阵元划入同一个子阵。

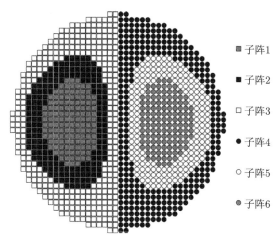

图 5.6 单元级均匀加权时的子阵划分方案（对应方位差波束）

图 5.7给出了方位差波束的剖面图，图中同时给出了阵因子方向图和考虑到阵列单元方向性的总方向图。在方向图的计算中，假设所有阵元都具有 $\cos\theta$ 的方向图（此处 θ 定义为相对于阵面法向的偏移角）。

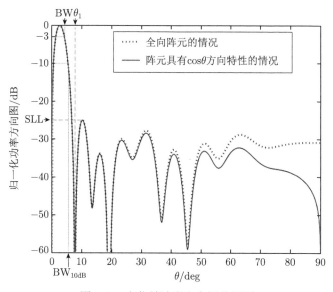

图 5.7 方位差波束方向图的剖面

定义如下参数作为描述方向图的性能指标。BW 为半功率波束宽度；θ_1 为方向图第一零点宽度；BW_{10dB} 为方向图的 10 dB 波束宽度；SLL 为最大旁瓣电平；

K 为相对差斜率。其中，前四个参数的含义标注在图 5.7 中，第五个参数 K 的计算方法参见下述推导。

对于给定的单元级加权 $\boldsymbol{w}^{\mathrm{ele}}$（或其等效的加权 $\tilde{\boldsymbol{w}}^{\mathrm{ele}}$），天线方向图的计算公式为[20]

$$F(u) = f_{\mathrm{e}}(u) \frac{\displaystyle\sum_{i=1}^{N} w_i^{\mathrm{ele}} \exp[\mathrm{j}2\pi(u-u_0)x_i]}{\sqrt{\displaystyle\sum_{i=1}^{N} \|w_i^{\mathrm{ele}}\|^2}} \tag{5.28}$$

其中，$f_{\mathrm{e}}(u)$ 为阵元方向图。在阵面法向附近，可以将 $f_{\mathrm{e}}(u)$ 近似为 1。令阵面坐标系的原点位于阵面的中心，x_i 是阵元位置的横坐标（以波长为单位）。于是方向图在波束指向处的斜率为

$$K^{\mathrm{da}} = \left.\frac{\partial F(u)}{\partial u}\right|_{u=u_0} = \frac{\displaystyle\sum_{i=1}^{M} \mathrm{j}2\pi w_i^{\mathrm{ele}} x_i}{\sqrt{\displaystyle\sum_{i=1}^{N} \|w_i^{\mathrm{ele}}\|^2}} \tag{5.29}$$

因此，可以将相对差斜率定义为

$$\bar{K}^{\mathrm{da}} = \frac{\left|\displaystyle\sum_{i=1}^{M} \mathrm{j} w_i^{\mathrm{ele}} x_i\right|}{\sqrt{\displaystyle\sum_{i=1}^{N} \|w_i^{\mathrm{ele}}\|^2}\sqrt{\displaystyle\sum_{i=1}^{N} x_i^2}} \tag{5.30}$$

同理可以得出俯仰差波束的相对差斜率 $\bar{K}^{\mathrm{de}}$，其计算公式是将式 (5.30) 中的 x_i 替换为阵元位置的纵坐标 y_i。总的子阵个数为 6，考虑到阵面结构和参考加权的对称性，优化过程中只使用了第一象限的阵元来构造集合 $\mathcal{H}$。表 5.1 给出了经过 CM 方法优化的阵面划分方案对应的性能指标及子阵级加权。

表 5.1　CM 方法优化后的性能指标及子阵级加权

性能指标	BW/deg	BW$_{10\mathrm{dB}}$/deg	θ_1/deg	SLL/dB	$\bar{K}^{\mathrm{da}}$/dB	error$_w$
	4.169	5.383	7.540	−24.976	−1.2841	10.613
子阵级	子阵 1	子阵 2	子阵 3	子阵 4	子阵 5	子阵 6
加权值	−0.8135	−0.4711	−0.1751	0.1751	0.4711	0.8135

使用 EM 准则作为优化准则时，最优的子阵划分一定对应了有序序列 $\{\bar{h}_i^{\mathrm{da}}\}$ 的一个邻接划分，所有可能的邻接划分的个数为一个二项式系数，因此可以设计

算法遍历所有可能的邻接划分，得出全局最优解，从而验证 CM 方法的有效性。研究中设计了这样的全局搜索算法，并发表在文献 [21] 中，此处不做展开说明。使用全局搜索算法，在遍历完 $\begin{pmatrix} N/4-1 \\ L/2-1 \end{pmatrix} = \begin{pmatrix} 301 \\ 2 \end{pmatrix} = 45150$ 种可能的邻接划分方案后，得出了全局最优解。图 5.8给出了每种划分方案对应的权值逼近误差，最小的权值逼近误差为 10.613，对应了遍历算法中的第 34209 个解，在图中用圈 "⊙"标记出。对比表 5.1可以发现，10.613 正是 CM 方法得到的权值逼近误差，这说明 CM 方法找到了全局最优解。

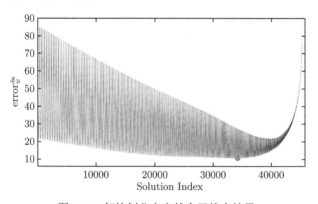

图 5.8　邻接划分方案的全局搜索结果

2）单元级低副瓣加权

假设单元级加权为 $\bar{n}=7$，PSL$=-35$ dB 的圆口径 Taylor 加权，差波束的参考加权为 Bayliss 加权（$\bar{n}=7$，PSL$=-30$ dB）。集合 $\mathcal{H}$ 为 $\{w_i^{\mathrm{ref_{da}}}/w_i^{\mathrm{ref_s}}\}_{i\in\mathcal{I}}$。利用 GCM 方法得出的子阵划分方案如图 5.9所示（考虑到对称性，只绘制出了第一象限）。GCM 算法的参数设置为 $\alpha=0.6$，$[\beta L]=4$，算法参数的设置详细讨论在下面给出。图 5.9同时给出了几类经典划分方法（NM，BEM，ACO）及 CM 方法得到的划分结果的对比。

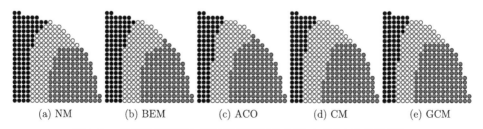

(a) NM　　(b) BEM　　(c) ACO　　(d) CM　　(e) GCM

图 5.9　单元级低副瓣加权时的子阵划分方案（对应方位差波束）

表 5.2给出了经过 GCM 方法优化的阵面划分方案对应的性能指标及子阵级加权。

表 5.2　　GCM 方法优化后的性能指标及子阵级加权

优化方法	BW/deg	BW_{10dB}/deg	θ_1/deg	SLL/dB	$\bar{K}^{da}$/dB	$error_w$
NM	3.951	5.078	6.610	−20.651	−0.929	10.941
BEM	3.951	5.078	6.593	−20.389	−0.913	10.988
ACO	3.991	5.147	6.806	−24.483	−0.980	10.496
CM	3.963	5.101	6.691	−23.659	−0.964	10.845
GCM	3.997	5.158	6.864	−24.368	−0.992	10.454
子阵级	子阵 4	子阵 5	子阵 6	–	–	–
加权值	0.2680	0.8455	1.5094	–	–	–

　　图 5.10(a) 给出了不同优化结果给出的方位差波束剖面图。可以发现由 ACO、CM 和 GCM 方法确定的子阵划分方案，其方向图的性能优于 NM 和 BEM 方法。

　　针对单元级低副瓣加权的情况，再一次使用全局搜索算法，得出所有可能的划分，其对应的权值逼近误差如图 5.10(b) 所示。为便于对比，将所有的逼近误差进行排序，并将各种算法对应的逼近误差标注在图中，显然，GCM 方法得出了全局最优解。

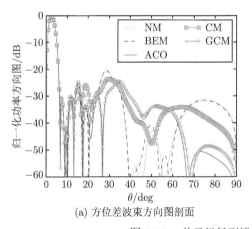

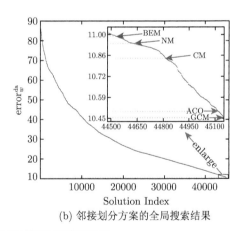

(a) 方位差波束方向图剖面　　　　　　　(b) 邻接划分方案的全局搜索结果

图 5.10　单元级低副瓣加权时的优化结果对比

3）参数 α 和 β 的取值讨论

　　GCM 方法的性能受到算法参数 α 和 β 的取值影响。本书利用样本训练的方法确定参数最优取值（图 5.5）。

　　本仿真实例中，训练样本即由待优化的天线阵面确定，算法参数集的取值范围为：α 按均匀间隔在区间 $[0.3,0.9]$ 取 50 个值，$[\beta L]$ 的取值为 $\{2,3,4,5\}$。

　　每一对参数 α 和 $[\beta L]$ 的取值独立运行一次 GCM 算法，记录所得的权值逼近误差，记录结果绘制于图 5.11(c) 中。最后通过最小的权值逼近误差确定参数

α、$[\beta L]$ 的取值。从图 5.11(c) 中可以发现 error_w 随参数 α、β 的变化较为平缓（在 error_w 接近其最小值的范围内），因此可以推断，GCM 方法对参数 α、β 的取值约束是比较宽松的。本算例中，选取 $\alpha = 0.6$，$[\beta L] = 4$（即 $0.58 \leqslant \beta \leqslant 0.75$）。

数值实验表明，和差波束的参考加权是影响参数 α、β 取值的主要因素，阵元个数或阵面孔径的大小对 α、β 的取值影响则较小。

下面分析不同参考加权下参数 α、β 的取值。假设和波束加权固定为 Taylor 加权，PSL$=-35$ dB、$\bar{n} = 7$。方位差波束的参考加权为 Bayliss 权值，其中 $\bar{n} = 7$，峰值旁瓣比取多组不同值：-20 dB，-25 dB，-35 dB，-40 dB，-45 dB。不同参考权值下，对参数集完整的训练结果显示在图 5.11 中。

基于上述数值仿真结果，可以得出参数 α 和 β 取值的经验公式如下：

$$\begin{cases} \alpha = 0.3 - \dfrac{\text{PSL}}{100} \\ 0.58 \leqslant \beta \leqslant 0.75 \end{cases} \tag{5.31}$$

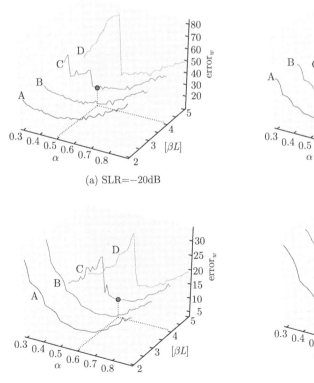

(a) SLR$=-20$dB (b) SLR$=-25$dB

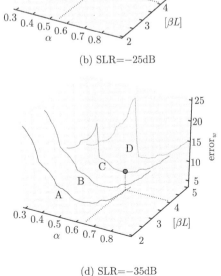

(c) SLR$=-30$dB (d) SLR$=-35$dB

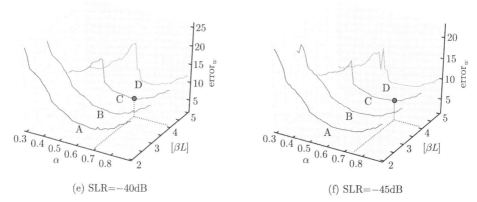

(e) SLR=−40dB   (f) SLR=−45dB

图 5.11　不同参考加权的 GCM 算法参数训练结果（曲线 A：$[\beta L]=2$，曲线 B：$[\beta L]=3$，
曲线 C：$[\beta L]=4$，曲线 D：$[\beta L]=5$）

如果在样本训练中按照式 (5.31) 中确定的参数取值，那么其权值逼近误差对应的
是图 5.11 中的圆圈。虽然经验公式并不保证每种情况下对应的权值逼近都是最小
的，但从该图可以看出该经验公式也能保证较好的优化效果。

5.3.4.2　子阵级的多波束综合

本节将以方位差波束和俯仰差波束为例，研究子阵级的多波束综合，重点
分析单元级为低副瓣加权的情况。假设单元级采用圆口径 Taylor 加权（$\bar{n}=7$，
PSL=−35 dB），差波束的参考加权由圆口径 Bayliss 加权给出，且 $\bar{n}=7$，PSL=
−30 dB。

正如第 5.2.2 节所指出的，Nickel 方法中的相交运算是得到子阵级多波束综
合情况下子阵划分方案的简便方法。因此，首先按照上节的方法分别针对方位差
和俯仰差波束求解子阵划分，然后将两个划分结果取交集，就得到最终的划分方
案（如图 5.2(b) 所示）。如果针对单一波束综合的子阵划分是由 CPM 方法得出，
那么就将上述多波束情况的子阵划分方法记为 CPM-NM 方法。

图 5.12 给出了几种不同划分方法的阵面划分方案，其中 GCM 方法的参数设
置为 $\alpha=0.70$，$[\beta L]=22$（或 $\beta=0.61$）。参数 α 和 $[\beta L]$ 的取值方法与上节类
似，所不同的是，在本例中 $[\beta L]$ 取自 15 到 35 之间的整数，对于每一个参数组
合运行 5 次独立的 GCM 优化并记录权值逼近误差的平均值（此处省略确定参数
取值的中间结果）。

图 5.13 给出了差波束方向图的剖面，整个可见区内的方向图在图 5.14 中给出。
可以看出，本书提出的 CM 和 GCM 方法得到的方向图具有较低的旁瓣电平。

表 5.3 给出了详细的性能对比及 GCM 方法确定的子阵级加权值。

如果使用 $\text{error}_w^{\text{da}}+\text{error}_w^{\text{de}}$ 作为总的权值逼近误差，几种方法对应的权值逼近

误差分别为 20.726（NM）、19.594（CPM-NM）、19.370（CM）和 18.215（GCM），因此 GCM 方法得到了最优的性能指标。

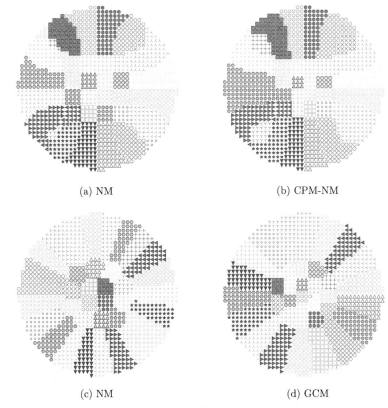

(a) NM

(b) CPM-NM

(c) NM

(d) GCM

图 5.12　同时优化子阵级方位差波束和俯仰差波束的子阵划分方案

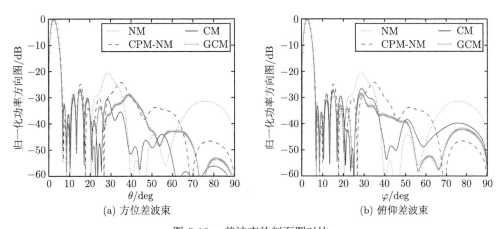

(a) 方位差波束

(b) 俯仰差波束

图 5.13　差波束的剖面图对比

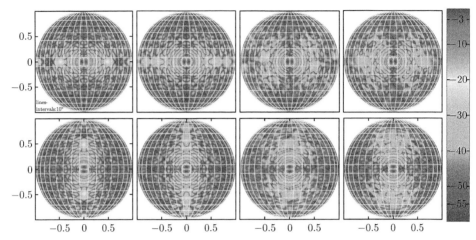

图 5.14　整个可见区内的差波束方向图对比（上：方位差波束；下：俯仰差波束；从左至右依
次对应 NM、CPM-NM、CM、GCM）（见彩图）

表 5.3　不同优化方法的性能对比以及 GCM 得出的子阵级加权值

优化方法	BW^{da} [deg]	BW^{de} [deg]	BW^{da}_{10dB} [deg]	BW^{de}_{10dB} [deg]	θ^{da}_1 [deg]	θ^{de}_1 [deg]	$-SLL^{da}$ [dB]	$-SLL^{de}$ [dB]	$-\bar{K}^{da}$ [dB]	$-\bar{K}^{de}$ [dB]	$error^{da}_w$	$error^{de}_w$
NM	3.934	3.934	5.061	5.061	6.639	6.639	20.555	20.555	0.956	0.956	10.363	10.363
CPM-NM	3.986	3.986	5.147	5.147	6.974	6.974	24.116	24.116	1.007	1.007	9.797	9.797
CM	3.934	3.934	5.061	5.066	6.662	6.685	27.377	26.536	0.947	0.950	9.808	9.562
GCM	3.945	3.951	5.084	5.095	6.725	6.829	26.860	27.433	0.975	0.979	9.149	9.066

方位差波束对应的子阵级加权	1#−1.649　7#−0.728　13#1.491　19#−0.647　25#−0.675　31#−1.097
	2#1.665　8#−0.480　14#−0.110　20#1.014　26#−0.127　32#−0.054
	3#−1.557　9#0.086　15#−1.671　21#−0.089　27#−0.616　33#0.468
	4#1.071　10#1.491　16#−1.407　22#−0.123　28#−0.141　34#0.978
	5#1.120　11#−1.225　17#0.650　23#0.513　29#−0.670　35#1.027
	6#−1.008　12#0.510　18#1.665　24#0.460　30#0.468　36#−1.110
俯仰差波束对应的子阵级加权	1#−1.649　7#−0.728　13#1.491　19#−0.647　25#−0.675　31#−1.097
	2#1.665　8#−0.480　14#−0.110　20#1.014　26#−0.127　32#−0.054
	3#−1.557　9#0.086　15#−1.671　21#−0.089　27#−0.616　33#0.468
	4#1.071　10#1.491　16#−1.407　22#−0.123　28#−0.141　34#0.978
	5#1.120　11#−1.225　17#0.650　23#0.513　29#−0.670　35#1.027
	6#−1.008　12#0.510　18#1.665　24#0.460　30#0.468　36#−1.110

5.3.4.3　仿真结果的讨论

（1）优化模型的合理性。纵观上述分析可以发现，为了得出最优子阵划分方法，本书将基于方向图的匹配准则所建立的优化问题 (5.9) 转换成基于激励匹配准则的优化问题 (5.21)，附录 C 给出了二者之间的等价关系的深入分析。分析表明，式 (5.9) 到式 (5.21) 的转换具有一定的合理性，求解式 (5.21) 能获得方向图在整个 Voronoi 区域内整体性能的优化。虽然 Voronoi 区域包括了可见区和不可见区，但天线方向图通常可以看作是一个低通的空域滤波器，这意味着方向图的能量主要集中在可见区的中心部位，因此当 Ω 为可见区时，式 (C.7) 的近似依然有较好的效果。值得指出的是，位于不可见区域的天线响应同样影响天线的输出信噪比（孔径效率或锥削损耗）。因此在阵因子优化中，通常要将可见区和不可见区一起考虑 [22]，如第 4 章中重叠子阵加权值的优化设计。

（2）利用本书提出的 CM 和 GCM 方法，可以实现单脉冲处理中子阵划分的优化设计。但是通过对仿真结果仔细核对，可以发现，本书提出的优化方法虽然能够得到最小的权值逼近误差，但是与其他优化方法相比，方向图的差异有时却并不明显，如图 5.10(a) 中的三种方法 ACO、CM 和 GCM。将造成这一现象的原因总结如下。

①图 5.10(a) 中的子阵的个数为 6，这是一个相对较低的自由度，优化的空间并不是很大。而且，严格地讲，激励匹配和方向图匹配之间只是一个近似关系。当几种方法几乎都达到了激励匹配准则对方向图优化的极限时，该近似关系对优化效果的影响就不能忽视了。从图 5.13可以看出，当子阵个数增大为 36，本书提出的划分方法在改善方向图性能方面的优势就比较明显。

②图 5.10(a) 中只给出方向图的一个剖面的对比，而激励匹配准则与方向图匹配准则之间的等价关系是基于整个阵因子周期而言的。

③激励匹配准则并不能直接控制方向图的旁瓣水平。对于这一点，如果想要进一步地改善方向图的性能，可以使用文献 [23] 提到的混合优化的思想，本书不再做深入分析。

5.4 子阵级单脉冲测角技术

前面几节重点研究了单脉冲处理中的子阵划分技术，提出了基于激励匹配准则的最优子阵划分方法，并深入讨论了激励匹配与方向图匹配这两种准则之间的区别与联系。本节基于上述成果，研究阵列雷达的单脉冲测角技术。首先通过最大似然估计推导阵列处理中的单脉冲测角公式，进而推广为广义的单脉冲测角公式。然后给出子阵级单脉冲测角技术，并讨论子阵级单脉冲测角的理论性能。最后进行仿真验证。

5.4.1 最大似然准则

阵列雷达的单元级接收信号可以表示为

$$z = a(u_t)b + n \tag{5.32}$$

其中，$\boldsymbol{u}_t = (u_t, v_t)^{\mathrm{T}}$ 代表入射平面电磁波的方向余弦，$\boldsymbol{a}(\boldsymbol{u}_t)$ 是相应的导向矢量。b 为入射电磁波的信号幅度，$\boldsymbol{n}$ 为噪声矢量。假设 $\boldsymbol{n} \sim \mathcal{CN}(\boldsymbol{0}, \sigma^2 \boldsymbol{I})$，各阵元的噪声信号不相关，且均为高斯白噪声，则接收数据 $\boldsymbol{z}$ 的似然函数为

$$p(\boldsymbol{z}; \boldsymbol{u}_t, b) = \frac{1}{\pi \sigma^2} \exp \left\{ \frac{-(\boldsymbol{z} - \boldsymbol{a}(\boldsymbol{u}_t)b)^{\mathrm{H}} (\boldsymbol{z} - \boldsymbol{a}(\boldsymbol{u}_t)b)}{\sigma^2} \right\} \tag{5.33}$$

其中，$\boldsymbol{z}$ 为观测数据；$\boldsymbol{u}_t$ 和 b 为未知参数，在单次观测（多脉冲观测相干积累后也等效为单次观测）中，可认为 $\boldsymbol{u}_t$ 和 b 是确定的，因此对目标角度的估计问题即为未知的确定性参数的估计问题。通过最大化对数似然函数 $\ln p(\boldsymbol{z}; \boldsymbol{u}_t, b)$，容易求出 $\boldsymbol{u}_t$ 和 b 的最大似然估计：

$$\hat{b} = (\boldsymbol{a}_t^{\mathrm{H}} \boldsymbol{a}_t)^{-1} \boldsymbol{a}_t^{\mathrm{H}} \boldsymbol{z} = \boldsymbol{a}_t^{\mathrm{H}} \boldsymbol{z} / N \tag{5.34a}$$

$$\hat{\boldsymbol{u}}_t = \arg \max_{\boldsymbol{u}_0} |\boldsymbol{a}(\boldsymbol{u}_0)^{\mathrm{H}} \boldsymbol{z}|^2 \tag{5.34b}$$

其中，$\boldsymbol{a}_t$ 为 $\boldsymbol{a}(\boldsymbol{u}_t)$ 的简记符号。从式 (5.34b) 解出 $\hat{\boldsymbol{u}}_t$，再代入式 (5.34a) 就能得出 $\hat{b}$。下面主要讨论 $\hat{\boldsymbol{u}}_t$ 的求解方法。

注意到 $|\boldsymbol{a}(\boldsymbol{u}_0)^{\mathrm{H}} \boldsymbol{z}|^2$ 实际上指向 $\boldsymbol{u}_0$ 的和波束输出功率，它是 $\boldsymbol{u}_0 = (u_0, v_0)^{\mathrm{T}}$ 的非线性函数，因此考虑使用数值方法求出 $\hat{\boldsymbol{u}}_t$。

记 $P(\boldsymbol{u})|_{\boldsymbol{u}_0} \triangleq |\boldsymbol{a}(\boldsymbol{u}_0)^{\mathrm{H}} \boldsymbol{z}|^2$，$F(\boldsymbol{u})|_{\boldsymbol{u}_0} = \ln P(\boldsymbol{u}_0)$，即将 $P(\boldsymbol{u}_0)$ 取对数[①]。显然，当扫描方向为 $\boldsymbol{u}_0 = \boldsymbol{u}_t$ 时，和波束的输出最大，即在 $\boldsymbol{u}_0 = \boldsymbol{u}_t$ 处，$F(\boldsymbol{u})$ 满足极值条件：$\nabla F(\boldsymbol{u}_t) = \boldsymbol{0}$。在单脉冲测角中，$\boldsymbol{u}_0$ 与 $\boldsymbol{u}_t$ 本来就已经相距较近（若 $\boldsymbol{u}_t$ 在主瓣之外，单脉冲测角方法将失效），因此将 $\nabla F(\boldsymbol{u}_t)$ 在 $\boldsymbol{u}_0$ 附近线性化，可以得到

$$\nabla F(\boldsymbol{u}_t) \approx \nabla F(\boldsymbol{u}_0) + \nabla^2 F(\boldsymbol{u}_0)(\boldsymbol{u}_t - \boldsymbol{u}_0) \tag{5.35}$$

结合极值条件 $\nabla F(\boldsymbol{u}_t) = \boldsymbol{0}$，可知

$$\boldsymbol{u}_t \approx \boldsymbol{u}_0 - (\nabla^2 F(\boldsymbol{u}_0))^{-1} \nabla F(\boldsymbol{u}_0) \tag{5.36}$$

将算子 ∇、∇^2 展开，式 (5.36) 即

$$\begin{pmatrix} u_t \\ v_t \end{pmatrix} \approx \begin{pmatrix} u_0 \\ v_0 \end{pmatrix} - \begin{pmatrix} F_{uu} & F_{uv} \\ F_{vu} & F_{vv} \end{pmatrix}_{(u_0, v_0)}^{-1} \begin{pmatrix} F_u \\ F_v \end{pmatrix}_{(u_0, v_0)} \tag{5.37}$$

---

① 将 $P(\boldsymbol{u}_0)$ 取对数蕴含了 "单脉冲 Trick"：取对数并不改变 $P(\boldsymbol{u}_0)$ 最值的位置；使方向图在波束指向附近的变化更为平缓，因而可以采用较低阶数的泰勒展开进行近似；从式 (5.38) 可知，取对数运算使得单脉冲测角时不需要已知目标回波幅度信息。

下面计算 $F(\boldsymbol{u})$ 的一阶导数 $\begin{pmatrix} F_u \\ F_v \end{pmatrix}\Big|_{(u_0, v_0)}$ 和二阶导数 $\begin{pmatrix} F_{uu} & F_{uv} \\ F_{vu} & F_{vv} \end{pmatrix}\Big|_{(u_t, v_t)}$。一阶导数 F_u 为

$$
\begin{aligned}
F_u &= P_u/P \\
&= \frac{\boldsymbol{a}_u^{\mathrm{H}}\boldsymbol{z}\boldsymbol{z}^{\mathrm{H}}\boldsymbol{a} + \boldsymbol{a}^{\mathrm{H}}\boldsymbol{z}\boldsymbol{z}^{\mathrm{H}}\boldsymbol{a}_u}{\boldsymbol{a}^{\mathrm{H}}\boldsymbol{z}\boldsymbol{z}^{\mathrm{H}}\boldsymbol{a}} \\
&= 2\Re\left\{\frac{\boldsymbol{a}_u^{\mathrm{H}}\boldsymbol{z}}{\boldsymbol{a}^{\mathrm{H}}\boldsymbol{z}}\right\}
\end{aligned}
\tag{5.38}
$$

同理，$F_v = 2\Re\{\boldsymbol{a}_v^{\mathrm{H}}\boldsymbol{z}/\boldsymbol{a}^{\mathrm{H}}\boldsymbol{z}\}$。所以有

$$
F_u|_{(u_0, v_0)} = 2\Re\left\{\frac{\boldsymbol{a}_{u,0}^{\mathrm{H}}\boldsymbol{z}}{\boldsymbol{a}_0^{\mathrm{H}}\boldsymbol{z}}\right\}
\tag{5.39a}
$$

$$
F_v|_{(u_0, v_0)} = 2\Re\left\{\frac{\boldsymbol{a}_{v,0}^{\mathrm{H}}\boldsymbol{z}}{\boldsymbol{a}_0^{\mathrm{H}}\boldsymbol{z}}\right\}
\tag{5.39b}
$$

式中，将 $\boldsymbol{a}(\boldsymbol{u}_0)$ 简记为 $\boldsymbol{a}_0$，$\boldsymbol{a}(\boldsymbol{u})$ 对分量 u 的一阶导数 $\boldsymbol{a}(\boldsymbol{u})_u$ 在 $\boldsymbol{u}_0$ 的取值简记为 $\boldsymbol{a}_{u,0}$，$\boldsymbol{a}(\boldsymbol{u})$ 对分量 v 的一阶导数 $\boldsymbol{a}(\boldsymbol{u})_v$ 在 $\boldsymbol{u}_0$ 的取值简记为 $\boldsymbol{a}_{v,0}$。实际上，$F_u|_{(u_0, v_0)}$、$F_v|_{(u_0, v_0)}$ 分别是方位向和俯仰向的单脉冲比，原因如下。

（1）式 (5.39a) 和式 (5.39b) 的分母是和波束的输出。

（2）$\boldsymbol{a}_{u,0}$ 和 $\boldsymbol{a}_{v,0}$ 的第 i 个分量分别为 $j\dfrac{2\pi x_i}{\lambda}a_i(\boldsymbol{u}_0)$ 和 $j\dfrac{2\pi y_i}{\lambda}a_i(\boldsymbol{u}_0)$，相当于方位差波束对应的第 i 阵元幅度加权值正比于阵元横坐标 x_i，而俯仰差波束对应的第 i 阵元幅度加权值正比于阵元纵坐标 y_i，结合式 (5.30) 可知这样差波束加权具有最大的差斜率。因此分子是差波束的输出。

二阶导数 $\begin{pmatrix} F_{uu} & F_{uv} \\ F_{vu} & F_{vv} \end{pmatrix}\Big|_{(u_t, v_t)}$ 采用近似处理，可以认为 F 的二阶导数为常数。略去复杂的公式推导可得

$$
F_{uu}(u_0, v_0) \approx -\frac{8\pi^2}{\lambda^2 N}\sum_{i=1}^{N} x_i^2
\tag{5.40}
$$

$$
F_{vv}(u_0, v_0) \approx -\frac{8\pi^2}{\lambda^2 N}\sum_{i=1}^{N} y_i^2
\tag{5.41}
$$

$$
F_{uv}(u_0, v_0) = F_{vu}(u_0, v_0) \approx 0
\tag{5.42}
$$

将式 (5.39)~ 式 (5.42) 代入式 (5.37) 中，可得目标角度的估计值为

$$\begin{cases} \hat{u}_t = u_0 + \gamma_u \Re\left\{ \dfrac{\boldsymbol{a}_u^{\mathrm{H}}\boldsymbol{z}}{\boldsymbol{a}^{\mathrm{H}}\boldsymbol{z}} \right\} \\[2mm] \hat{v}_t = v_0 + \gamma_v \Re\left\{ \dfrac{\boldsymbol{a}_v^{\mathrm{H}}\boldsymbol{z}}{\boldsymbol{a}^{\mathrm{H}}\boldsymbol{z}} \right\} \end{cases} \tag{5.43}$$

其中，$\gamma_u = \dfrac{\lambda^2 N}{4\pi^2 \sum\limits_{i=1}^{N} x_i^2}$，$\gamma_v = \dfrac{\lambda^2 N}{4\pi^2 \sum\limits_{i=1}^{N} y_i^2}$。

5.4.2   广义单脉冲原理

单脉冲测角公式 (5.43) 只能应用于理想条件下单元级数字阵列雷达。而在许多实际的雷达系统中，很难直接应用，比如：① 采用子阵架构时无法直接应用；②干扰条件下无法直接应用；③和差波束采用幅度加权时无法直接应用；④观测信号包含色噪声时无法直接应用。

针对上述情况，需要开发更为实用的阵列雷达单脉冲角度测量方法。从式 (5.37) 出发，将单脉冲测角的计算方式推广为

$$\begin{pmatrix} \hat{u}_t \\ \hat{v}_t \end{pmatrix} = \begin{pmatrix} u_0 \\ v_0 \end{pmatrix} - \begin{pmatrix} c_{uu} & c_{uv} \\ c_{vu} & c_{vv} \end{pmatrix}^{-1} \begin{pmatrix} \Re\{R_u\} - \mu_u \\ \Re\{R_v\} - \mu_v \end{pmatrix} \tag{5.44}$$

其中，$R_u = \boldsymbol{d}_u^{\mathrm{H}}\boldsymbol{z}/\boldsymbol{w}^{\mathrm{H}}\boldsymbol{z}, R_v = \boldsymbol{d}_v^{\mathrm{H}}\boldsymbol{z}/\boldsymbol{w}^{\mathrm{H}}\boldsymbol{z}$ 分别表示方位向和俯仰向的单脉冲比（$\boldsymbol{w}$ 为和波束加权，$\boldsymbol{d}_u$，$\boldsymbol{d}_v$ 分别为方位差和俯仰差波束加权）。$\boldsymbol{C} = \begin{pmatrix} c_{uu} & c_{uv} \\ c_{vu} & c_{vv} \end{pmatrix}^{-1}$ 为单脉冲比的斜率修正矩阵，$\boldsymbol{\mu} = \begin{pmatrix} \mu_u \\ \mu_v \end{pmatrix}$ 为偏差修正量。经推导可知：

$$\mu_\alpha = \Re\left\{ \frac{\boldsymbol{d}_\alpha^{\mathrm{H}}\boldsymbol{a}_0}{\boldsymbol{w}^{\mathrm{H}}\boldsymbol{a}_0} \right\} \tag{5.45a}$$

$$c_{\alpha\beta} = \frac{\Re\{\boldsymbol{d}_\alpha^{\mathrm{H}}\boldsymbol{a}_{\beta,0}\boldsymbol{a}_0^{\mathrm{H}}\boldsymbol{w} + \boldsymbol{d}_\alpha^{\mathrm{H}}\boldsymbol{a}_0\boldsymbol{a}_{\beta,0}^{\mathrm{H}}\boldsymbol{w}\}}{|\boldsymbol{w}^{\mathrm{H}}\boldsymbol{a}_0|^2} - \mu_\alpha 2\Re\left\{ \frac{\boldsymbol{w}^{\mathrm{H}}\boldsymbol{a}_{\beta,0}}{\boldsymbol{w}^{\mathrm{H}}\boldsymbol{a}_0} \right\} \tag{5.45b}$$

其中，$\alpha = u$ 或 v，$\beta = u$ 或 v，$\boldsymbol{a}_0$ 为波束指向 u_0, v_0 对应的阵列导向矢量。$\boldsymbol{a}_{\beta,0}$ 为阵列导向矢量关于 β 的一阶导数在波束指向处的取值。

不同于式 (5.37) 和式 (5.43)，式 (5.44) 给出的目标角度计算公式可以适用于特殊的和差波束加权，如低副瓣加权、自适应加权。可以验证，当和波束加权为 $\boldsymbol{w} = \boldsymbol{a}_0$，差波束加权为 $\boldsymbol{d}_\alpha = \boldsymbol{a}_{\alpha,0}$ 时，式 (5.44) 就是式 (5.43)。

值得指出的是，自适应权值不同于之前所讨论的数据独立的加权值，它的计

算与接收采样信号是相关的，这里直接给出最优的自适应和差波束加权值如下：

$$\boldsymbol{w}_{\text{ad}} = \mu\boldsymbol{Q}^{-1}\boldsymbol{a}_0, \ \boldsymbol{d}_{\alpha,\text{ad}} = \mu\boldsymbol{Q}^{-1}\boldsymbol{a}_{\alpha,0} \tag{5.46}$$

式中，$\boldsymbol{Q}$ 为干扰噪声协方差矩阵，μ 为一个非零常数。

对于子阵级单脉冲，其角度估计同样可以由类似于式 (5.44) 的计算方式给出：

$$\begin{pmatrix} \hat{u}_t \\ \hat{v}_t \end{pmatrix} = \begin{pmatrix} u_0 \\ v_0 \end{pmatrix} - \begin{pmatrix} \tilde{c}_{uu} & \tilde{c}_{uv} \\ \tilde{c}_{vu} & \tilde{c}_{vv} \end{pmatrix}^{-1} \begin{pmatrix} \Re\{\tilde{R}_u\} - \tilde{\mu}_u \\ \Re\{\tilde{R}_v\} - \tilde{\mu}_v \end{pmatrix} \tag{5.47}$$

其中，单脉冲比依然是波束指向 (u_0, v_0) 处对应的差通道输出与和通道输出之比，但计算方式略有差异，为区别起见，将子阵级对应的符号冠以符号 "~"。$\tilde{R}_\alpha = \tilde{\boldsymbol{d}}_\alpha^{\text{H}}\tilde{\boldsymbol{z}}/\tilde{\boldsymbol{w}}^{\text{H}}\tilde{\boldsymbol{z}}$，$\alpha = u$ 或 v，$\beta = u$ 或 v，$\tilde{\boldsymbol{d}}_\alpha$ 和 $\tilde{\boldsymbol{w}}$ 分别为子阵级的和差波束加权，$\tilde{\boldsymbol{z}}$ 为子阵端的输出信号，即 $\tilde{\boldsymbol{z}} = \boldsymbol{T}^{\text{H}}\boldsymbol{z}$，$\boldsymbol{T}$ 为子阵变换矩阵，由式 (5.2) 给出。将当前波束指向记为 $\boldsymbol{u}_0$，于是 $\boldsymbol{T}$ 可以表示为

$$\boldsymbol{T} = \text{diag}(\boldsymbol{a}_0)\text{diag}(\boldsymbol{w})\boldsymbol{T}_0 \tag{5.48}$$

偏差修正量和斜率修正量的计算方式分别为

$$\tilde{\mu}_\alpha = \Re\left\{\frac{\tilde{\boldsymbol{d}}_\alpha^{\text{H}}\tilde{\boldsymbol{a}}_0}{\tilde{\boldsymbol{w}}^{\text{H}}\tilde{\boldsymbol{a}}_0}\right\} \tag{5.49a}$$

$$\tilde{c}_{\alpha\beta} = \frac{\Re\{\tilde{\boldsymbol{d}}_\alpha^{\text{H}}\tilde{\boldsymbol{a}}_{\beta,0}\tilde{\boldsymbol{a}}_0^{\text{H}}\tilde{\boldsymbol{w}} + \tilde{\boldsymbol{d}}_\alpha^{\text{H}}\tilde{\boldsymbol{a}}_0\tilde{\boldsymbol{a}}_{\beta,0}^{\text{H}}\tilde{\boldsymbol{w}}\}}{|\tilde{\boldsymbol{w}}^{\text{H}}\tilde{\boldsymbol{a}}_0|^2} - \mu_\alpha 2\Re\left\{\frac{\tilde{\boldsymbol{w}}^{\text{H}}\tilde{\boldsymbol{a}}_{\beta,0}}{\tilde{\boldsymbol{w}}^{\text{H}}\tilde{\boldsymbol{a}}_0}\right\} \tag{5.49b}$$

其中，$\tilde{\boldsymbol{a}}_0 = \boldsymbol{T}^{\text{H}}\boldsymbol{a}_0$ 为子阵级的导向矢量，$\tilde{\boldsymbol{a}}_{\beta,0} = \boldsymbol{T}^{\text{H}}\boldsymbol{a}_{\beta,0}$。

不同于式 (5.37)、式 (5.43) 和式 (5.44)，式 (5.47) 给出的目标角度计算公式适用于子阵级的单脉冲处理，且适用于任意的子阵级加权和单元级加权。可以验证当 $\boldsymbol{T} = \text{diag}(\boldsymbol{a}_0)$ 时，式 (5.47) 就退化为式 (5.43)。

由于子阵可能大小不一，加之单元级加权不一定选择均匀加权，因此子阵端的噪声功率不完全一致，在针对子阵级信号做进一步处理之前，可以在子阵级首先做噪声归一化处理，消除不等噪声功率对后续处理的不良影响。将噪声归一化的预处理合并到子阵形成矩阵中，即要求 $\boldsymbol{T}^{\text{H}}\boldsymbol{T} = \boldsymbol{I}$，此时

$$\boldsymbol{T} = \text{diag}(\boldsymbol{a}_0)\text{diag}(\boldsymbol{w})\boldsymbol{T}_0\text{diag}(\boldsymbol{h}) \tag{5.50}$$

其中，$\boldsymbol{h}$ 为作用在子阵端口的 $L \times 1$ 维噪声归一化加权 $(h_l = 1/\sqrt{\sum\limits_{\{i|l_i=l\}} w_i^2})$。子阵级的自适应和差加权为

$$\tilde{\boldsymbol{w}}_{\text{ad}} = \mu\tilde{\boldsymbol{Q}}^{-1}\tilde{\boldsymbol{w}}, \ \tilde{\boldsymbol{d}}_{\alpha,\text{ad}} = \mu\tilde{\boldsymbol{Q}}^{-1}\tilde{\boldsymbol{d}}_\alpha \tag{5.51}$$

其中，$\tilde{\boldsymbol{Q}} = \boldsymbol{T}^{\mathrm{H}} \boldsymbol{Q} \boldsymbol{T}$ 为子阵级的干扰噪声协方差矩阵；和波束加权值满足 $\tilde{w}_i = 1/h_i$，用于补偿噪声归一化的预加权；$\tilde{\boldsymbol{d}}_\alpha$ 为子阵级差波束加权。假设单元级的参考差加权已知，则根据式 (5.13) 可得

$$\tilde{\boldsymbol{d}}_\alpha = \boldsymbol{T}^{\mathrm{H}} \boldsymbol{d}_\alpha^{\mathrm{ref}} \tag{5.52}$$

其中，$\boldsymbol{d}_\alpha^{\mathrm{ref}}$ 为 α 方向的参考差波束加权。

5.4.3　单脉冲测角性能的理论分析

　　单脉冲测角的本质是对未知角度参数进行估计，常用的评价估计性能指标是克拉美罗下限（CRLB: Cramer-Rao lower bound）。CRLB 通常用于无偏估计的估计性能分析（经修正后也可用于有偏估计的性能分析）[24]。在雷达的应用中，一般是在检测到目标的前提下研究目标特征参数的估计，也就是说估计性能的分析应与检测性能相结合，而 CRLB 的分析很难给出一定检测概率下的估计性能。为了解决这一难题，Eric Chaumette 和 Pascal Larzabal 进行了许多理论研究工作，给出了能量检测器的条件克拉美罗下限[25]。后来，两人指出了 Nickel 在单脉冲性能分析推导上存在的问题，三人在随后的文献 [26]、[27] 中合作研究给出了完整的单脉冲性能分析。他们的研究涵盖了 Swerling 0（确定性目标）、Swerling 1、Swerling 2、Swerling 3 和 Swerling 4 等多种不同起伏类型的目标及扩展目标[28-30]。

　　本书以确定性目标为例，利用 Nickel、Eric Chaumette 和 Pascal Larzabal 的理论分析结论，分析单脉冲测角性能。

　　根据 5.4.2 节的分析可知，无论是全阵处理的单脉冲测角还是子阵级的单脉冲测角，无论是最大似然给出的幅度加权还是任意的和差加权，无论是数据独立的加权还是自适应的加权，单脉冲角度估计公式可以概括为

$$\hat{\boldsymbol{u}}_t = \boldsymbol{u}_0 - \boldsymbol{C}(\Re\{\boldsymbol{R}\} - \boldsymbol{\mu}) \tag{5.53}$$

其中，$\boldsymbol{R} = (R_u, R_v)^{\mathrm{T}}$。则角度估计量的均值和方差分别为

$$E\{\hat{\boldsymbol{u}}_t\} = \boldsymbol{u}_0 - \boldsymbol{C}(E\{\Re\{\boldsymbol{R}\}\} - \boldsymbol{\mu}) \tag{5.54a}$$

$$\begin{aligned}
\mathrm{cov}\{\hat{\boldsymbol{u}}_t\} =& \boldsymbol{C}\,\mathrm{cov}\{\Re\{\boldsymbol{R}\}\}\boldsymbol{C}^{\mathrm{T}} \\
=& \boldsymbol{C} E\left\{(\Re\{\boldsymbol{R}\} - E\{\Re\{\boldsymbol{R}\}\})(\Re\{\boldsymbol{R}\} - E\{\Re\{\boldsymbol{R}\}\})^{\mathrm{T}}\right\} \boldsymbol{C}^{\mathrm{T}} \\
=& \boldsymbol{C}\left[E\left\{\Re\{\boldsymbol{R}\}\Re\{\boldsymbol{R}\}^{\mathrm{T}}\right\} - E\{\Re\{\boldsymbol{R}\}\}\,E\{\Re\{\boldsymbol{R}\}\}^{\mathrm{T}}\right]\boldsymbol{C}^{\mathrm{T}} \\
=& \boldsymbol{C}\left[\frac{1}{2}E\left\{\Re\{\boldsymbol{R}\boldsymbol{R}^{\mathrm{H}}\} + \Re\{\boldsymbol{R}\boldsymbol{R}^{\mathrm{T}}\}\right\} - E\{\Re\{\boldsymbol{R}\}\}\,E\{\Re\{\boldsymbol{R}\}\}^{\mathrm{T}}\right]\boldsymbol{C}^{\mathrm{T}}
\end{aligned}$$

$$\tag{5.54b}$$

因此角度估计的均值和方差由单脉冲比的一阶矩 $E\{\Re\{\boldsymbol{R}\}\}$ 和二阶矩 $E\{\Re\{\boldsymbol{R}\boldsymbol{R}^{\mathrm{H}}\}\}$、$E\{\Re\{\boldsymbol{R}\boldsymbol{R}^{\mathrm{T}}\}\}$ 特性决定。更进一步地，实际中一般要分析检测后的测角性能，这是一个条件分布问题，假设检测到目标存在的事件为

$$\Sigma = \{||\boldsymbol{S}||^2 > \eta\,|\,\boldsymbol{S} = (S_1, \cdots, S_K)\} \tag{5.55}$$

将式 (5.54) 中单脉冲比的矩特性替换为条件单脉冲比的矩特性：$E\{\Re\{\boldsymbol{R}\}|\Sigma\}$，$E\{\Re\{\boldsymbol{R}\boldsymbol{R}^{\mathrm{H}}\}|\Sigma\}$ 和 $E\{\Re\{\boldsymbol{R}\boldsymbol{R}^{\mathrm{T}}\}|\Sigma\}$，即可得出在检测门限 η 下的测角性能。式 (5.55) 中，K 表示信号的快拍数，当 $K=1$ 时 $||\boldsymbol{S}||^2$ 为和通道输出的单次快拍功率。该式沿用了文献 [31] 中对平均单脉冲比的表述方法。虽然"单脉冲"这个术语表达了只需要单个脉冲就能获取角度信息的能力，实际上，许多单脉冲雷达并不是真正从单个脉冲中提取角度信息，通常需要对多个快拍进行相干合成[32,33]（即 $K>1$）。文献 [31] 提出了平均单脉冲比的概念，记第 k 次快拍的波束输出为 $\boldsymbol{B}_k = (\boldsymbol{D}_k^{\mathrm{T}}, S_k)^{\mathrm{T}}$，其中 $\boldsymbol{D}^{\mathrm{T}} = (D_u, D_v)$ 为方位差和俯仰差波束输出，S 为和波束输出。K 次快拍的平均单脉冲比为

$$\boldsymbol{R}_K = \frac{\displaystyle\sum_{k=1}^{K} \boldsymbol{D}_k S_k^*}{\displaystyle\sum_{k=1}^{K} |S_k|^2} \tag{5.56}$$

假设 $\boldsymbol{z}_k = b_k \boldsymbol{a}(\boldsymbol{u}_t) + \boldsymbol{n}_k$，则 $\boldsymbol{B}_k$ 可以表示为

$$
\begin{aligned}
\boldsymbol{B}_k &= b_k \boldsymbol{\zeta} + \boldsymbol{v}_k \\
&= b_k (\boldsymbol{\zeta}_D^{\mathrm{T}}, \zeta_S)^{\mathrm{T}} + (\boldsymbol{d}_{u,\mathrm{lift}}, \boldsymbol{d}_{v,\mathrm{lift}}, \boldsymbol{w}_{\mathrm{lift}})^{\mathrm{H}} \boldsymbol{n}_k \\
&= b_k (\boldsymbol{d}_{u,\mathrm{lift}}, \boldsymbol{d}_{v,\mathrm{lift}}, \boldsymbol{w}_{\mathrm{lift}})^{\mathrm{H}} \boldsymbol{a}(\boldsymbol{u}_t) + (\boldsymbol{d}_{u,\mathrm{lift}}, \boldsymbol{d}_{v,\mathrm{lift}}, \boldsymbol{w}_{\mathrm{lift}})^{\mathrm{H}} \boldsymbol{n}_k
\end{aligned} \tag{5.57}
$$

其中，"lift" 表示"上浮权值"，即等效在单元级的加权。理想情况下，可假设波束输出的协方差矩阵是时不变的，并记为

$$\mathrm{cov}\{\boldsymbol{B}\} = \boldsymbol{Q} = \begin{bmatrix} \boldsymbol{Q}_D & \boldsymbol{Q}_{DS} \\ \boldsymbol{Q}_{DS}^{\mathrm{H}} & Q_S \end{bmatrix} \tag{5.58}$$

对于确定性目标，K 次快拍的序列 $\boldsymbol{b} = (b_1, \cdots, b_K)^{\mathrm{T}}$ 为定值，波束输出的协方差矩阵只由噪声和干扰信号决定，即

$$\boldsymbol{Q} = \begin{bmatrix} \boldsymbol{Q}_D & \boldsymbol{Q}_{DS} \\ \boldsymbol{Q}_{DS}^{\mathrm{H}} & Q_S \end{bmatrix} = \boldsymbol{Q}_v \tag{5.59}$$

记

$$\rho = \frac{Q_{DS}}{Q_S}, \quad \sigma_b^2 = \frac{1}{K} b^{\mathrm{H}} b \tag{5.60}$$

文献 [26] 给出了条件单脉冲比的矩特性，直接给出如下：

$$E\{\Re\{R\}|\Sigma\} = \rho + \left(\frac{\zeta_D}{\zeta_S} - \rho\right) P_{11} \tag{5.61}$$

$$E\left\{\Re\{RR^{\mathrm{T}}\}|\Sigma\right\} = \rho\rho^{\mathrm{T}} + \left(\frac{\zeta_D}{\zeta_S} - \rho\right)\left(\frac{\zeta_D}{\zeta_S} - \rho\right)^{\mathrm{T}} P_{22}$$
$$+ \left[\left(\frac{\zeta_D}{\zeta_S} - \rho\right)\rho^{\mathrm{T}} + \left(\frac{\zeta_D}{\zeta_S} - \rho\right)^{\mathrm{T}}\right] P_{11} \tag{5.62}$$

$$E\left\{\Re\{RR^{\mathrm{H}}\}|\Sigma\right\} = \rho\rho^{\mathrm{H}} + \left(\frac{\zeta_D}{\zeta_S} - \rho\right)\left(\frac{\zeta_D}{\zeta_S} - \rho\right)^{\mathrm{H}} P_{22}$$
$$+ \left[\left(\frac{\zeta_D}{\zeta_S} - \rho\right)\rho^{\mathrm{H}} + \left(\frac{\zeta_D}{\zeta_S} - \rho\right)^{\mathrm{H}}\right] P_{11}$$
$$+ \left(\frac{\zeta_D}{\zeta_S} - \rho\right)\left(\frac{\zeta_D}{\zeta_S} - \rho\right)^{\mathrm{H}} P_{12}$$
$$+ \left(\frac{Q_D}{Q_S} - \rho\rho^{\mathrm{H}}\right) P_{01} \tag{5.63}$$

记 $p_0 = K\frac{\sigma_b^2}{Q_S}|\zeta_S|^2$, $P_\Sigma = \int_{t \geqslant \eta/Q_S} p_{\chi^2_{2K}}(t;p_0)\mathrm{d}t$, 以上的 4 个常数为

$$P_{01} = \int_{t \geqslant \eta/Q_S} \frac{p_{\chi^2_{2K}}(t;p_0)}{P_\Sigma} \frac{\mathrm{d}t}{t}$$
$$P_{11} = p_0 \int_{t \geqslant \eta/Q_S} \frac{p_{\chi^2_{2K}}(t;p_0)}{P_\Sigma} \frac{\mathrm{d}t}{t}$$
$$P_{12} = p_0 \int_{t \geqslant \eta/Q_S} \frac{p_{\chi^2_{2K}}(t;p_0)}{P_\Sigma} \frac{\mathrm{d}t}{t^2}$$
$$P_{22} = p_0^2 \int_{t \geqslant \eta/Q_S} \frac{p_{\chi^2_{2K}}(t;p_0)}{P_\Sigma} \frac{\mathrm{d}t}{t^2} \tag{5.64}$$

5.4.4 仿真结果与分析

下面结合第 5.3 节中 GCM 方法给出的子阵划分优化实例，利用本节对子阵级单脉冲测角原理及测角性能的理论推导对阵列的子阵级单脉冲测角进行仿真研究。

选取 5.4.3 节所研究的圆口径天线阵面为对象,其阵元个数为 1028,按矩形栅格方式排列,相邻阵元间距为半波长。单元级采用 $-35\mathrm{dB}$ 的圆口径 Taylor 加权 ($\bar{n}=7$),参考的差波束加权为 $-30\mathrm{dB}$ 的圆口径 Bayliss 加权 ($\bar{n}=7$)。阵面的子阵划分方案采用了 GCM 划分方法的结果,如图 5.12(d)。详细的仿真参数参见表 5.4。

表 5.4　单脉冲测角仿真的参数设置

目标信号参数		空间角度 $\boldsymbol{u}_t$	主瓣内的栅格点,共仿真了 44 种不同取值情况
		信噪比 SNR	$-15\,\mathrm{dB}$(单元级信噪比)
干扰参数		干扰个数 J	1
		空间角度 $\boldsymbol{u}_j$	$(-1.6\mathrm{BW}_{3\mathrm{dB}},0)$:图 5.15、图 5.16(c)$\sim$(d); $\left(-\dfrac{1.6}{\sqrt{2}}\mathrm{BW}_{3\mathrm{dB}},\dfrac{1.6}{\sqrt{2}}\mathrm{BW}_{3\mathrm{dB}}\right)$:图 5.16(e)$\sim$(f)
		干噪比 JNR	$27\,\mathrm{dB}$(单元级的干噪比)
		干扰类型	窄带噪声干扰
雷达参数	天线参数	阵元个数 N	1028
		子阵个数 L	36
		波束指向 $\boldsymbol{u}_0$	阵面法向 (0,0)
		单元级加权 $\boldsymbol{w}^{\mathrm{ele}}$	$-35\mathrm{dB}$ 的圆口径 Taylor 加权 ($\bar{n}=7$)
		参考差加权 $\boldsymbol{w}^{\mathrm{refd}}$	$-30\mathrm{dB}$ 的圆口径 Bayliss 加权 ($\bar{n}=7$)
	信号处理参数	快拍个数 K	1
		检测门限 η	和波束输出功率 $\geqslant$ 两倍噪声功率

根据式 (5.54),图 5.15 给出了和波束主瓣内的单脉冲测角性能示意图,和波束的 3dB 主瓣在图中用近似为圆的实线表示(该 3dB 主瓣是通过对方向图的实际计算给出,不一定为严格的圆,所以使用“近似”一词),方位差和俯仰差的 3dB 主瓣则用虚线给出。图中箭头由目标真实方向指向单脉冲估计得出的目标方向,箭头的长度反映了测角偏差的大小(目标为单个确定性目标,本图将目标处于主瓣内多个不同位置的情况叠绘在一起);图中的椭圆表示角度估计的标准差椭圆,直观地反映了角度测量值的分布情况;符号“$*$”表示干扰所处的空间角度,仿真实例考虑了单个窄带噪声干扰的情况,干扰的单元级干噪比为 27dB,干扰的角度设置为 $(u_j,v_j)=(-1.6\mathrm{BW}_{3\mathrm{dB}},0)$。检测门限为两倍噪声功率,即高于噪声 3dB。

图 5.15 中同时给出了角度测量的蒙特卡洛仿真,采用式 (5.47) 给出的角度测量公式,针对每个设定的目标位置都进行 20 次蒙特卡罗仿真,每次角度测量值在图中用黑点表示。为了避免出现较多的“野值”(标准差椭圆只是“σ 量级”的表征,只有使用“3σ 量级”的椭圆才能保证几乎所有的蒙特卡罗测量值均位于椭圆内),蒙特卡罗仿真时将阵元信噪比提高至 5dB。可以看出理论性

能和蒙特卡罗仿真较为吻合，本节的理论研究提供了一种分析测角性能的直接方法。

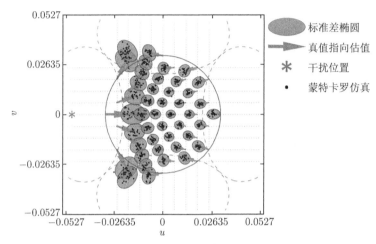

图 5.15   蒙特卡罗仿真与理论性能的对比

下面将 GCM 的划分结果与传统的四象限划分①结果相比较，来说明子阵划分对单脉冲测角性能的影响。

图 5.16给出了几种典型情况下，两种阵面的测角性能。仿真的参数设置及图中各种线型、符号的含义与图 5.15一致。不同的子阵划分相当于作用在阵面上的不同预处理方式，相同条件下，波束输出信噪比会随不同的预处理方式而改变。为了保证可比性，仿真时保证两个阵面的阵元信噪比一致。

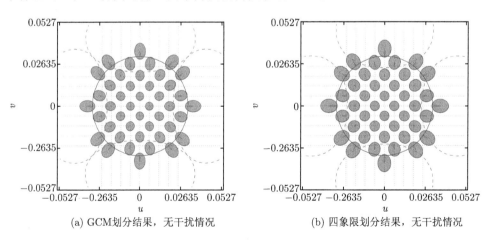

(a) GCM划分结果，无干扰情况   (b) 四象限划分结果，无干扰情况

---

① 位于阵面坐标平面内第一、二、三、四象限的阵元各属于一个子阵。

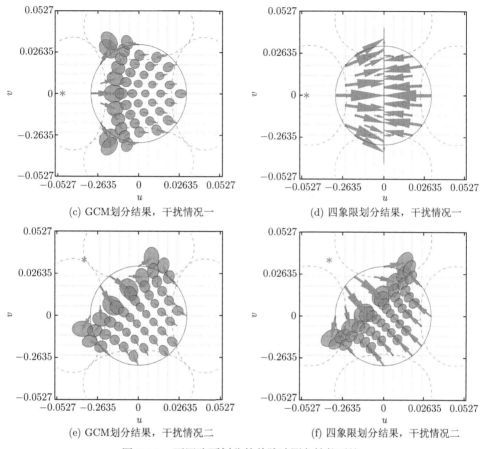

(c) GCM划分结果，干扰情况一

(d) 四象限划分结果，干扰情况一

(e) GCM划分结果，干扰情况二

(f) 四象限划分结果，干扰情况二

图 5.16   不同阵面划分的单脉冲测角性能对比

图 5.16(a)、(b) 为无干扰情况下的对比。可以看出，四象限的划分方法对应的测角方差略大。图 5.16(c)、(d) 为存在干扰的情况，干扰参数同图 5.15。可以看出，四象限的划分方法角度偏差很大。图 5.16(e)、(f) 为存在干扰的情况，干扰的角度发生了改变，设置为 $(u_j, v_j) = \left(-\dfrac{1.6}{\sqrt{2}}\text{BW}_{3\text{dB}}, \dfrac{1.6}{\sqrt{2}}\text{BW}_{3\text{dB}}\right)$。

值得指出的是，两种阵面设计方案在单脉冲应用中不仅仅存在图 5.16 所示的测角性能差异。例如，在无干扰的情况下，图 5.16(a)、(b) 的测角性能差别并不明显，但二者的和波束输出信噪比差异却很大。经计算，GCM 对应阵面的和波束输出信噪比较四象限划分法的和波束输出信噪比要高许多，尤其是干扰比较接近目标时，高的输出信噪比将使 GCM 得出的阵面在目标检测、跟踪和识别性能上更具优势。

干扰方位的变化对测角偏差及标准差椭圆会产生较大影响。从图 5.16 中可以看出，四象限的划分方法角度偏差很大。图 5.16(d) 中由于干扰恰好位于阵面方位向的剖面上，而四象限的阵面划分在该方向上仅存在 1 个用于抑制干扰的自由度，此时干扰已位于差波束的 3dB 主瓣以及和波束的第一主瓣内，因此抑制干扰后主瓣的方向图受到严重的影响，最终测角性能较差。对于图 5.16(f)，干扰的方位发生了变化，不再位于方位向或俯仰向的剖面上，此时四象限划分法至少存在 2 个用于抑制干扰的自由度，因此测角性能相对于图 5.16(d) 有明显的改善。但相对于 GCM 的阵面划分，四象限划分的性能依然较差，而且可以想象当干扰个数增多后，四象限划分的测角性能必然急剧恶化。

5.5　本 章 小 结

本章开展了单脉冲处理中的子阵划分方法研究，揭示了激励匹配准则下最优子阵划分问题与聚类分析之间的内在联系，进而采用了聚类分析的思想提出了新的子阵划分方法。在最优划分方法的基础上进一步开展了子阵级单脉冲测角技术的研究。

（1）分析了单脉冲处理中典型子阵划分方法之间的本质差异，从子阵和差波束形成框架出发，归纳总结了间接法中的典型子阵划分方法，包括 Nickel 方法及由邻接划分方法衍生出来的一系列方法，剖析了这些方法的核心思想，为进一步推广奠定了基础。

（2）从理论上推导了方向图匹配准则与激励匹配准则之间的等价关系。当单元级加权为均匀加权的情况下，激励匹配准则与聚类误差最小化准则具有一致性，据此提出了聚类子阵划分方法；当单元级加权为低副瓣加权时，聚类误差最小化的准则与激励匹配准则不再一致，因此根据低副瓣加权及差波束加权的特点，提出了改进的分级聚类子阵划分方法。结合经典的 K 均值算法给出两种基于聚类分析的子阵划分方法的基本流程。

（3）通过典型的圆口径阵面子阵划分仿真实验，对比研究了 Nickel 划分方法、BEM 划分法、ACO 划分法、加权 ACO 划分法、聚类子阵划分法、分级聚类子阵划分法等方法的差异，研究包括单元级均匀加权、单元级低副瓣加权的情况、单一差波束综合和多个差波束综合的情况。大量的仿真实验验证了本书所提方法的有效性。

（4）给出了阵列雷达的单脉冲角度测量方法，并推广得出了适用于任意子阵结构的广义单脉冲测角方法。从理论上论证了广义单脉冲的测角性能。并结合已优化的阵面划分方案，仿真验证了优化阵面在单脉冲角度测量方面的优势。

参 考 文 献

[1] Manica L, Rocca P, Benedetti M, et al. A fast graph-searching algorithm enabling the efficient synthesis of sub-arrayed planar monopulse antennas [J]. IEEE Transactions

on Antennas and Propagation, 2009, 57 (3): 652–663.

[2] Oliveri G, Poli L. Optimal sub-arraying of compromise planar arrays through an innovative ACO-weighted procedure [J]. Progress in Electromagnetics Research, 2010, 109: 279–299.

[3] Manica L, Rocca P, Massa A. On the synthesis of sub-arrayed planar array antennas for tracking radar applications [J]. IEEE Antennas and Wireless Propagation Letters, 2008, 7: 599–602.

[4] Manica L, Rocca P, Oliveri G, et al. Synthesis of multi-beam sub-arrayed antennas through an excitation matching strategy [J]. IEEE Transactions on Antennas and Propagation, 2011, 59 (2): 482–492.

[5] Oliveri G. Multibeam antenna arrays with common subarray layouts [J]. IEEE Antennas and Wireless Propagation Letters, 2010, 9: 1190–1193.

[6] Nickel U R. Properties of digital beamforming with subarrays [C]. International Conference on Radar, 2006: 1–5.

[7] Manica L, Rocca P, Martini A, et al. An innovative approach based on a tree-searching algorithm for the optimal matching of independently optimum sum and difference excitations [J]. IEEE Transactions on Antennas and Propagation, 2008, 56 (1): 58–66.

[8] Wikipedia. Stirling number of the second kind. http://en.wikipedia.org/wiki/Stirling_numbers_of_the_second_kind [2013-6-20].

[9] Rocca P, Manica L, Massa A. An improved excitation matching method based on an ant colony optimization for suboptimal-free clustering in sum-difference compromise synthesis [J]. IEEE Transactions on Antennas and Propagation, 2009, 57 (8): 2297–2306.

[10] Nickel U. Overview of generalized monopulse estimation [J]. IEEE Aerospace and Electronic Systems Magazine, 2006, 21 (6): 27–56.

[11] Nickel U R. Subarray configurations for digital beamforming with low sidelobes and adaptive interference suppression [C]. Record of the IEEE 1995 International Radar Conference, 1995: 714–719.

[12] Nickel U. Spotlight MUSIC: super-resolution with subarrays with low calibration effort [C]. IEE Proceedings on Radar, Sonar and Navigation, 2002: 166–173.

[13] McNamara D A. Synthesis of sub-arrayed monopulse linear arrays through matching of independently optimum sum and difference excitations [C]. IEE Proceedings on Microwaves, Antennas and Propagation, 1988: 293–296.

[14] Xu R, Wunsch D C. Clustering [M]. Hoboken: John Wiley & Sons, 2009.

[15] Theodoridis S, Koutroumbas K. Pattern Recognition [M]. 4th ed. Beijing: China Machine Press, 2009.

[16] 熊子源, 徐振海, 张亮, 等. 基于聚类算法的最优子阵划分方法研究 [J]. 电子学报, 2011, 39 (11): 2615–2621.

[17] Xiong Z Y, Xu Z H, Zhang L, et al. Cluster analysis for the synthesis of subarrayed monopulse antennas [J]. IEEE Transactions on Antennas and Propagation, 2014, 62 (4): 1738–1749.

[18] Selim S Z, Ismail M A. K-means-type algorithms: a generalized convergence theorem and characterization of local optimality [J]. IEEE Transactions on Pattern Analysis and Machine Intelligence, 1984, (1): 81–87.

[19] Bayliss E T. Design of monopulse antenna difference patterns with low sidelobes [J]. Bell System Technical Journal, 1968, 47: 623–650.

[20] Zinka S R, Kim J P. On the generalization of Taylor and Bayliss n-bar array distributions [J]. IEEE Transactions on Antennas and Propagation, 2012, 60 (2): 1152–1157.

[21] Xiong Z Y, Xu Z H, Zhang L, et al. A recursive algorithm for the design of array antenna in STAP application [C]. IET International Radar Conference, 2013: 1–5.

[22] Coleman J O. A generalized FFT for many simultaneous receive beams [R]. Naval Research Laboratory, 2007.

[23] Manica L, Rocca P, Massa A. Design of subarrayed linear and planar array antennas with SLL control based on an excitation matching approach [J]. IEEE Transactions on Antennas and Propagation, 2009, 57 (6): 1684–1691.

[24] Steven M K. 统计信号处理基础——估计与检测理论 [M]. 罗鹏飞, 张文明, 刘忠, 等译. 北京: 电子工业出版社, 2006.

[25] Chaumette E, Larzabal P. Cramér-Rao bound conditioned by the energy detector [J]. IEEE Signal Processing Letters, 2007, 14 (7): 477–480.

[26] Nickel U R O, Chaumette E, Larzabal P. Statistical performance prediction of generalized monopulse estimation [J]. IEEE Transactions Aerospace and Electronic Systems, 2011, 47 (1): 381–404.

[27] Nickel U R, Chaumette E, Larzabal P. Estimation of extended targets using the generalized monopulse estimator: extension to a mixed target model [J]. IEEE Transactions on Aerospace and Electronic Systems, 2013, 49 (3): 2084–2096.

[28] Nickel U. Performance of corrected adaptive monopulse estimation [C]. IEE Proceedings of Radar, Sonar and Navigation, 1999, 146 (1): 17–24.

[29] Chaumette E, Nickel U, Larzabal P. Detection and parameter estimation of extended targets using the generalized monopulse estimator [J]. IEEE Transactions on Aerospace and Electronic Systems, 2012, 48 (4): 3389–3417.

[30] Nickel U R O, Chaumette E, Larzabal P. Characterization of the performance of generalized monopulse estimation [C]. Radar Conference - Surveillance for a Safer World, 2009: 1–6.

[31] Mosca E. Angle estimation in amplitude comparison monopulse [J]. IEEE Transactions on Aerospace and Electronic Systems, 1969: 205–212.

[32] Sherman S M, Barton D K. Monopulse Principles and Techniques [M]. 2nd ed. Boston: Artech House, 2011.

[33] 周颖, 陈远征, 赵锋. 单脉冲测向原理与技术 [M]. 2 版. 北京: 国防工业出版社, 2013.

第 6 章 自适应阵列处理中的子阵技术

6.1 引 言

子阵划分是目前大型阵列雷达中自适应阵列处理的一个标准处理流程[1]，该技术在信号处理中起到了物理降维作用，对降低设备量、减少运算量与存储量具有重要意义。本章着眼于阵列处理技术的另一主要应用——干扰/杂波的抑制，研究自适应阵列处理中的子阵技术。具体而言，本章研究了子阵级旁瓣对消技术（SLC）、子阵级自适应波束形成技术（ADBF）和子阵级空时自适应处理技术（STAP），提出了针对子阵级 SLC 技术和针对子阵级 STAP 技术的阵面划分方法。第 5 章对广义单脉冲技术的分析中，已经对子阵级的 ADBF 技术有所涉及，本章将 SLC、ADBF 和 STAP 三类典型的自适应阵列处理技术归纳在一起，是因为三者的基本原理相似，而且三者均属于阵列抗干扰和抗杂波的典型的关键技术。

本章的内容安排如下：第 6.2 节归纳总结了子阵级自适应阵列处理中的典型阵列结构设计框架，区分了不同框架下的 SLC 技术、ADBF 技术和 STAP 技术的实现特点，从源头理清了这些阵列自适应处理之间的区别和联系。第 6.3 节、6.4 节分别以 SLC 技术和 STAP 技术为例，分析了这两类技术的信号模型、给出了干扰和杂波抑制的基本原理，以阵列自适应处理性能为着眼点建立了子阵划分优化模型。第 6.5 节提出了子阵级 SLC 技术中的阵面划分优化方法，结合第 3 章的八联六边形子阵分析了圆口径阵面在 SLC 应用中的主、辅通道设计方法；基于最大—最小蚁群优化算法提出了子阵级 STAP 处理中的阵面划分优化方法，结合一个典型的椭圆口径阵面分析了机载环境下的 STAP 杂波抑制的应用。第 6.6 节对本章进行了小结。

6.2 自适应阵列处理的算法结构

6.2.1 SLC 技术的算法结构

旁瓣对消提出于 20 世纪 50 年代，是最早应用于雷达的自适应抗干扰技术[2,3]。该技术包含两种类型的天线：主天线和辅助天线。早期的雷达采用抛物面等方向性较强的天线作为主天线，辅助天线则由放置在主天线周围的若干低增益天线构成，如图 6.1(a) 所示。SLC 技术也可以在阵列雷达中实现，通常从阵面中挑选若干阵元作为辅助单元构建辅助通道，其他大多数阵元用于构建主通道，如图 6.1(b)。理论上，一个辅助单元可以产生一个自适应零点，辅助通道数量越多，可抑制的干扰数越多。实际中辅助通道的个数不会太多，典型值为 3~6 个，例如，"爱国者"地空导弹系统中的 AN/MPQ-53 雷达就采用了 5 个较小的辅助天线作为旁瓣对消支路保护主天线通道免受干扰[4,5]。

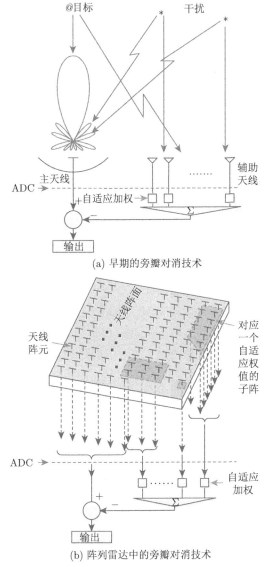

(a) 早期的旁瓣对消技术

(b) 阵列雷达中的旁瓣对消技术

图 6.1　旁瓣对消技术的天线结构演变一

对于大型阵面而言，主通道和辅助通道的设计都需要使用子阵技术。以主通道为例，其所含的阵元个数非常巨大，而主通道只需要形成一路采样信号，因此多采用模拟器件实现子阵。较为理想的实现大型阵面 SLC 技术的天线结构如图 6.2(a) 所示，该结构方案中主通道的每个阵元后都安置了移相器，所有的主通道阵元合成一路后再实现信号的采样。对于大型的阵面，该结构通常要使用较多的移相器，为了降低复杂性，图 6.2(b) 给出了一种使用子阵技术实现通道的结构，移相器被安装在每个子阵端口上，这种设计方式类似于第二章的有限视场扫描技术，由于子阵的数量远小于阵元数，该方案极大地降低了成本和复杂性，而且在波束指向附近的有限视场区域，主通道天线方向图的性能依然能得到较好的保持。值得指出的是，如果需要较大角度的电扫描，就需要采用图 6.2(a) 所示的结构，实际中具体采用哪种结构需要结合具体的应用需求来确定。

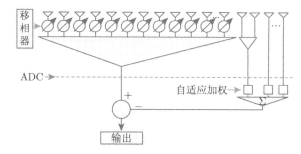

(a) 移相器安置在单元级

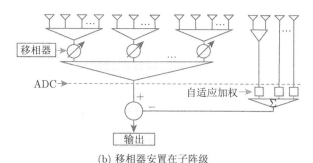

(b) 移相器安置在子阵级

图 6.2　旁瓣对消技术的天线结构演变二

6.2.2　ADBF 技术的算法结构

旁瓣对消技术可以看作是自适应波束形成技术（ADBF）的一种特例。ADBF 技术的核心思想与 SLC 一致，都是通过自适应权值的计算，得到能够抑制干扰的自适应波束。SLC 自适应权值只作用在辅助通道上，如果不区分主、辅通道，将自适应权值作用在所有的采样通道上，就得出了 ADBF 的处理结构。

图 6.3给出了与子阵技术相结合的 ADBF 阵列结构，移相器安置位置的分析与 SLC 相同。具体而言，图 6.3(a) 给出的结构中，单元级没有波束扫描功能，该结构适用于有限视场的扫描，波束覆盖范围较小。对于较大角度的扫描，结构一

的增益会迅速下降，而且如果阵面的划分较为规则，则自适应波束形成的性能会受到栅零点的影响。因此，当需要的扫描角度较大时，就应该采用图 6.3(b) 的结构二的设计方式。需要强调的是，无论采用何种结构，一般都只能在单元级加权所限定的波束指向或其附近讨论目标的检测、跟踪及识别问题。

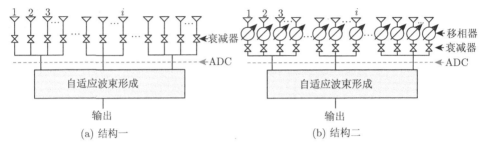

图 6.3　大型阵列天线的 ADBF 结构

本章在空域自适应处理方面仅针对 SLC 技术进行研究，主要原因总结如下。

（1）第 5 章分析广义单脉冲测角时，已经涉及了 ADBF 技术（包括和波束及差波束的自适应形成），并仿真了目标位于 3dB 波束宽度内的自适应测角性能。

（2）ADBF 技术和 SLC 技术的阵面设计准则较为相似，ADBF 可以看作是 SLC 技术的推广，针对 SLC 的分析稍加变形就能适应自适应波束形成技术。

（3）对比图 6.2和图 6.3可以发现，ADBF 中的通道不区分主/辅通道，因此相比于 ADBF，SLC 在实现上存在更多特殊的约束，SLC 阵面优化设计的分析实际上比 ADBF 更复杂。

6.2.3　STAP 技术的算法结构

空时自适应处理主要用于机载预警雷达中抑制强度大且分布广的地（海）杂波，从而有效检测空中与地（海）面的目标[6]。

如图 6.4，空时自适应处理技术（STAP）是自适应阵列处理的扩展，它将空域自适应处理与时域自适应处理相结合，在空域上通过阵列天线收集多通道信号，在时域上则收集多个脉冲重复周期的信号。收集的信号经过空时二维自适应处理使得杂波得到抑制，提高了信噪比，从而改善雷达的检测、跟踪、识别等后续信号处理的性能。由于空时自适应处理的系统维数较高，工程实现相当困难，因而空时自适应处理一般采用部分自适应处理方式以实现降维处理。

在图 6.4中，空域自适应处理使用了标准的子阵技术实现，子阵的预处理可以用子阵变换矩阵 $\boldsymbol{T}_s$ 表征（$\boldsymbol{T}_s$ 的含义与前文的子阵变换矩阵 $\boldsymbol{T}$ 一致，此处附加下标 "s" 用来区分空域、时域处理）。根据第 2 章对子阵表征方法的分析可知，子阵变换矩阵的表征方法适用于任意的子阵划分方案，而且该部分算法结构与 ADBF 相似，图 6.3中的两种结构都可以应用。本书采用图 6.3(b) 的结构，以单层子阵为例，且不对"硬子阵"和"软子阵"做明确的区分，在子阵输出端采用了噪声归一化加权 $\boldsymbol{h}$，最终的子阵形成矩阵如下：

$$\boldsymbol{T}_{\mathrm{s}} = \mathrm{diag}(\boldsymbol{\phi})\mathrm{diag}(\boldsymbol{w}^{\mathrm{ele}})\boldsymbol{T}_0\mathrm{diag}(\boldsymbol{h}) \tag{6.1}$$

其中，$\mathrm{diag}(\boldsymbol{h})$ 为子阵级噪声归一化加权系数构成的 $L \times L$ 的对角阵，下面将其简记为 $\boldsymbol{\Delta}_n$，其他参数的含义不再赘述。

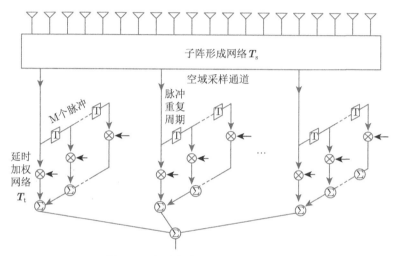

图 6.4　自适应阵列处理的时域扩展

时域处理在图 6.4中为一个延时加权网络，该加权网络可以用一个变换矩阵 $\boldsymbol{T}_{\mathrm{t}}$ 表示，其具体的形式在信号模型的建立部分进行详细介绍，暂不考虑延时加权网络中的降维处理，假设每个子阵后都具有相同数量的延迟单元和加权系数（等于脉冲数 M）。STAP 就是通过自适应算法求出加权网络中的 $M \times L$ 个自适应权值，以获得最优的杂波抑制性能。

假设子阵的输出信号为 $\tilde{\boldsymbol{x}}_{\mathrm{s}}$，全阵列在单元级的信号为 $\boldsymbol{x}_{\mathrm{s}}$，则

$$\tilde{\boldsymbol{x}}_{\mathrm{s}} = \boldsymbol{T}_{\mathrm{s}}^{\mathrm{H}}\boldsymbol{x}_{\mathrm{s}} \tag{6.2}$$

下节信号处理方法的部分将结合机载平台的背景建立 STAP 的信号模型。

6.3　子阵级信号处理方法

6.3.1　子阵级 SLC 技术

采用图 6.2(b) 所示的 SLC 算法结构，将各种结构细化后绘制在图 6.5中。

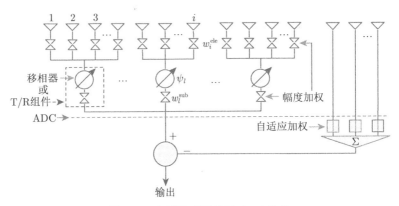

图 6.5　大型阵列天线的 SLC 结构

6.3.1.1　信号模型

设第 i 个天线阵元的空间位置为 $\boldsymbol{r}_i = (x_i, y_i, z_i)^{\mathrm{T}}$, $i = 1, \cdots, N$, N 为阵元个数。平面电磁波的入射方向用 (x, y, z) 坐标系中的正弦空间坐标 $\boldsymbol{u}$ 表示。"阵列流形"——$\boldsymbol{a}(\boldsymbol{u}) = \exp(\mathrm{j}2\pi\boldsymbol{u}^{\mathrm{T}}\boldsymbol{r}_i/\lambda)$, 包含了平面电磁波的波达方向的信息, 其中, λ 为电磁波的波长。

阵列天线阵元分为主通道阵元和辅助通道阵元。对于入射到主通道阵元上的信号可以表示为

$$\boldsymbol{x}_{\mathrm{m}}(t) = \sum_{k=1}^{J} A_k(t)\boldsymbol{a}_{\mathrm{m}}(\boldsymbol{u}_k) + \boldsymbol{n}_{\mathrm{m}}(t) \tag{6.3}$$

其中, J 为干扰的个数, $A_k(t)$ 为第 k 个干扰的阵元接收信号幅度, $\boldsymbol{u}_k$ 为干扰的方向余弦。$\boldsymbol{a}_{\mathrm{m}}(\boldsymbol{u}_k)$ 为第 k 个干扰对应的阵列接收信号的阵列流形。$\boldsymbol{n}_{\mathrm{m}}(t)$ 为主通道阵元上的噪声信号矢量。

类似地, 可以写出辅助通道阵元上的接收信号为

$$\boldsymbol{x}_{\mathrm{a}}(t) = \sum_{k=1}^{J} A_k(t)\boldsymbol{a}_{\mathrm{a}}(\boldsymbol{u}_k) + \boldsymbol{n}_{\mathrm{a}}(t) \tag{6.4}$$

对于阵列天线而言, 主通道和辅助通道的选取非常的灵活。不失一般性, 假设 $\boldsymbol{a}_{\mathrm{m}}(\boldsymbol{u}_k) = \left[\exp\left(\mathrm{j}\dfrac{2\pi}{\lambda}\boldsymbol{u}_k^{\mathrm{T}}\boldsymbol{r}_i\right)\right]_{i\in\bar{\mathcal{M}}}$, 以及 $\boldsymbol{a}_{\mathrm{a}}(\boldsymbol{u}_k) = \left[\exp\left(\mathrm{j}\dfrac{2\pi}{\lambda}\boldsymbol{u}_k^{\mathrm{T}}\boldsymbol{r}_i\right)\right]_{i\in\bar{\mathcal{A}}}$。其中, $\bar{\mathcal{M}}$ 主通道阵元编号的集合, $\bar{\mathcal{A}}$ 为辅助通道阵元编号的集合。主通道阵元和辅助通道阵元的个数分别为 N_{m} 和 N_{a} (分别对应了集合 $\bar{\mathcal{M}}$ 和集合 $\bar{\mathcal{A}}$ 中的元素个数)。

主通道的输出是由入射到主通道阵元上的信号的线性组合得到的, 将线性组

合系数记为 $\boldsymbol{w}_{\mathrm{m}}$，则主通道的输出为

$$y_{\mathrm{m}}(t) = \boldsymbol{w}_{\mathrm{m}}^{\mathrm{H}} \boldsymbol{x}_{\mathrm{m}}(t) \tag{6.5}$$

类似地，辅助通道的组合输出信号为

$$y_{\mathrm{a}}(t) = \boldsymbol{w}_{\mathrm{a}}^{\mathrm{H}} \boldsymbol{x}_{\mathrm{a}}(t) \tag{6.6}$$

从 $y_{\mathrm{m}}(t)$ 中减去辅助通道的输出 $y_{\mathrm{a}}(t)$ 即可得到最终的阵列总输出。

6.3.1.2 最优处理器

根据最小均方误差准则可以得到最优的自适应辅助通道加权 $\boldsymbol{w}_{\mathrm{a}}$ 为

$$\hat{\boldsymbol{w}}_{\mathrm{a}} = \boldsymbol{Q}_{\mathrm{a}}^{-1} \boldsymbol{r}_{\mathrm{ma}} \tag{6.7}$$

其中，$\boldsymbol{Q}_{\mathrm{a}}$ 为所有辅助通道信号 $\boldsymbol{x}_{\mathrm{a}}(t)$ 的协方差矩阵，$\boldsymbol{r}_{\mathrm{ma}}$ 为 $y_{\mathrm{m}}(t)$ 和 $\boldsymbol{x}_{\mathrm{a}}(t)$ 的互相关矢量，维数为 N_{a}，其中

$$\begin{cases} \boldsymbol{Q}_{\mathrm{a}} = E\{\boldsymbol{x}_{\mathrm{a}} \boldsymbol{x}_{\mathrm{a}}^{\mathrm{H}}\} \\ \boldsymbol{r}_{\mathrm{ma}} = E\{y_{\mathrm{m}}^* \boldsymbol{x}_{\mathrm{a}}\} \end{cases} \tag{6.8}$$

上述的 SLC 的信号模型和最优处理器都是针对全阵列处理而言的，当采用了子阵技术时，需要进行适当的修改。具体而言，就是将主通道的加权值替换为子阵级加权对应的"上浮"权值，即等效的单元级加权值

$$\boldsymbol{w}_{\mathrm{m}} = \boldsymbol{T}_{\mathrm{s}} \boldsymbol{w}_{\mathrm{m}}^{\mathrm{sub}} \tag{6.9}$$

其中，$\boldsymbol{T}_{\mathrm{s}}$ 为 $N_{\mathrm{m}} \times L$ 维的子阵变换矩阵，$\boldsymbol{w}_{\mathrm{m}}^{\mathrm{sub}}$ 为子阵级加权。以图 6.5所示的子阵结构为例，$\boldsymbol{w}_{\mathrm{m}}^{\mathrm{sub}}$ 可以分解为子阵级幅度加权 $\boldsymbol{w}^{\mathrm{sub}}$ 和子阵级相位加权，即

$$(\boldsymbol{w}_{\mathrm{m}}^{\mathrm{sub}})_l = w_l^{\mathrm{sub}} \exp(\mathrm{j}\psi_l) \tag{6.10}$$

其中，ψ_l 通过第 l 子阵的广义子阵相位中心（GSPC）$\boldsymbol{\rho}_l$ 与阵列的波束扫描方向 $\boldsymbol{u}_{\mathrm{steer}}$ 确定（详见第 3 章的分析）：

$$\psi_l = 2\pi/\lambda \boldsymbol{u}_{\mathrm{steer}}^{\mathrm{T}} \boldsymbol{\rho}_l \tag{6.11}$$

6.3.2 子阵级 STAP 技术

采用图 6.4所示的 STAP 算法结构，将各种结构细化后绘制在图 6.6中。时域的处理则直接采用 M 个脉冲的标准延时加权网络。图中的子阵结构包含了硬子阵、软子阵和多层子阵。

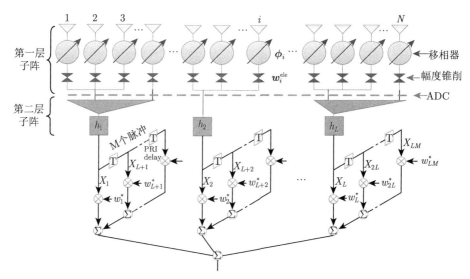

图 6.6　大型阵列天线的 STAP 结构

6.3.2.1　信号模型

地/海杂波对机载平台信号处理的影响不容忽略,下面以机载平台的地/海杂波为例,建立信号模型,研究子阵级 STAP 处理对地/海杂波的抑制问题。图 6.7 给出了阵列天线和单个距离环杂波的几何关系。

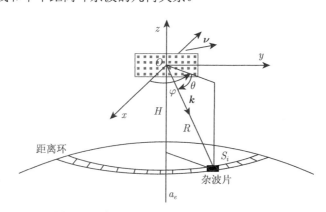

图 6.7　阵列天线和距离环杂波的空间关系

空间角度的定义沿用了前面的定义方式,即

$$\begin{cases} u = \cos\theta\cos\varphi \\ v = \cos\theta\sin\varphi \\ w = \sin\theta \end{cases} \qquad (6.12)$$

图 6.7 中，a_e 为等效的地球半径，由于地球大气层的折射效应，a_e 一般设置为地球真实半径 r_e 的 4/3 倍[7]。

首先考虑全阵的接收信号。全阵的空域导向矢量可以表示为

$$\boldsymbol{a}(u,v,w) = \left\{\exp\left(\mathrm{j}\boldsymbol{k}^{\mathrm{T}}\boldsymbol{r}_i\right)\right\}_{i=1,\cdots,N} \tag{6.13}$$

其中，$\boldsymbol{k}^{\mathrm{T}} = 2\pi(u,v,w)/\lambda$ 是波矢量，其值可以对应目标或者所关心的杂波片的空间指向。STAP 的时域导向矢量为

$$\boldsymbol{b} = \left\{\exp\left(\mathrm{j}2\pi\frac{2\nu_r mT}{\lambda}\right)\right\}_{m=1,\cdots,M} \tag{6.14}$$

其中，ν_r 目标或所关心的杂波片相对于雷达的径向运动速度，T 为脉冲重复间隔，M 为脉冲个数。维度为 $MN \times 1$ 的空时导向矢量为

$$\boldsymbol{v} = \boldsymbol{a} \otimes \boldsymbol{b} \tag{6.15}$$

机载雷达的空时回波信号可以表示为

$$\boldsymbol{x} = b\boldsymbol{v}_0 + \boldsymbol{x}_c + \boldsymbol{x}_n \tag{6.16}$$

其中，$\boldsymbol{x}_c$、$\boldsymbol{x}_n$ 分别为杂波和噪声成分，b 为目标回波的复幅度，$\boldsymbol{v}_0$ 为真实目标的空时导向矢量。

根据图 6.7 所示的几何关系，对于 $\boldsymbol{k}$ 指向处的距离环杂波片而言，有 $\nu_r = \hat{\boldsymbol{k}}^{\mathrm{T}}\boldsymbol{\nu}$，于是 STAP 的时域导向矢量 $\boldsymbol{b}$ 可以写成

$$\begin{aligned}\boldsymbol{b} &= \left\{\exp\left(\mathrm{j}2\hat{\boldsymbol{k}}^{\mathrm{T}}\boldsymbol{\nu}mT\right)\right\}_{m=1,\cdots,M}\\ &= \left\{\exp\left(\mathrm{j}2\pi\bar{f}_d m\right)\right\}_{m=1,\cdots,M}\end{aligned} \tag{6.17}$$

其中，$\bar{f}_d$ 是归一化的多普勒频率，且

$$\bar{f}_d = \frac{2\nu_r T}{\lambda} = \frac{\boldsymbol{k}^{\mathrm{T}}\boldsymbol{\nu}T}{\pi} \tag{6.18}$$

单个距离环杂波的空时快拍信号可以写为

$$\boldsymbol{x}_c = \sum_{i=1}^{N_c}\tilde{\gamma}_i\boldsymbol{v}_i \tag{6.19}$$

其中，$\tilde{\gamma}_i$ 是对应第 i 杂波片的复随机量[8]，N_c 是单个距离环内所划分的杂波片总个数。在理论研究中，通常从统计意义上分析杂波和噪声的特性，如杂波和噪声的矩特性。杂波和噪声的协方差矩阵可以表示为

$$\boldsymbol{Q}_{\mathrm{cn}} = \boldsymbol{Q}_{\mathrm{c}} + \sigma^2\boldsymbol{I} \tag{6.20}$$

其中，$\boldsymbol{Q}_{\mathrm{c}}$ 为 NM 维的空时杂波协方差矩阵，可以通过下式计算得出[8]：

$$\boldsymbol{Q}_{\mathrm{c}} = \sum_{i=1}^{N_{\mathrm{c}}} G_i \boldsymbol{v}_i \boldsymbol{v}_i^{\mathrm{H}} \tag{6.21}$$

其中，G_i 为正的实值常数，正比于第 i 个杂波片方向上的天线发射增益。

子阵级的 STAP 实质上是一种降维处理，即降维 STAP（RD-STAP）：对信号 $\boldsymbol{x}_{\mathrm{st}}$ 进行自适应滤波之前，先通过一个线性变换将 $\boldsymbol{x}_{\mathrm{st}}$ 投影到一个较低维度的子空间上，进而在较低维度的信号空间内进行处理[9]。经过降维变换的信号矢量可以表示为

$$\tilde{\boldsymbol{x}}_{\mathrm{st}} = \boldsymbol{T}_{\mathrm{st}}^{\mathrm{H}} \boldsymbol{x}_{\mathrm{st}}, \quad \boldsymbol{T}_{\mathrm{st}} \in \mathbb{C}^{NM \times J} \tag{6.22}$$

式中，$\tilde{\boldsymbol{x}}_{\mathrm{st}}$ 表示降维后的空时信号，信号维度从 MN 降至 $J \times 1$。相应地，总的空时协方差矩阵可以表示为

$$\begin{aligned}
\tilde{\boldsymbol{Q}}_{\mathrm{cn}} &= E\{\tilde{\boldsymbol{x}}_{\mathrm{st}} \tilde{\boldsymbol{x}}_{\mathrm{st}}^{\mathrm{H}}\} \\
&= \boldsymbol{T}_{\mathrm{st}}^{\mathrm{H}} \boldsymbol{Q}_{\mathrm{cn}} \boldsymbol{T}_{\mathrm{st}} \\
&= \boldsymbol{T}_{\mathrm{st}}^{\mathrm{H}} \boldsymbol{Q}_{\mathrm{c}} \boldsymbol{T}_{\mathrm{st}} + \sigma^2 \boldsymbol{T}_{\mathrm{st}}^{\mathrm{H}} \boldsymbol{T}_{\mathrm{st}} \\
&\triangleq \tilde{\boldsymbol{Q}}_{\mathrm{c}} + \tilde{\boldsymbol{Q}}_{\mathrm{n}}
\end{aligned} \tag{6.23}$$

本书重点讨论子阵技术的降维处理，子阵个数为 L，假设时域不做降维处理，则多普勒通道数为 M，因此

$$\boldsymbol{T}_{\mathrm{st}} = \boldsymbol{T}_{\mathrm{s}} \otimes \boldsymbol{I}_{M \times M} \tag{6.24}$$

其中，$\boldsymbol{T}_{\mathrm{st}} \in \mathbb{C}^{NM \times LM}$。将式 (6.24) 代入式 (6.23) 中，可得

$$\begin{aligned}
\tilde{\boldsymbol{Q}}_{\mathrm{c}} &= (\boldsymbol{T}_{\mathrm{s}} \otimes \boldsymbol{I}_{M \times M})^{\mathrm{H}} \boldsymbol{Q}_{\mathrm{c}} (\boldsymbol{T}_{\mathrm{s}} \otimes \boldsymbol{I}_{M \times M}) \\
&= (\boldsymbol{T}_{\mathrm{s}} \otimes \boldsymbol{I}_{M \times M})^{\mathrm{H}} \left(\sum_{i=1}^{N_{\mathrm{c}}} G_i \boldsymbol{v}_i \boldsymbol{v}_i^{\mathrm{H}} \right) (\boldsymbol{T}_{\mathrm{s}} \otimes \boldsymbol{I}_{M \times M}) \\
&= \sum_{i=1}^{N_{\mathrm{c}}} G_i (\boldsymbol{T}_{\mathrm{s}} \otimes \boldsymbol{I}_{M \times M})^{\mathrm{H}} (\boldsymbol{a}_i \otimes \boldsymbol{b}_i)(\boldsymbol{a}_i \otimes \boldsymbol{b}_i)^{\mathrm{H}} (\boldsymbol{T}_{\mathrm{s}} \otimes \boldsymbol{I}_{M \times M}) \\
&= \sum_{i=1}^{N_{\mathrm{c}}} G_i (\boldsymbol{T}_{\mathrm{s}}^{\mathrm{H}} \boldsymbol{a}_i \otimes \boldsymbol{b}_i)(\boldsymbol{a}_i^{\mathrm{H}} \boldsymbol{T}_{\mathrm{s}} \otimes \boldsymbol{b}_i^{\mathrm{H}}) \\
&= \sum_{i=1}^{N_{\mathrm{c}}} G_i (\boldsymbol{T}_{\mathrm{s}}^{\mathrm{H}} \boldsymbol{a}_i \boldsymbol{a}_i^{\mathrm{H}} \boldsymbol{T}_{\mathrm{s}}) \otimes (\boldsymbol{b}_i \boldsymbol{b}_i^{\mathrm{H}})
\end{aligned} \tag{6.25}$$

类似地，有

$$\tilde{\boldsymbol{Q}}_n = \sigma^2 (\boldsymbol{T}_{\mathrm{s}} \otimes \boldsymbol{I}_{M \times M})^{\mathrm{H}} (\boldsymbol{T}_{\mathrm{s}} \otimes \boldsymbol{I}_{M \times M})$$
$$= \sigma^2 \boldsymbol{T}_{\mathrm{s}}^{\mathrm{H}} \boldsymbol{T}_{\mathrm{s}} \otimes \boldsymbol{I}_{M \times M} \tag{6.26}$$

考虑到 $\boldsymbol{T}_{\mathrm{s}}$ 中包含了噪声归一化加权，故

$$\tilde{\boldsymbol{Q}}_n = \sigma^2 \boldsymbol{I}_{LM \times LM} \tag{6.27}$$

6.3.2.2 最优处理器

从图 6.7 中可以看出，空时二维自适应处理的输出是靠延时加权网络中的权值 $\boldsymbol{w}$ 直接控制的。仅考虑杂波和噪声的情况，根据最大输出信干噪比准则，可以得出最优的加权值为

$$\boldsymbol{w}_{\mathrm{opt}} = \mu \boldsymbol{Q}_{\mathrm{cn}}^{-1} \boldsymbol{v}_0 \tag{6.28}$$

其中，$\boldsymbol{v}_0$ 为期望信号的空时导向矢量，μ 是一个不影响 SINR 的常数。

对于子阵结构的天线，有

$$\tilde{\boldsymbol{w}}_{\mathrm{opt}} = \mu \tilde{\boldsymbol{Q}}_{\mathrm{cn}}^{-1} (\Delta_n^{-1} \otimes \boldsymbol{I}_{M \times M}) \tilde{\boldsymbol{v}}_0 \tag{6.29}$$

式中，$\tilde{\boldsymbol{Q}}_{\mathrm{cn}}$ 是式 (6.23) 确定的 $LM \times LM$ 维的总空时协方差矩阵，$\Delta_n^{-1} \otimes \boldsymbol{I}_{M \times M}$ 用于补偿子阵端的噪声归一化加权，$\tilde{\boldsymbol{v}}_0$ 为子阵级空时导向矢量，即 $\boldsymbol{T}_{\mathrm{st}}^{\mathrm{H}} \boldsymbol{v}_0$。

6.4 性能指标

通过前两节的分析，确立了子阵技术在自适应阵列处理中的结构设计框架，并以 SLC 和 STAP 分析了两类典型的子阵级信号处理方法。对应到子阵划分的优化问题，上述内容相当于针对不同的应用明确了优化变量，建立了基本的优化模型，为了能够结合应用给出子阵技术的优化设计，需要进一步确定优化问题的目标函数，即性能指标。本节将针对 SLC 和 STAP 两种典型的自适应阵列处理技术，分别给出优化问题的目标函数。

6.4.1 SLC 技术的性能指标

旁瓣对消的效果通常用干扰对消比来表征，干扰对消比定义为对消前的主通道噪声功率与对消后的主通道噪声功率之比，即

$$\mathrm{CR} = \frac{E\{|y_{\mathrm{m}}|^2\}}{E\{|y_{\mathrm{m}} - \hat{\boldsymbol{w}}_{\mathrm{a}}^{\mathrm{H}} \boldsymbol{x}_{\mathrm{a}}|^2\}} = \frac{E\{|y_{\mathrm{m}}|^2\}}{E\{|y_{\mathrm{m}}|^2\} - \boldsymbol{r}_{\mathrm{ma}}^{\mathrm{H}} \boldsymbol{Q}_{\mathrm{a}}^{-1} \boldsymbol{r}_{\mathrm{ma}}} \tag{6.30}$$

利用式 (6.3)，可以得到

$$
\begin{aligned}
E\{|y_\mathrm{m}|^2\} &= E\{\boldsymbol{w}_\mathrm{m}^\mathrm{H}\boldsymbol{x}_\mathrm{m}\boldsymbol{x}_\mathrm{m}^\mathrm{H}\boldsymbol{w}_\mathrm{m}\} \\
&= \boldsymbol{w}_\mathrm{m}^\mathrm{H} E\{\boldsymbol{x}_\mathrm{m}\boldsymbol{x}_\mathrm{m}^\mathrm{H}\}\boldsymbol{w}_\mathrm{m} \\
&\triangleq \boldsymbol{w}_\mathrm{m}^\mathrm{H}\boldsymbol{Q}_\mathrm{m}\boldsymbol{w}_\mathrm{m}
\end{aligned}
\tag{6.31}
$$

假设不同方向的干扰信号互不相关，则

$$
\begin{cases}
\boldsymbol{Q}_\mathrm{m} = \displaystyle\sum_{k=1}^{J} P_k \boldsymbol{a}_\mathrm{m}(\boldsymbol{u}_k)\boldsymbol{a}_\mathrm{m}^\mathrm{H}(\boldsymbol{u}_k) + \sigma^2\boldsymbol{I}_\mathrm{m} \\
\boldsymbol{Q}_\mathrm{a} = \displaystyle\sum_{k=1}^{J} P_k \boldsymbol{a}_\mathrm{a}(\boldsymbol{u}_k)\boldsymbol{a}_\mathrm{a}^\mathrm{H}(\boldsymbol{u}_k) + \sigma^2\boldsymbol{I}_\mathrm{a}
\end{cases}
\tag{6.32}
$$

且

$$
\boldsymbol{r}_\mathrm{ma} = \sum_{k=1}^{J} P_k \boldsymbol{w}_\mathrm{m}^\mathrm{T}\boldsymbol{a}_\mathrm{m}^*(\boldsymbol{u}_k)\boldsymbol{a}_\mathrm{a}(\boldsymbol{u}_k)
\tag{6.33}
$$

其中，P_k 为第 k 个干扰的干扰功率，σ^2 为单元级噪声功率。将式 (6.31)~式 (6.33) 代入式 (6.30) 可以求出旁瓣对消的理论性能。

然而，干扰对消比并不适用于比较不同阵面结构的优劣。这是因为干扰对消比实际上是一个相对量，对比的基准会随着不同的阵面结构而改变。因此，为了消除基准的变化，采用干扰功率剩余这样的绝对量可以更为合理地评估子阵划分的优劣。干扰功率剩余定义如下：

$$
\mathrm{RES} = \boldsymbol{w}_\mathrm{m}^\mathrm{H}\boldsymbol{Q}_\mathrm{m}\boldsymbol{w}_\mathrm{m} - \boldsymbol{r}_\mathrm{ma}^\mathrm{H}\boldsymbol{Q}_\mathrm{a}^{-1}\boldsymbol{r}_\mathrm{ma}
\tag{6.34}
$$

式 (6.30) 定义的干扰对消比和式 (6.34) 所定义的干扰剩余都是针对全阵列处理而言的，当采用子阵技术时，按照第 6.2.1 节的方式修改单元级加权及子阵级移相器权值即可。

6.4.2 STAP 技术的性能指标

改善因子是描述任意线性处理器性能的主要指标[10]，本节将用改善因子来评估 STAP 中子阵划分的优劣。改善因子的计算法方式如下：

$$
\mathrm{IF} = \frac{\mathrm{SCNR}_\mathrm{out}}{\mathrm{SCNR}_\mathrm{in}} = \frac{\dfrac{\boldsymbol{w}^\mathrm{H}\boldsymbol{v}_0\boldsymbol{v}_0^\mathrm{H}\boldsymbol{w}}{\boldsymbol{w}^\mathrm{H}\boldsymbol{Q}_\mathrm{cn}\boldsymbol{w}}}{\dfrac{\boldsymbol{v}_0^\mathrm{H}\boldsymbol{v}_0}{\mathrm{tr}(\boldsymbol{Q}_\mathrm{cn})}} = \frac{\boldsymbol{w}^\mathrm{H}\boldsymbol{v}_0\boldsymbol{v}_0^\mathrm{H}\boldsymbol{w} \cdot \mathrm{tr}(\boldsymbol{Q}_\mathrm{cn})}{\boldsymbol{w}^\mathrm{H}\boldsymbol{Q}_\mathrm{cn}\boldsymbol{w} \cdot \boldsymbol{v}_0^\mathrm{H}\boldsymbol{v}_0}
\tag{6.35}
$$

根据式 (6.28) 和式 (6.35)，最优的改善因子为

$$\text{IF}_{\text{opt}} = \frac{\boldsymbol{v}_0^{\text{H}}\boldsymbol{Q}_{\text{cn}}^{-1}\boldsymbol{v}_0\boldsymbol{v}_0^{\text{H}}\boldsymbol{Q}_{\text{cn}}^{-1}\boldsymbol{v}_0 \cdot \text{tr}(\boldsymbol{Q}_{\text{cn}})}{\boldsymbol{v}_0^{\text{H}}\boldsymbol{Q}_{\text{cn}}^{-1}\boldsymbol{Q}_{\text{cn}}\boldsymbol{Q}_{\text{cn}}^{-1}\boldsymbol{v}_0 \cdot \boldsymbol{v}_0^{\text{H}}\boldsymbol{v}_0} = \frac{\boldsymbol{v}_0^{\text{H}}\boldsymbol{Q}_{\text{cn}}^{-1}\boldsymbol{v}_0}{\boldsymbol{v}_0^{\text{H}}\boldsymbol{v}_0}\text{tr}(\boldsymbol{Q}_{\text{cn}}) \tag{6.36}$$

可以看出，该数值刚好为 $\boldsymbol{Q}_{\text{cn}}^{-1}$ 的瑞利熵与 $\text{tr}(\boldsymbol{Q}_{\text{cn}})$ 的乘积。因此 IF_{opt} 的最大值为 $\dfrac{1}{\lambda_{\min}}\text{tr}(\boldsymbol{Q}_{\text{cn}})$，其中 $\lambda_{\min}$ 为 $\boldsymbol{Q}_{\text{cn}}$ 的最小特征值，即 σ^2。

将式 (6.29) 代入式 (6.35) 中，最终得出子阵级 STAP 的最优改善因子为

$$\begin{aligned}
\widetilde{\text{IF}}_{\text{opt}} &= \frac{\tilde{\boldsymbol{v}}_0^{\text{H}}(\Delta_n^{-1} \otimes \boldsymbol{I}_{M \times M})\tilde{\boldsymbol{Q}}_{\text{cn}}^{-1}\tilde{\boldsymbol{v}}_0\tilde{\boldsymbol{v}}_0^{\text{H}}\tilde{\boldsymbol{Q}}_{\text{cn}}^{-1}(\Delta_n^{-1} \otimes \boldsymbol{I}_{M \times M})\tilde{\boldsymbol{v}}_0 \cdot \text{tr}(\boldsymbol{Q}_{\text{cn}})}{\tilde{\boldsymbol{v}}_0^{\text{H}}(\Delta_n^{-1} \otimes \boldsymbol{I}_{M \times M})\tilde{\boldsymbol{Q}}_{\text{cn}}^{-1}(\Delta_n^{-1} \otimes \boldsymbol{I}_{M \times M})\tilde{\boldsymbol{v}}_0 \cdot \boldsymbol{v}_0^{\text{H}}\boldsymbol{v}_0} \\
&= \frac{|\tilde{\boldsymbol{v}}_0^{\text{H}}\tilde{\boldsymbol{Q}}_{\text{cn}}^{-1}\tilde{\boldsymbol{v}}_0|^2 \cdot \text{tr}(\boldsymbol{Q}_{\text{cn}})}{\tilde{\boldsymbol{v}}_0^{\text{H}}\tilde{\boldsymbol{Q}}_{\text{cn}}^{-1}\tilde{\boldsymbol{v}}_0 \cdot NM}
\end{aligned} \tag{6.37}$$

其中，$\tilde{\boldsymbol{v}}_0 = (\Delta_n^{-1} \otimes \boldsymbol{I}_{M \times M})\tilde{\boldsymbol{v}}_0$。CNR 为杂噪比，定义为单次回波中，杂波功率与阵元噪声功率之比[8]：

$$\text{CNR} = \frac{\boldsymbol{Q}_{\text{c}}(1,1)}{\sigma^2} \tag{6.38}$$

因此

$$\begin{aligned}
\text{tr}(\boldsymbol{Q}_{\text{cn}}) &= \text{tr}(\boldsymbol{Q}_c) + \text{tr}(\boldsymbol{Q}_n) \\
&= \text{CNR} \times NM\sigma^2 + NM\sigma^2 \\
&= (\text{CNR} + 1)NM\sigma^2
\end{aligned} \tag{6.39}$$

为了得出描述不同子阵划分优劣的统一性能指标（类似于 6.4.1 节中消除对比基准的偏移），将式 (6.37) 得出的改善因子用理论上最优的改善因子 IF_{opt} 进行归一化，得出归一化的改善因子如下：

$$\overline{\text{IF}}_{\text{opt}} = \left\{\frac{|\tilde{\boldsymbol{v}}_0^{\text{H}}\tilde{\boldsymbol{Q}}_{\text{cn}}^{-1}\tilde{\boldsymbol{v}}_0|^2 \cdot \text{tr}(\boldsymbol{Q}_{\text{cn}})}{\tilde{\boldsymbol{v}}_0^{\text{H}}\tilde{\boldsymbol{Q}}_{\text{cn}}^{-1}\tilde{\boldsymbol{v}}_0 \cdot NM}\right\} \Big/ \left\{\frac{1}{\sigma^2}\text{tr}(\boldsymbol{Q}_{\text{cn}})\right\} = \frac{|\tilde{\boldsymbol{v}}_0^{\text{H}}\tilde{\boldsymbol{Q}}_{\text{cn}}^{-1}\tilde{\boldsymbol{v}}_0|^2 \cdot \sigma^2}{\tilde{\boldsymbol{v}}_0^{\text{H}}\tilde{\boldsymbol{Q}}_{\text{cn}}^{-1}\tilde{\boldsymbol{v}}_0 \cdot NM} \tag{6.40}$$

不失一般性，在理论分析中假设 $\sigma^2 = 1$，则

$$\overline{\text{IF}}_{\text{opt}}(\bar{f}_{s0}, \bar{f}_{d0}) = \frac{|\tilde{\boldsymbol{v}}_0^{\text{H}}\tilde{\boldsymbol{Q}}_{\text{cn}}^{-1}\tilde{\boldsymbol{v}}_0|^2}{\tilde{\boldsymbol{v}}_0^{\text{H}}\tilde{\boldsymbol{Q}}_{\text{cn}}^{-1}\tilde{\boldsymbol{v}}_0 \cdot NM} \tag{6.41}$$

实际应用中，通常最为关心的是雷达波束指向上的不同运动速度的目标，因此优化问题的目标函数（即性能指标）可以按如下方式建立：

$$f(\boldsymbol{T}_0) = -\ln \int_{-1/2}^{1/2} \overline{\text{IF}}_{\text{opt}}(\bar{f}_{s0}, x)\text{d}x \tag{6.42}$$

该式衡量了 STAP 对空间指向 $\bar{f}_{s0}$ 处所有运动目标的总的检测能力。

6.5　子阵划分方法

通过第 6.2~6.4 节的分析，分别对 SLC 技术和 STAP 技术中的子阵划分优化问题明确了优化变量、建立了优化模型，并给出了优化的目标函数，本节将在上述基础上研究求解优化问题的方法，同时结合实例给出优化结果。

6.5.1　旁瓣对消技术中的子阵划分方法

如前所述，大型阵列天线旁瓣对消结构中包含两种通道：主通道和辅助通道。学者们在实际应用中总结了两种通道的优化设计准则，下面首先将相关内容进行归纳总结。

6.5.1.1　辅助通道的优化设计准则

旁瓣对消技术的核心是通过辅助通道的自适应加权处理抑制进入主天线旁瓣的干扰信号，因此辅助通道的设计较为关键，同时也是设计的难点。大量的文献对辅助阵元位置的布置问题进行过分析[2,11-21]，主要结论如下。

（1）若辅助天线数较少，相距又很近，则其方向图较宽，角分辨率差。此时，对相互靠近的干扰源相消效果相当差。

（2）如果使辅助天线间距离拉开，则又可能出现由栅瓣效应而产生的"空间模糊"现象 (即对两个或两个以上的特定方向具有相同的响应)。干扰源若位于这些特定方向或其附近，则相消效果同样会变坏。

（3）构成辅助通道的阵元应靠近主天线的相位中心，以减轻主通道和辅助通道内干扰信号的去相关性。

（4）尽可能设计更多的辅助通道，以抑制较多的干扰。环境中的干扰个数一般未知，而辅助通道的个数至少应等于所要抑制的干扰个数。宽带干扰可以看成不同频带的多个窄带干扰组合而成，因此增大辅助通道的个数也有益于抑制宽带干扰。

（5）干扰的空间方位通常是未知的，因此 SLC 处理结构应能对各个方向的干扰都能够有效地抑制。

6.5.1.2　主通道的优化设计准则

雷达采用主通道的信号完成目标检测、跟踪及识别等任务。大型的阵列雷达需要采用子阵技术来完成主通道的构建。为了避免规则划分中栅瓣效应对波束扫描性能的影响，采用非规则子阵划分来构建主通道是一种普遍接受的方案。

第 2 章的分析给出了子阵规则排布下的典型非规则子阵形状，即多联骨牌子阵形状和多联六边形子阵形状，如图 3.1 所示，图中给出的非规则形状的子阵都可以用于构建主通道。

显然，如果只是单独考虑主通道的设计问题，那么直接采用第 3、第 4 章的分析即可。但是由于两种通道的阵元都来自同一个阵面，因此在旁瓣对消系统的设计中需要将主通道和辅助通道的设计综合考虑，其优化设计方法将更加复杂。

6.5.1.3 阵面结构的优化设计方法

综合考虑上述辅通道设计准则及主通道的非规则子阵特点，对第 3 章提出的基于 X 算法的阵面划分方法做适当地改进，进一步提出并实现 SLC 应用中的子阵划分方法。

假设所有阵元都分布在格上，采用第 2 章给出的"阵元位置格"表示法，结合格论和集合论可以方便地描述阵面划分的目标和方法。正如第 3 章所指出的，子阵的精确划分问题等价于找出集合 $\mathcal{S}$ 的一个特殊子集 $\mathcal{S}^*$，使得集合 $\mathcal{A}$ 中的每个元素都含于且唯一含于 $\mathcal{S}^*$ 的一个子集中。当精确划分不存在时，第 2 章提出了松弛单元的概念，松弛单元的加入使得 $\mathcal{S}^*$ 中可以包含一些特殊形状的子阵（通常是孤立的阵元），这些孤立单元的调节可以求出准精确划分。准精确划分将组成阵面的阵元分成两类：孤立的阵元及划入子阵的阵元。如果将后一类阵元（即合成子阵的阵元）用于构造 SLC 中的主通道，而剩余的孤立阵元用于构造辅助通道，那么就可以将准精确划分方法应用到 SLC 中的子阵划分优化中。这样的旁瓣对消系统的结构设计与准精确划分非常相似，所不同的是，准精确划分中应尽可能减少孤立阵元个数，而旁瓣对消系统恰恰是利用孤立的阵元来构造辅助通道。

为了更好地利用孤立单元，可以将算法中的松弛单元设置在将要放置辅助单元的位置上，这是一种最为简单的处理方式，在算法层次上，它依然属于第 2 章算法的直接应用。这种简单的应用并不能保证选定为松弛单元的阵元在求出的解中成为孤立单元，换句话说松弛单元可能会被划入主通道阵元中。为了确保能将给定位置上的阵元设计为辅助单元，本书提出了强迫单元的概念。强迫单元的含义为：对应强迫单元的阵元一定不会被划分到主通道中，相当于在划分主通道时在强迫单元的位置留有空洞，而这些相对于主通道的空洞恰好可以用来构建辅助通道。根据第 2 章对阵面精确划分的数学建模可知，实现这一目的最简单的方法是在构建集合 $\mathcal{S}$ 时就不将包含该强迫单元的子阵集合并入 $\mathcal{S}$ 中。

集合 $\mathcal{A}$ 和 $\mathcal{S}$ 初始化完成后，就可以运用第 2 章的 X 算法求解子阵划分方案，求出的解直接对应了主通道的子阵划分方案，辅助通道则在剩下的阵元中产生。在设计辅助通道阵元时，根据辅助通道的设计准则，在系统性能约束的前提下尽可能多地放置辅助单元。

结合两种特殊单元（强迫单元和松弛单元）的使用，进一步提出了兼顾辅助通道设计准则的特殊单元构造法。该方法包括两组松弛单元和若干强迫单元，其中第一组松弛单元为阵面边缘部分的阵元，这些阵元具有较大的空间尺度，可以使辅阵获得较好的空间分辨率；第二组松弛单元靠近阵面的中心区域，可以抑制第一组松弛单元的栅瓣效应，同时能降低辅通道和主通道中干扰的去相关性。图 6.8给出了一个圆口径阵面的松弛单元与强迫单元的示意图，作为一个简单的例子，该图中仅将阵面中心的阵元选做强迫单元。下面以该阵面为例深入分析 SLC 技术的阵面优化设计。

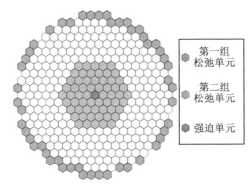

图 6.8   松弛单元和强迫单元的选取实例（见彩图）

6.5.2 SLC 阵面设计实例

以圆口径阵列为例对 SLC 阵面设计进行仿真研究，直接采用图 6.8所示的阵面，该阵面共 349 个阵元，阵元分布在三角栅格上，相邻阵元间距为 $\lambda/\sqrt{3}$。单元级采用圆口径 Taylor 加权，可以获得峰值旁瓣比为 -40dB 的旁瓣电平。

6.5.2.1 天线结构

设辅助单元的个数为 7，图 6.9给出了两种旁瓣对消的阵面结构。构成主通道的阵元采用多联六边形子阵进行划分，不同子阵用不同的颜色区分，黑色的阵元表示辅助单元，每个辅助单元对应一个辅助通道。

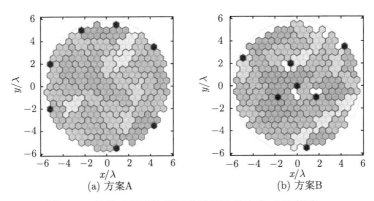

(a) 方案A   (b) 方案B

图 6.9   旁瓣对消系统的两种天线设计方案（见彩图）

图 6.9(b) 是参照 6.5.1.3 节的子阵划分方法得出的 SLC 结构设计，有 3 个辅助单元来源于第一组松弛单元、3 个来源于第二组松弛单元。图 6.9(a) 作为一个对比的方案，是第 3 章图 3.7(b) 给出的准精确划分的例子，与本章优化结果相比，图 6.9(a) 相当于所有的辅助单元都来源于第一组松弛单元。在设计辅助通道时，由于不对干扰的来向作任何先验假设，因此尽可能地将辅助阵元对称放置，使得阵列对各个方向的干扰抑制性能不会有太大差别。

图 6.10给出了方案 B 的天线设计原型以及天线的方向图。图 6.10(a) 中，各子阵的功分网络相同。图 6.10(b) 和图 6.10(c) 分别为天线方向图在正弦空间坐标系中的表示以及三维极坐标表示。

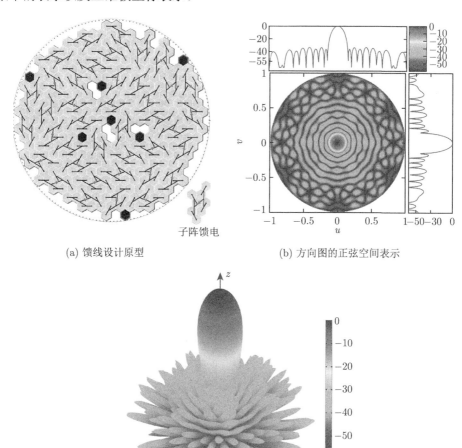

(a) 馈线设计原型   (b) 方向图的正弦空间表示

子阵馈电

(c) 方向图的三维表示

图 6.10   方案 B 的阵列设计原型及方向图（见彩图）

根据图 6.5，通过调整子阵级的移相器，可以实现波束的电扫描。图 6.11给出了波束扫描的例子，其中图 6.11(a) 分别用两个子图给出了两种天线设计方案的 19 个扫描波束的最大增益值。扫描波束的位置通过采样间隔为 $\Delta = 0.71$ 的三角栅格确定，$\Delta \leqslant 0.71$ 的取值方法被认为是密集采样方式[22]。所有 19 个波束的半功率波束范围及波束的编号在图 6.11(b) 中给出。

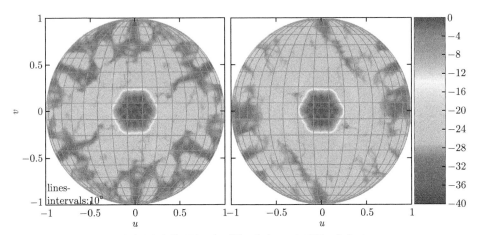

(a) 两种设计方案的对比（左子图：方案A；右子图：方案B）

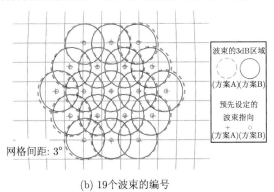

(b) 19个波束的编号

图 6.11   两种阵面划分方案得出的 19 个波束的波束簇（见彩图）

6.5.2.2   性能对比

假设环境中存在一个干噪比 JNR=10dB 的干扰源，其波达方向为 $(u_j, v_j) = (0.41, 0)$，干扰具有较宽的频谱，足以覆盖整个接收机带宽。假设接收机的中频滤波器具有高斯形状的频谱特性，第 i 阵元和第 j 阵元接收的干扰信号之间的相关系数为[23]

$$\rho(i,j) = \exp\left[-0.5\left(\frac{\pi B \boldsymbol{u}^{\mathrm{T}}(\boldsymbol{r}_i - \boldsymbol{r}_j)}{1.17c}\right)^2\right] \tag{6.43}$$

其中，B 为接收带宽，u 为干扰的方向余弦坐标，r_i 和 r_j 分别为阵元 i 和阵元 j 的空间位置坐标，c 为光速。

固定干扰的俯仰角为零度，并将干扰方位角从 $20°$ 增大到 $90°$。不同的干扰相对带宽下 CR 的值如图 6.12(a) 所示。

粗略地看，方案 B 的设计能获得较大的干扰对消比，但这一结论并不始终成立，尤其是带宽较小且干扰位于远区旁瓣时。这是因为 CR 是一个相对量，对应于干扰入射方向的主方向图旁瓣电平的高低会影响对比的基准。应该注意到两种设计的主通道构建方式是存在差异的，因此二者的主方向图并不一致，远区旁瓣部分的差异更大。简而言之，对于不同的设计，式 (6.30) 中主通道的输出功率 $E\{|y_{\mathrm{m}}|^2\}$ 是存在差异的。

另外，宽带干扰的频谱可以划分成不同频率的谱线叠加，因此单个宽频的干扰可以视为多个来自不同方向的单频干扰的平均。频谱越宽，这些单频干扰的空间分布区域越大，取平均之后在主通道的差异就会越小。因此对于较宽的接收带宽，方案 B 的干扰对消比好于方案 A。

根据上面对性能指标的分析，进一步采用干扰功率剩余来对比两种设计方案。图 6.12(b) 给出了不同想定下，两种旁瓣对消设计方案的 RES 的对比。可以看出，方案 B 的干扰剩余功率始终低于方案 A，这一结果充分说明本书提出的 SLC 技术中阵面设计方法的合理性。

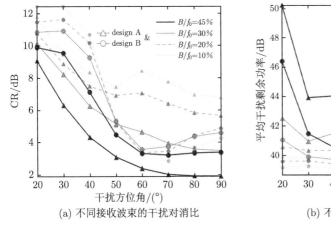
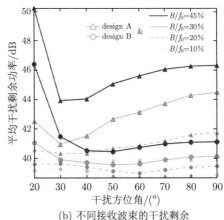

(a) 不同接收波束的干扰对消比   (b) 不同接收波束的干扰剩余

图 6.12 两种方案的性能对比

6.5.3 STAP 技术中的子阵划分方法

本节以机载平面阵列雷达为例，研究 STAP 技术中的子阵划分问题。对于平面阵的子阵划分，工程中通常会采用沿阵面行方向或列方向的划分方案，本书将二者分别称为行向划分和列向划分。在 STAP 处理中，重点研究列向划分，即将每一列上的所有阵元通过微波网络形成列子阵，在此基础上做进一步的空时自适应处理。通常情况下，这样合成出来的子阵个数依然较大，需要作进一步的子阵合成，该合成方案可以通过微波网络实现，也可能是数字实现。

如图 6.13所示，假设阵面共有 I 列阵元，每一列所含的阵元个数可以不相等。若将阵面的每一列依次记为 $C_1, C_2, \cdots, C_I$，最终的子阵划分方式都可以看成是对序列 $\{C_1, C_2, \cdots, C_I\}$ 的切割。图中正方形代表阵元，圆形代表序列元素，长方形代表切割点。任意选出 $L-1$ 个切点，即可将阵面划分为 L 个子阵。

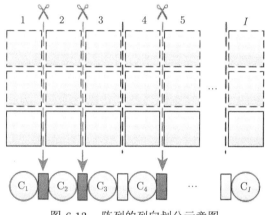

图 6.13　阵列的列向划分示意图

为了得出最优的列向划分方案，直接的方法是搜索所有可能的列向划分，计算每种划分对应的性能指标，找出最好的指标从而得到最优的划分。作者已提出了遍历所有可能划分方案的全局搜索算法，相关内容可参考文献 [24]。当阵面规模较大时，全局搜索就不再实用了。为了解决这一问题，本书进一步提出了基于蚁群优化算法的列向划分方法。

6.5.3.1　蚁群优化算法基础

图 6.14给出了一个 $N_{\mathrm{col}} = 8$、$L = 4$ 时的平面阵的例子。图中"最优化假设"部分给出了列向划分的含义。"简化表示"部分将子阵划分描述成对序列 $\{C_1, C_2, \cdots, C_I\}$ 的切割。表示切割点的长方形对应了相邻列的边界，图中共给出了 7 个边界（该数值即为 $N_{\mathrm{col}} - 1$）。观察"简化表示"图，可以看出只要任意选出 $L-1$（此例中为 3）个边界就可以确定一种子阵划分方案，在图 6.14中，选定了编号为 $\{1, 2, 5\}$ 的边界（用深色表示）。

显然，列向划分和被选中的边界编号之间存在一一对应关系。实际上，$L-1$ 个边界的选取可以转换为一个有向图（DAG）的路径搜索问题。有向图是图论中的概念，通常所说的有向图是包含若干顶点 V 和有向边 E 的图。在图 6.14中的

"有向图表示"部分，顶点 V 和有向边 E 分别用正方形和带箭头的线段表示，所有相互之间有连接的顶点都用行号和列号进行了标记，称该有向图中始于左上角顶点 $(0,0)$ 止于右下角顶点 $(L-1, N_{\text{col}}-1)$ 的路径为一条完整路径。

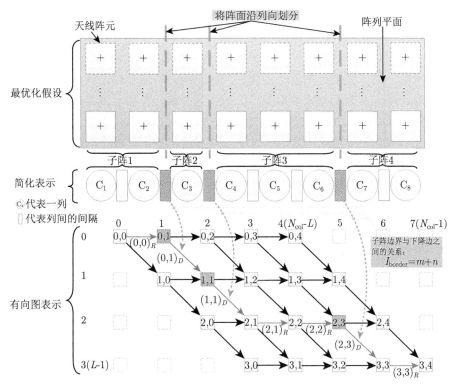

图 6.14　列向划分及其有向图表示

图 6.14中高亮显示了一条完整路径的例子，该路径可以表示为

$$r = \{(0,0)_R, (0,1)_D, (1,1)_D, (2,1)_R, (2,2)_R, (2,3)_D, (3,3)_R\} \tag{6.44}$$

其中，$(m,n)_x$ 表示从顶点 (m,n) 出发，到达 $(m+1,n)$（当 $x=D$）或 $(m,n+1)$（当 $x=R$）的有向边。$L-1$ 个子阵边界可以通过路径 r 中的下降边确定，即下降边 $(m,n)_D$ 对应的子阵边界编号为

$$I_{\text{border}} = m + n \tag{6.45}$$

由于每一条完整路径都对应了一种子阵划分方案，可以将子阵划分对应的 STAP 性能指标赋予每条路径，称其为路径 r 的适应值函数：

$$f_i(r) = f(\boldsymbol{T}_0) \tag{6.46}$$

其中，$\boldsymbol{T}_0$ 是对应路径 r 的子阵划分矩阵，其定义方式参见第 2 章第 2.5 节，$f(\boldsymbol{T}_0)$ 的定义由式 (6.42) 给出。理论上，$f_i(r)$ 的解析表达式可以通过式 (6.15)，式 (6.41)，式 (6.42) 和式 (6.46) 获得，但是要得出一个一般情况下的闭合表达式是比较困难的，本书中对 $f_i(r)$ 的计算将通过数值方法求出。

6.5.3.2　蚁群优化算法流程

结合有向图的表达方式，最优子阵划分问题可以通过目前较为先进的蚁群优化算法求解。关于蚂蚁行为的早期研究表明，群体中的个体之间及个体与环境之间的信息传递大部分都是依赖蚂蚁产生的化学物质进行的，人们把这些化学物质称为信息素（pheromone）。这种通过蚂蚁所释放的信息素来影响蚂蚁群体的路径选择行为的方式正是 ACO 算法的灵感来源[25-28]。最大—最小蚁群（MMAS）是最受关注的 ACO 算法之一，也是最常用的、性能最优异的 ACO 算法之一。借鉴 MMAS 算法，本书提出了求解最优子阵划分的算法，算法的流程如下。

(1) 初始化。在本步骤中，各条有向边上的信息素浓度被初始化。用 $(L-1) \times (N_c - L)$ 维的矩阵 $\boldsymbol{\tau}_R$ 和 $\boldsymbol{\tau}_D$ 分别表示右移边和下移边上的信息素浓度，从每个顶点出发的路径数均为 2（若为 1，则不存在选择问题，此处不予考虑）。因此简单的初始化方法可以将信息素浓度都设为 0.5。文献 [29] 提出了一种比较合理的取值方法为

$$\begin{cases} \tau_D(m,n) = \dbinom{N_{\mathrm{col}} - n}{L - m - 1} \Big/ \dbinom{N_{\mathrm{col}} - n}{L - m} \\ \tau_R(m,n) = \dbinom{N_{\mathrm{col}} - n - 1}{L - m} \Big/ \dbinom{N_{\mathrm{col}} - n}{L - m} \end{cases} \tag{6.47}$$

式中的取值使得 $\tau_x(m,n)$ 的值正比于蚂蚁在 $(m,n)_x$ 之后的路径数。通常，这对最优路径的搜索会有一定的帮助，正如在现实生活中，选择机遇较多的道路更有可能成功。一般地，给定一个 P 行 Q 列的有向图，其所包含的总的路径数为 $\dbinom{P+Q-2}{Q-1}$。图 6.15(a) 给出了当 $N_{\mathrm{col}} = 8$、$L = 4$ 时每个顶点之后所包含的路径数。按照式 (6.47) 求出的 $\boldsymbol{\tau}_R$ 和 $\boldsymbol{\tau}_D$ 在图 6.15(b) 给出。

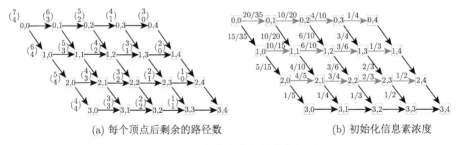

(a) 每个顶点后剩余的路径数　　　　　　　(b) 初始化信息素浓度

图 6.15　信息素浓度初始化的例子

(2) 路径构建。进入迭代，在当前迭代中，P_s 只蚂蚁并行地构建路径。在路

径构建的每一步中，蚂蚁 i 按照一个称为随机比例规则的概率行为选择规则来决定下一步将移向哪一个顶点。特别地，当前位于顶点 (m, n) 的蚂蚁选择下一步移动方向的概率是

$$p_x(m, n) = \frac{[\tau_x(m, n)]^\alpha [\eta_x(m, n)]^\beta}{[\tau_R(m, n)]^\alpha [\eta_R(m, n)]^\beta + [\tau_D(m, n)]^\alpha [\eta_D(m, n)]^\beta} \quad (6.48)$$

其中，$\eta_x(m, n)$ 代表一个预先给定的启发式信息，α 和 β 两个参数分别决定了信息素和启发式信息的相对影响力。在这个概率规则下，选择移动方向 $(m, n)_x$ 的概率由该边所对应的信息素 $\tau_x(m, n)$ 及启发式信息 $\eta_x(m, n)$ 的值共同决定。

参数 α 和 β 的作用可以结合两种特殊情况来理解：如果 $\alpha = 0$，只有启发式信息起作用，若启发式信息通过式 (6.47) 给出，则位于顶点 (m, n) 的蚂蚁最有可能选择下一步路径数较多的方向移动；如果 $\beta = 0$，那么就只有信息素的放大系数在起作用，也就是说，算法只使用了信息素，而没有利用任何启发式信息带来的偏向性。

(3) 信息素更新。当所有的蚂蚁都构建好路径后，各边上的信息素将会被更新。首先，所有边上的信息素都会减少一个常量因子的大小，然后在蚂蚁经过的边上增加信息素。信息素的减少又叫信息素的蒸发，根据下面的式子执行：

$$\tau_x(m, n) \leftarrow (1 - \rho)\tau_x(m, n) \quad (6.49)$$

其中，ρ 是信息素的蒸发率，并且 $0 < \rho \leqslant 1$。在信息素蒸发步骤之后，当前迭代最优的蚂蚁在其经过的路径上释放信息素：

$$\tau_x(m, n) \leftarrow \tau_x(m, n) + \Delta\tau_x^{\text{best}}(m, n) \quad (6.50)$$

其中，$\Delta\tau_x^{\text{best}}(m, n) = 1/f_i^{\text{ib}}$，$f_i^{\text{ib}}$ 为当前最优适应值。由于被允许释放信息素的蚂蚁是当前迭代最优的蚂蚁，因此只有对属于当前最优路径内的有向边才进行式 (6.50) 的操作。

在最大—最小蚂蚁系统中，任何一条边可能存放的信息素大小都被限制在一个区间 $[\tau_{\min}, \tau_{\max}]$ 内，以避免算法陷入停滞状态，即

$$\begin{cases} \tau_x(m, n) \leftarrow \tau_{\min}, & \text{如果} \tau_x(m, n) < \tau_{\min} \\ \tau_x(m, n) \leftarrow \tau_{\max}, & \text{如果} \tau_x(m, n) > \tau_{\max} \end{cases} \quad (6.51)$$

(4) 迭代。信息素浓度更新完毕，即当前的迭代结束，此时如果达到算法终止条件，则算法结束，否则转到流程 (2)，进入下一步迭代。终止条件可以通过设置最大的迭代次数实现。

6.5.3.3　蚁群优化启发式信息的设计

启发式信息在算法中起着非常重要的作用，如果没有这一项（即 $\beta = 0$），将会使得算法的性能变得十分糟糕，特别是当 $\alpha > 1$ 时，算法将很快陷入停滞的局面，此时所有的蚂蚁都按照同一条路线移动，最后构建出同一条路径，而这条路径却常常与优化目标相距甚远[25]（Dorigo,1992；Dorigo 等,1996）。

在蚁群优化算法的若干经典应用中，启发式信息的设计比较容易想到。例如，应用在 TSP（traveling salesman problem）问题中，启发式信息是通过连接两城市的最短路径算出的，这实质是一种经典的随机贪心算法。然而在子阵划分优化中，启发式信息设计就不那么显然了。

根据已有的一些设计经验，一般不会构建出只含一列的子阵，而且每个子阵内含有的阵元的列数、阵元数不至于相差很大。根据这些特点，我们按下面的方法设计启发式信息，以体现对阵元列数相当的划分方法的偏向性。

（1）构造一条特殊路径。

情形一：如果 $N_c \bmod L = 0$，记 $A = \dfrac{N_c}{L}$。设计特殊路径 r_s，其所有下拐点集合为

$$\{(i-1, i(A-1))\}_{i=1,\cdots,L} \tag{6.52}$$

情形二：如果 $N_c \bmod L = B > 0$，$A = \left\lfloor \dfrac{N_c}{L} \right\rfloor$，设计特殊路径 r_s，其所有下拐点集合为

$$\begin{aligned}
&\left\{ (0, A), \cdots, \left(\left\lceil \frac{B}{2} \right\rceil - 1, \left\lceil \frac{B}{2} \right\rceil A\right), \right. \\
&\left(\left\lceil \frac{B}{2} \right\rceil, \left\lceil \frac{B}{2} \right\rceil A + (A-1), \cdots, \left(L - 1 + \left\lceil \frac{B}{2} \right\rceil - \left\lfloor \frac{B}{2} \right\rfloor, \left\lceil \frac{B}{2} \right\rceil A + (L - B)(A-1)\right), \right. \\
&\left. \left(L + \left\lceil \frac{B}{2} \right\rceil - \left\lfloor \frac{B}{2} \right\rfloor, \left(\left\lceil \frac{B}{2} \right\rceil + 1\right) A + (L - B)(A-1)\right), \cdots, (L-1, L(A-1) + B) \right\}
\end{aligned}$$

其中，$\lfloor x \rfloor$ 表示对 x 向下取整，$\lceil x \rceil$ 表示对 x 向上取整。

以有向图的观点来考察所构造的特殊路径 r_s，其每一行所包含的顶点数量基本一致（数量差异不超过 1），这意味着通过特殊路径 r_s 确定的子阵划分方案与均匀划分最接近。具体而言，当特殊路径由式 (6.52) 给出时，每个子阵所包含的列数都相同，此时各个子阵所含列数如下：

$$\{\underbrace{A+1, \cdots, A+1}_{\left\lceil \frac{B}{2} \right\rceil}, A, \cdots, A, \overbrace{A+1, \cdots, A+1}^{\left\lfloor \frac{B}{2} \right\rfloor}\} \tag{6.53}$$

图 6.16加粗的部分给出了一条特殊路径的例子。

（2）根据所构造的特殊路径，将启发式信息设计为

$$\eta_x(m,n) = \eta_{\max} \frac{2(L-1) - d_{mn}^x}{2(L-1)} \tag{6.54}$$

其中，$\eta_{\max}$ 为启发式信息的最大值，本书设为 0.9，d_{mn}^x 定义为从特殊路径 r_s 出发到达有向边 $(m,n)_x$ 的最短距离与从有向边 $(m,n)_x$ 返回特殊路径 r_s 的最短距离之和。由于有向图中的路径都是有方向的，从特殊路径 r_s 出发到达有向边 $(m,n)_x$ 的最短距离并不等同于从有向边 $(m,n)_x$ 返回特殊路径 r_s 的最短距离。

图 6.16给出了 $N_c = 8$，$L = 4$ 的情况，其中，d_{mn}^x 的值标注在有向边 $(m,n)_x$ 的旁边。以边 $(2,0)_R$ 为例，从 r_s 到 $(2,0)_R$ 的最短距离是 2（等于边 $(0,0)_D$ 和边 $(1,0)_D$ 的长度之和），从 $(2,0)_R$ 到 r_s 的最短距离是 1（等于边 $(2,1)_R$ 的长度）。因此，$d_{2,0}^R = 2 + 1 = 3$，$\eta_R(2,0) = 0.9 \times \dfrac{8-2-3}{8-2} = \dfrac{9}{20}$。

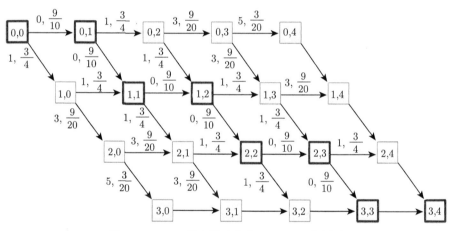

图 6.16 d_{mn}^x 及启发式信息 $\eta_x(m,n)$ 的例子

6.5.4 STAP 阵面设计实例

6.5.4.1 参数设置

1）场景想定参数

不失一般性，考虑一个椭圆形口径的平面阵（图 6.17），该椭圆口径的长轴和短轴分别为 16λ 和 5λ，在两个正交方向上阵元间距均为半波长。该椭圆阵面共 64 列，20 行。阵面采用 Taylor 加权（$\bar{n} = 7$，PSL=−40dB）[30]。雷达和天线阵面的具体参数如表 6.1所示。

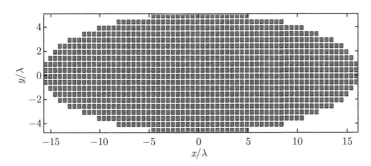

图 6.17　椭圆阵面结构示意图

表 **6.1**　雷达和天线阵面的参数设定

雷达及天线阵面参数	符号	取值
脉冲个数	M	12
阵元个数	N	1012
子阵个数	L	8
阵面行数	N_r	20
阵面列数	N_c	64
雷达相对高度/km	H	3
载波频率/GHz	F_c	10
脉冲重复频率/KHz	PRF	12
雷达平台运动速度/(m/s)	(v_x, v_y, v_z)	(0,90,0)
视线方向/(°)	φ	30

采用经典的常伽马模型仿真单个距离环内的杂波，设所关心的杂波环与雷达相距 $R = 10\text{km}$，根据表 6.1的参数设定，图 6.18(a) 给出了该椭圆阵列的方向

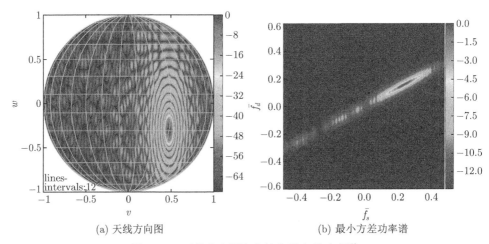

(a) 天线方向图　　　　　　　　　(b) 最小方差功率谱

图 6.18　天线方向图和杂波和噪声的功率谱

图，波束的指向角为 $\varphi_b = 30°$，$\theta_b \approx 18°$。图 6.18(b) 给出了正侧视情况下的杂波的最小方差谱，为了简化分析，忽略背瓣杂波。可以看出单个距离环内杂波的能量是分散在不同方位、不同多普勒上的，通过空域和多普勒域的滤波处理可以有效地抑制杂波。教科书中原理性的仿真通常较为简单，杂波的功率通常会集中在图 6.18(b) 的 $(-0.5, -0.5)$ 到 $(0.5, 0.5)$ 的对角线上，而本书充分考虑了地球曲率、机载平台的高度和波束电扫描等因素，对于 $R = 10\mathrm{km}$ 上的距离环杂波，其相对于阵面的最大扫描角在方位上并没有达到 $90°$（图 6.18(a)），因而其功率谱的分布并不会出现在所有的空间频率 $\bar{f}_s$ 上。

2）算法参数

利用 6.5.3 节所提出的蚁群优化算法对子阵划分进行优化。该算法中存在诸多算法参数，因此如何确定这些参数的取值是一个需要解决的问题。一种简单的处理方式是直接采用现有文献中普遍采用的默认参数。本书将针对具体问题讨论算法参数的设置问题。

蚁群优化算法的核心是信息素浓度的更新机制，主要参数 ρ 和 β 的设定尤为关键。而其他参数可以参考文献或直接给出简单的设置：$P_s = 10$，$K = 100$，$\tau_{\min} = 0.1$，$\tau_{\max} = 0.9$，$\eta_{\max} = 0.9$，$\alpha = 2$。

为了确定最优的 ρ 和 β 的取值，沿用第 5 章所提到的"训练样本"的方法。对于一个小型的阵面（136 个阵元、6 个子阵）[①]，文献 [24] 给出了其最优的子阵划分方案。本书基于该实例，选取多组 (ρ, β) 的取值，做了大量的数值仿真，仿真结果统计在表 6.2中。

表 6.2　1000 次算法测试中"成功"次数的统计

ρ	0.05	0.1	0.15	0.2	0.25	0.3	0.35	0.4	0.45	0.5	0.55	0.6	0.65
$\beta=1$	928	898	873	857	855	830	837	828	846	863	853	925	953
$\beta=1.5$	952	936	918	923	904	901	893	881	894	885	926	955	984
$\beta=2$	943	936	947	915	924	918	915	901	929	954	959	978	999
$\beta=2.5$	896	894	923	895	894	906	906	916	895	947	983	992	998
$\beta=3$	820	838	839	846	861	856	869	832	865	945	982	996	999
$\beta=3.5$	679	717	763	735	756	775	753	758	777	902	970	997	1000
$\beta=4$	513	586	610	645	641	625	669	662	644	815	954	995	998
$\beta=4.5$	379	440	499	473	475	517	479	511	515	728	880	965	990
$\beta=5$	283	344	376	374	402	361	385	396	390	582	792	920	983
$\beta=5.5$	209	281	240	273	252	288	269	306	282	477	686	831	937

对于每一组 (ρ, β) 的取值，重复运行 1000 次优化算法，并统计找到最优解的次数，统计结果如表 6.2所示（如果找到了最优解则称算法"成功"）。该表中，数

---

① 对小规模阵列的全局优化分析已发表在文献 [24]，具体细节可参考该文献，本书不再赘述。

值越大则算法的成功概率越大,对应 (ρ, β) 的取值越好。根据这些统计结果,本书选取 (ρ, β) 的取值为 $(0.65, 3.5)$。下面将最终确定的最佳参数组合应用到图 6.17 所示阵面的最优子阵划分研究中。

结合其他的算法参数,对图 6.17 所示阵面优化算法的参数取值总结在表 6.3 中。考虑到阵元个数增大了很多,将算法参数中的种群规模 P_s 增加至 50。下面如无特殊说明,算法的参数都按表 6.3 给出。

表 6.3　算法参数设置

参数	P_s	K	ρ	$\tau_{\min}$	$\tau_{\max}$	$\eta_{\max}$	α	β
取值	50	100	0.65	0.1	0.9	0.9	2	3.5

6.5.4.2　子阵划分的优化求解

假设阵面的划分具有左右对称性,因此只需要对一半的划分进行编码,这意味着本仿真实例中 $N_{\text{col}} = 32$。

图 6.19(a) 给出了算法搜索过程中适应值函数的变化情况。可以看出,随着搜索深度的增加,最优适应值迅速下降,这说明了本算法具有很好的“爬山”性能。最佳蚂蚁可以在几步迭代之后就得到。

不过,从算法的设计来看,该算法是存在一定的随机性的,每一次算法的运行都可能得出不同的结果。将算法独立运行 100 次,每次算法的最优适应值的变化都显示在图 6.19(b) 中,可以看出,在 30 步迭代内算法都收敛了,且收敛到相同的值,因此算法具有很好的稳健性。

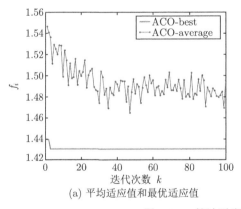
(a) 平均适应值和最优适应值

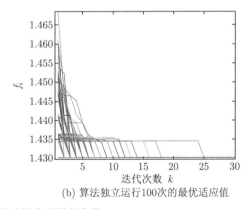
(b) 算法独立运行100次的最优适应值

图 6.19　算法适应值随搜索次数的变化

最优子阵划分方案最终由算法中的最优蚂蚁走过的路径给出。实验得到的最佳划分方案显示在图 6.20(a) 中。该划分方案对应的子阵划分切点集为 $\{4, 8, 14\}$。

6.5.4.3 性能分析

为了便于分析,将算法得出的最优划分方案与几种特殊的划分方案相比较,所有划分方案均显示在图 6.20 中。图 6.20(b) 给出的划分方案称为均匀划分方案,其子阵边界编号集合为 {8, 16, 24};图 6.20(c) 给出的划分方案的子阵边界编号集合为 {1, 2, 3};图 6.20(d) 给出的划分方案的子阵边界编号集合为 {15, 18, 22}。图中所给出的四种划分方案分别记为 design O (optimal)、design U (uniform)、design A 和 design B。

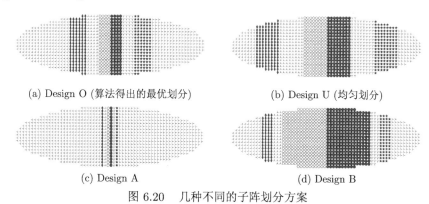

(a) Design O (算法得出的最优划分)   (b) Design U (均匀划分)

(c) Design A   (d) Design B

图 6.20　几种不同的子阵划分方案

理论上,当使用全阵空时自适应处理时,最优处理器的改善因子恰好为杂波噪声最小方差功率谱(图 6.18(b))的倒数。因此对于全阵空时自适应处理,其杂波脊之外的改善因子较为平坦。但是对于子阵级 STAP 而言,杂波噪声功率谱的空时分布随着子阵设计的改变而改变,尤其是在主波束之外的 IF 取值变得异常复杂。具体如图 6.21 所示。

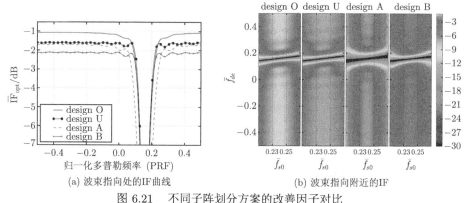

(a) 波束指向处的IF曲线   (b) 波束指向附近的IF

图 6.21　不同子阵划分方案的改善因子对比

首先观察波束指向处的杂波抑制性能。波束指向上多普勒域改善因子曲线统一绘制在图 6.21(a) 中。从图中可以看出优化后的天线设计对应的 IF 明显高于其他几种方案,而且其杂波凹口也是最窄的。

接下来观察波束指向附近的杂波抑制性能。图 6.21(b) 中给出了 $\bar{f}_{s0} - \bar{f}_{d0}$ 平面内 IF 的取值对比,$\bar{f}_{s0}$ 固定为波束指向处的归一化空间频率。可以看出,design O 的天线在主瓣内都具有最大的 IF 取值;design A 的 IF 取值具有最宽的杂波凹口;design B 的 IF 取值最小。这些结果是图 6.21(a) 的进一步补充,说明了经算法优化后,获得了较好的子阵结构的设计。

最后考虑波束指向发生变化,即波束电扫描的情况。在上述分析中波束指向都是固定在方位角 $\varphi_b = 30°$ 的情况下 (图 6.18(a)),然而在实际应用中,波束指向是可以通过单元级的移相器进行电扫描的。为了得出较为全面的分析,图 6.22进一步给出了波束扫描情况下最优子阵划分方案的改善因子。

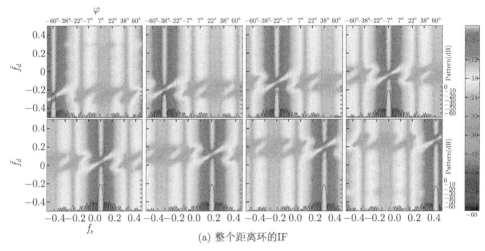

(a) 整个距离环的IF

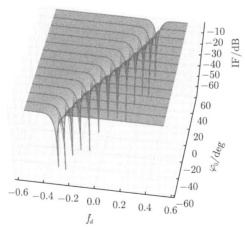

(b) 波束指向处的IF曲线

图 6.22   波束扫描情况下最优子阵划分方案的改善因子(见彩图)

图 6.22(a) 波束从 $-60°$ 扫描到 $60°$ 的过程中几种典型情况下的空时二维改善因子，波束俯仰角上的方向图剖面图也同时绘制在每一个子图中。图 6.22(b) 给出了 13 条 IF 曲线，分别对应 13 个不同波束指向处的杂波抑制性能，其波束指向的方位角分别为 $\{-60°, -50°, -40°, -30°, -20°, -10°, 0°, 10°, 20°, 30°, 40°, 50°, 60°\}$。可以看出 IF 的凹口随着扫描角的变化而改变，但在波束指向附近，IF 的凹口除了位置的变化外，其形状变化并不大。这些现象表明最优的子阵划分并不敏感于波束的扫描。

需要强调的是，IF 形状变化不大只说明了不同扫描角下子阵级 STAP 的处理得益基本不变，从扫描波束的增益变化可以看出，随着波束扫描角的增大，天线的增益下降，增益的下降必然会降低目标的检测性能。

6.6 本 章 小 结

本章研究了自适应阵列处理中的子阵技术，梳理了典型自适应处理的算法结构，重点研究了子阵技术的应用。以 SLC 技术和 STAP 技术为例对子阵级自适应处理做了深入的分析，结合不同的应用背景研究了子阵划分的优化设计问题。

（1）归纳了旁瓣对消技术、自适应波束形成技术、空时自适应处理技术等典型的自适应阵列处理技术的算法结构。着眼于子阵技术在这些自适应阵列处理中的应用，剖析了各类算法结构特点和应用场合。简而言之，旁瓣对消技术涉及主通道和辅助通道的设计；自适应波束形成技术可以看作是旁瓣对消技术的进一步扩展，所不同的是，不存在主/辅通道的差别，所有的通道都可以用于计算自适应权值；空时自适应处理技术进一步将空域的自适应处理扩展到了空时联合域，本书重点分析了子阵技术在其中的降维作用。

（2）以 SLC 技术和 STAP 技术为例分析了子阵级自适应处理方法，建立了信号模型，并分析了子阵级 SLC 技术和子阵级 STAP 技术中评价子阵划分优劣的性能指标，为子阵划分的优化设计奠定了基础。

（3）研究了 SLC 应用和 STAP 应用中的子阵划分优化问题。对于 SLC 技术，主通道和辅助通道的设计较为复杂。本书通过将第 3 章的准精确划分方法进行改进，提出了综合运用松弛单元和强迫单元及非规则子阵的优化设计方法。对于 STAP 技术，以列向划分为例，提出了基于最大—最小蚁群优化的子阵划分优化算法。仿真实例验证了本书方法的有效性。

本章提出的优化方法虽然仅以 SLC 技术和 STAP 技术为例，但其分析方法依然可以扩展到其他的自适应阵列处理中，例如，SLC 技术中使用的非规则子阵用于一般的自适应波束形成技术可以有效地抑制栅零点的影响，STAP 技术中的列向划分方法同样可以扩展到与行向划分方法相结合的子阵化分优化方法中。

参 考 文 献

[1] Nickel U. Overview of generalized monopulse estimation [J]. IEEE Aerospace and Electronic Systems Magazine, 2006, 21 (6): 27–56.

[2] Melvin W L, Scheer J A. Principles of Modern Radar: Advanced Techniques [M]. New York: SciTech Publishing, 2013.

[3] 王永良, 丁前军, 李荣锋. 自适应阵列处理 [M]. 北京: 清华大学出版社, 2009.

[4] Sherman S M, Barton D K. Monopulse Principles and Techniques [M]. 2nd ed. Boston: Artech House Boston, 2011.

[5] 周颖, 陈远征, 赵锋. 单脉冲测向原理与技术 [M]. 2 版. 北京: 国防工业出版社, 2013.

[6] 王永良, 彭应宁. 空时自适应信号处理 [M]. 北京: 清华大学出版社, 2000.

[7] 王军等译. 雷达手册 [M]. 2 版. 北京：电子工业出版社, 2003.

[8] Guercij R. Space-Time Adaptive Processing for Radar [M]. Boston: Artech House, 2003.

[9] Melvin W. A STAP overview [J]. IEEE Aerospace and Electronic Systems Magazine, 2004, 19 (1): 19–35.

[10] Klemm R. Principles of Space-Time Adaptive Processing[M]. 3rd ed. London: The Institution of Engineering and Technology, 2006.

[11] 保铮. 自适应天线旁瓣相消的几个主要问题 [J]. 西北电讯工程学院学报, 1980, (4): 1–17.

[12] 沈福民, 保铮. 自适应天线旁瓣相消系统辅助天线放置的研究 [J]. 西北电讯工程学院学报, 1984, (1): 1–12.

[13] 秦忠宇. 相控阵雷达的自适应旁瓣对消系统中的几个问题 [J]. 系统工程与电子技术, 1991, (10): 39–44.

[14] 任晞. 旁瓣对消 (SLC) 系统的理论研究与实现 [D]. 成都: 电子科技大学, 2002.

[15] 苏保伟, 王永良, 周良柱. 辅助天线不同排列形式及位置变化对 SLC 影响 [J]. 信号处理, 2005, 21 (4): 69–72.

[16] 张俊平, 宋万杰, 张子敬, 等. 自适应旁瓣相消的性能分析与仿真 [J]. 雷达科学与技术, 2008, 6 (6): 486–491.

[17] 甘泉, 孙学军, 唐斌. 基于二次组阵的低旁瓣波束形成方法 [J]. 通信技术, 2010, 43 (5): 26–29.

[18] 李琪. 某数字阵列雷达旁瓣对消系统设计与实测数据分析 [D]. 西安: 西安电子科技大学, 2011.

[19] 杨慧, 牟连云, 曹军亮. 对自适应旁瓣对消雷达的宽带干扰研究 [J]. 舰船电子对抗, 2011, 34 (1): 49–51.

[20] 邱朝阳, 刘铭湖, 饶妮妮, 等. 辅助天线配置对自适应旁瓣对消系统性能的影响 [J]. 数据采集与处理, 2013, 28 (2): 123–128.

[21] 杨晓华. 相控阵雷达辅助天线位置选取设计 [J]. 数据技术与应用, 2013, (4): 1–2.

[22] Barton D K. Radar Equations for Modern Radar [M]. Boston: Artech House, 2013.

[23] Farina A. Antenna-Based Signal Processing Tehcniques for Radar Systems [M]. Boston: Artech House, 1992.

[24] Xiong Z Y, Xu Z H, Zhang L, et al. A recursive algorithm for the design of array antenna in STAP application [C]. IET International Radar Conference, 2013: 1–5.

[25] Dorigo M, Maniezzo V, Colorni A. Ant system: optimization by a colony of cooperating agents [J]. IEEE Transactions on Systems, Man, and Cybernetics, Part B: Cybernetics, 1996, 26 (1): 29–41.

[26] Stützle T, Hoos H H. Max-min ant system [J]. Future Generation Computer Systems, 2000, 16 (9): 889–914.

[27] Dorigo M, Stutzle T. Ant Colony Optimization [M]. Cambridge: Massachusetts Institute of Technology Press, 2004.

[28] López-Ibánez M. Multi-objective ant colony optimization [D]. Darmstadt: Technische Universität Darmstadt, 2004.

[29] Oliveri G, Poli L. Optimal sub-arraying of compromise planar arrays through an innovative ACO-weighted procedure [J]. Progress in Electromagnetics Research, 2010, 109: 279–299.

[30] 束咸荣, 何炳发, 高铁. 相控阵雷达天线 [M]. 北京: 国防工业出版社, 2007.

第7章 结 束 语

7.1 研 究 总 结

本书致力于解决阵列雷达最优子阵划分及信号处理的难题。在深入挖掘阵列性能与子阵结构之间内在联系的基础上，建立最优子阵划分的数学模型，结合相关数学理论和优化方法，研究最优子阵划分的求解算法；系统地研究了子阵级波束形成、子阵级的自适应阵列处理等技术，以及相关的子阵结构设计问题，开发出实用的、性能优异的子阵技术。主要研究工作集中在以下几个方面。

1. 子阵级波束形成理论

在给出子阵技术内涵及使用方式的基础上，研究了子阵结构的数学表征方法，揭示了子阵技术对天线方向图性能的影响机理；建立了任意子阵结构的波束形成方法，推广了子阵相位中心的概念，将有限视场扫描、宽带宽角扫描、同时多波束等波束形成技术纳入到统一的理论框架下，为波束扫描技术的实际应用提供了指导；引入"格论"的数学工具给出了阵列雷达的子阵级波束形成原理。

2. 非规则子阵技术

提出了多联多边形的新型非规则子阵设计方案，得出了任意栅格分布的平面阵列非规则子阵设计模式，这种新型非规则子阵能够在兼顾工程实现难度的同时，较好地抑制栅瓣，获得性能优异的天线方向图。以精确覆盖理论为基础，提出了基于 X 算法的阵面精确划分和阵面准精确划分方法，两类划分方法将阵面的划分问题巧妙地转换为一个精确覆盖问题。结合天线方向图性能的分析对非规则子阵划分结果进行了量化研究。在兼顾天线阵元极化特性和工程实用性的基础上，结合量化分析结果进一步优化了非规则的子阵划分方案。针对最优子阵划分方案，提出了基于扫描电性能的遴选准则，并结合实测数据验证了有效性。最后，考虑到实际工程应用，提出了最优子阵级加权方法及大规模阵面背景下的分层设计方法。

3. 重叠子阵技术

推导了一维和二维的重叠子阵天线的方向图计算方法。提出了重叠子阵天线中阵列加权值的优化方法，该方法采用了交替优化的思想，将一个复杂的非凸优化问题转换为两个线性规划问题的交替求解，能够在较少的迭代步骤内获得单元级和子阵级的最优加权值。与传统的两级低副瓣加权方法相比，新方法能够获得更好的方向图。通过理论推导和仿真实验，指出了子阵级权值误差和单元级权值误差对方向图性能的影响机理，权值误差对方向图性能的影响主要体现在近旁瓣区域，而且以子阵级幅度加权误差的影响最为明显。研究工作对重叠子阵的系统设计具有指导性作用。

4. 单脉冲处理中的子阵技术

首先总结了常用的阵列单脉冲技术实现框架，分析了子阵技术在单脉冲技术中的应用方法，归纳得出和差方向图各自的子阵级综合方法。然后从提高和差方向图综合效果、进而获得较好的单脉冲性能的角度，研究了单脉冲应用中的子阵划分问题，揭示了聚类分析与和差方向图综合之间的关系，并提出了基于聚类算法的子阵划分优化方法。最后研究了子阵级的单脉冲处理方法，推导了广义单脉冲原理及其理论性能，结合子阵划分的优化结果研究了子阵级的单脉冲测角技术。

5. 自适应阵列处理中的子阵技术

总结了典型的自适应阵列处理的算法结构，给出了 SLC 技术、ADBF 技术和 STAP 技术等自适应阵列处理算法结构的演变特点，区分了各种典型处理结构之间的异同，重点分析了子阵技术在其中的使用准则。结合子阵技术特点研究了子阵级的自适应处理技术，针对子阵级处理的特殊性，给出了子阵级 SLC 技术和子阵级 STAP 技术的信号处理方法。最后研究了自适应阵列处理中的子阵划分优化问题，确定了描述子阵级自适应处理性能的指标函数，结合具体的应用提出了两种子阵划分方法，包括基于精确覆盖理论的 SLC 主、辅通道设计方法及基于蚁群优化的 STAP 阵面列向划分优化方法。

7.2 研究展望

阵列雷达系统设计和信号处理技术是一个内容丰富且非常具有挑战性的前沿和热点领域，具有巨大的发展潜力和广阔的应用前景。虽然研究取得了一些阶段性的进展和突破，但是还有很多问题需要进一步研究，下面从几个方面具体阐述。

1. 大型阵列非规则子阵设计

子阵技术最主要的优势体现在大型阵列雷达。所谓的"大型"只是一个定性的概念，随着雷达技术的发展，"大型"的概念也在不断地增长。在目前阶段"十万"量级可以称为"大型"阵列了，未来的星载阵列雷达规模可达"百万"量级。本书采用 X 算法来解决非规则子阵划分问题，理论仿真与实验研究的阵列规模大约是"百"量级，可以预计阵列规模越大，子阵优化算法越耗时。虽然松弛单元的使用能够较快地获得次优解，但是这种方法在求解较大规模的阵面划分时速度依然较慢。对于大型阵列雷达，书中提出了分层设计的思想。但如何进行最优分层设计依然没有深入系统的研究。总之，目前的研究距离解决"十万"乃至"百万"量级阵列雷达设计与处理问题依然有不小差距。

2. 子阵级重叠子阵设计

本书中研究了单元级重叠子阵技术，重点研究子阵内部和子阵间加权的交替优化问题，最终实现有限视场扫描及超低副瓣。研究展示了重叠子阵技术的理论性能优势，但是子阵内部需要进行功率分配与功率合成，此外还要考虑幅度加权问题，馈线网络设计比较复杂，尤其对于二维重叠子阵，因此限制了其在实际大型阵列雷达中的应用。如果将大型阵列首先划分成均匀的子阵，然后在子阵级进行重叠设计，将大大降低重叠子阵技术的工程复杂性，推动重叠子阵技术在大型阵列雷达中的应用。

3. 错位子阵及旋转子阵设计

错位子阵和旋转子阵均属于子阵级非周期结构布阵方式，子阵为大间距周期结构，单元间距大于半波长，因此子阵方向图具有周期性栅瓣。错位子阵技术就是将各个子阵在阵列孔径上随机平移，使得超阵阵因子在子阵栅瓣处增益最低，进而抑制子阵栅瓣[1]。旋转子阵技术就是将各个子阵旋转一定的角度，使得超阵阵因子在子阵栅瓣处增益最低，进而抑制子阵栅瓣。当然错位子阵技术和旋转子阵技术也可以同时应用。错位子阵和旋转子阵都要保证各个子阵不能重叠。错位子阵和旋转子阵只能工作在有限视场扫描模式。大单元间距排布成倍减少了阵列单元数目，比如对于二维阵列，若单元间距为两倍波长，那么与半波长布阵相比单元数降为原来的十六分之一，这种节约是相当可观的。

4. 共形阵列子阵技术

将阵列天线单元安装在雷达运载平台的表面，使得阵列天线与平台表面相吻合，称为共形阵列[4]。共形阵列的优势有：一是阵列天线对飞行器平台的气动性能影响不大，如机载预警雷达或弹载雷达；第二，某些应用场合可以增大天线的有效孔径，提高天线增益，如平流层飞艇载雷达。共形阵列雷达是现代雷达未来的发展趋势之一，共形阵列几何构型包括：球形、圆锥、圆柱及多面阵等。子阵技术在共形阵列领域具有天然的潜力和优势，本书的研究尚未涉及共形阵列中子阵设计及子阵级处理问题。

5. 互耦等非理想因素研究

本书的研究重点之一是阵列波束形成问题，主要是理想条件下的子阵划分与方向图计算方面。此外在第 3 章简单讨论了对称划分对交叉极化的抑制作用，在第 4 章对加权误差进行了简要的讨论，但总的说来对实际应用中存在的互耦特性、极化特性及其他非理想因素研究得不是很充分，需要进一步深入研究：互耦对阵列方向图电性能的影响及互耦的补偿校正方法；阵元极化特性及对子阵方向图、阵因子的影响；安装误差因素对子阵技术的影响机理及误差条件下方向图的优化设计[2]。这些问题都是子阵技术在实际应用中必须面对的。

6. 现代优化算法应用

从优化的观点来看，子阵划分是一个特殊的变量，相应的优化问题属于组合优化的范畴，传统优化方法难以应用，通常需要使用启发式求解算法。而当子阵划分固定后，其阵列加权值的优化通常为凸优化问题，具有有效的求解算法。第5章讨论单脉冲应用中的子阵划分优化时，使用了参考的和差波束加权，子阵级加权值采用了激励匹配准则，可以很容易地求出；第4章针对重叠子阵技术重点讨论了子阵划分方案固定的前提下，加权值的优化算法。事实上，可以将子阵划分的优化方法与权值的优化方法相结合，设计混合的优化方法实现对子阵划分和子阵加权的进一步优化。另外在子阵划分优化方法上，可以进一步考虑使用一些先进的现代优化方法。第6章基于蚁群优化的子阵划分优化方法中，借鉴了最大一最小蚁群的思想；文献中还提出了基于遗传算法的子阵划分优化方法。这些方法的成功应用说明现代优化理论具有解决子阵划分优化问题的潜力，下一步可以基于现代优化理论，研究更加有效的优化方法，毕竟追求高效的优化求解方法永无止境。

7. 子阵级信号处理研究

阵列信号技术的研究突飞猛进，理论成果丰硕。但是正如德国国防研究院杰出工程师 Nickel 所指出的[3]，现阶段大量阵列信号处理理论中真正应用到实际雷达系统中的却不多，主要原因是雷达处理各个模块相互依存，单纯的改善某个模块的性能没有太大意义，它强烈依赖该模块前、后信号处理环节。本书研究了单脉冲技术、旁瓣对消技术和空时处理技术，并根据信号处理性能对子阵划分方案进行设计。上述研究是从信号处理出发对阵列天线进行反设计。如果阵列天线采用了多联骨牌非规则子阵技术、重叠子阵技术、错位及旋转子阵技术，那么阵列雷达的抗干扰、单脉冲、空时处理如何设计，其处理性能如何？也就是说给定阵列天线设计方案，如何给出最优的阵列处理方案，这些都需要继续深入系统的研究。

8. 最优子阵技术的实验验证

阵列雷达最优子阵技术研究的深化离不开实验系统的开发与内外场试验。为了充分发挥子阵技术的优势，探索并解决子阵技术在实际应用中出现的新问题，需要开展基于子阵技术的天线设计、子阵级信号处理等关键技术的实验验证，为子阵技术的工程应用奠定理论与技术基础。以非规则子阵技术为例，首先加工八联骨牌非规则子阵，拼接成矩形阵列天线。然后在暗室测试其波束性能参数，包括：峰值副瓣电平、扫描增益损失、最大扫描角度等，并与理论值进行对比，找出差异的原因，并加以解决。内场测试成功以后，开展外场试验，验证子阵级阵列信号处理算法，包括抗干扰、单脉冲等基本能力，分析抗干扰性能及单脉冲测角精度并与理论性能对比，找出原因并加以改进。一旦内场和外场试验均获得成功，那么非规则子阵技术就可以应用到实际阵列雷达装备中去。

参 考 文 献

[1]　Krivosheev Y V, Shishlov A V, Denisenko V V. Grating lobe suppression in aperiodic phased array antennas composed of periodic subarrays with large element spacing [J]. IEEE Antennas & Propagation Magazine, 2015, 57 (1): 76–85.

[2]　王建, 郑一农, 何子远. 阵列天线理论与工程应用 [M]. 北京：电子工业出版社, 2015.

[3]　Klemm R, Nickel U, Gierull C. Novel Radar Techniques and Applications [M]. New York: Publishing of SciTech, 2017.

[4]　Lars J, Patrik P. 共形阵列天线理论与应用 [M]. 肖绍球, 刘元柱, 宋银锁译. 北京：电子工业出版社, 2012.

附录 A　子阵级移相器最优加权的计算

本附录给出用于确定子阵级的最优移相器加权值定理。

定理 A.1　定义函数 $f : \mathbb{R}^n \to \mathbb{C}$ 为

$$f(\boldsymbol{x}) = \sum_{i=1}^{n} [\rho_i e^{\mathrm{j}(\overline{\theta} + x_i)}] \tag{A.1}$$

其中，对于 $\forall i \in \{1, \cdots, n\}$，有 $\rho_i \geqslant 0$，且 $\displaystyle\sum_{i=1}^{n} \rho_i \neq 0$，$\overline{\theta} = \dfrac{\displaystyle\sum_{i=1}^{n}(\rho_i \theta_i)}{\displaystyle\sum_{i=1}^{n} \rho_i}$，$\theta_i = \overline{\theta} + x_i$。

则函数 f 在 $\boldsymbol{0}$ 点处的一阶近似为

$$\sum_{i=1}^{n} \rho_i e^{\mathrm{j}\overline{\theta}} \tag{A.2}$$

证明　根据函数 f 的定义，我们有

$$
\begin{aligned}
f(\boldsymbol{x}) &= e^{\mathrm{j}\overline{\theta}} \sum_{i=1}^{n} (\rho_i e^{\mathrm{j}x_i}) \\
&= e^{\mathrm{j}\overline{\theta}} \sum_{i=1}^{n} \rho_i (1 + \mathrm{j}x_i + O(x_i^2)) \\
&= \sum_{i=1}^{n} \rho_i e^{\mathrm{j}\overline{\theta}} + j \sum_{i=1}^{n} \rho_i x_i e^{\mathrm{j}\overline{\theta}} + \sum_{i=1}^{n} O(x_i^2)
\end{aligned} \tag{A.3}
$$

其中，$O(x_i^2)$ 为 x_i^2 的同阶无穷小量。注意到

$$\sum_{i=1}^{n} \rho_i x_i = \sum_{i=1}^{n} \rho_i(\theta_i - \overline{\theta}) = \sum_{i=1}^{n} \rho_i \overline{\theta} - \sum_{i=1}^{n} \rho_i \overline{\theta} = 0 \tag{A.4}$$

以及

$$\sum_{i=1}^{n} O(x_i^2) = O(\|\boldsymbol{x}\|^2) \tag{A.5}$$

因此

$$f(\boldsymbol{x}) = \sum_{i=1}^{n} \rho_i \mathrm{e}^{\mathrm{j}\overline{\theta}} + O(\|\boldsymbol{x}\|^{\boldsymbol{2}}) \tag{A.6}$$

故 $\sum\limits_{i=1}^{n} \rho_i \mathrm{e}^{\mathrm{j}\overline{\theta}}$ 是函数 $f(\boldsymbol{x})$ 在 $\boldsymbol{0}$ 处的一阶近似。   ∎

附录 B 两个重要等式

1. 等式一

结合卷积和相移运算的定义及其运算优先级的规定，有如下等式成立：

$$
\begin{aligned}
\left(s^0 \frown \boldsymbol{f}_\Delta * h\right)_n &= \left(\left(s^0 \frown \boldsymbol{f}_\Delta\right) * h\right)_n \quad \text{（优先级的规定）}\\
&= \sum_m (s \frown \boldsymbol{f}_\Delta)_{n-m} h_m \quad \text{（卷积定义）}\\
&= \sum_m s_{n-m} \mathrm{e}^{-\mathrm{j}2\pi \boldsymbol{f}_\Delta(n-m)} h_m \quad \text{（相位延迟定义）}\\
&= \left(\sum_m s_{n-m} \mathrm{e}^{\mathrm{j}2\pi \boldsymbol{f}_\Delta m} h_m\right) \mathrm{e}^{-\mathrm{j}2\pi \boldsymbol{f}_\Delta n}\\
&= \sum_m s_{n-m} (\boldsymbol{f}_\Delta \frown h)_m \mathrm{e}^{-\mathrm{j}2\pi \boldsymbol{f}_\Delta n} \quad \text{（调向的定义）}\\
&= (s * (\boldsymbol{f}_\Delta \frown h))_n \, \mathrm{e}^{-\mathrm{j}2\pi \boldsymbol{f}_\Delta n} \quad \text{（调向的定义）}\\
&= \left(s^0 * (\boldsymbol{f}_\Delta \frown h) \frown \boldsymbol{f}_\Delta\right)_n \quad \text{（相位延迟的定义）}
\end{aligned}
\tag{B.1}
$$

该式揭示了一个非常重要的等式，本书称其为"相移等式"：

$$
s^0 \frown \boldsymbol{f}_\Delta * h = s^0 * (\boldsymbol{f}_\Delta \frown h) \frown \boldsymbol{f}_\Delta
\tag{B.2}
$$

特殊地，当 n 取 0 时，即得式 (4.27)。

2. 等式二

结合卷积、抽取和插值运算及相应的优先级规定，给出另一个非常重要的等式：

$$
s * h \downarrow \mathbf{R} * g = s * (h * \mathbf{R} \uparrow g) \downarrow \mathbf{R}
\tag{B.3}
$$

式 (B.3) 的简单证明如下。

对于式 (B.3) 左边：

$$
(s * h \downarrow \mathbf{R} * g)_n = \sum_k g_k \left[\sum_m s_m h_{\mathbf{R}l-m}\right]_{l=n-k}
\tag{B.4}
$$

对于 (B.3) 式右边：

$$
(s * (h * \mathbf{R} \uparrow g) \downarrow \mathbf{R})_n = \sum_m s_m \left[\sum_k g_k h_{l-\mathbf{R}k}\right]_{l=\mathbf{R}n-m}
\tag{B.5}
$$

显然

$$\sum_k g_k \left[\sum_m s_m h_{\mathbf{R}l-m} \right]_{l=n-k} = \sum_m s_m \left[\sum_k g_k h_{l-\mathbf{R}k} \right]_{l=\mathbf{R}n-m} \tag{B.6}$$

因此式 (B.3) 成立。

附录 C 激励匹配和方向图匹配之间的等价关系分析

对于一个全向阵元组成的天线阵列，其天线方向图为 $(\tilde{\boldsymbol{w}}^{\mathrm{ele}})^{\mathrm{H}}\boldsymbol{a}(\boldsymbol{u})$，下面将 $\tilde{\boldsymbol{w}}^{\mathrm{ele}}$ 简记为 $\boldsymbol{w}$。将可见区的方位余弦坐标表示记为 Ω，对于线阵，$\boldsymbol{u}=u$，且 Ω 为 $-1 \leqslant u \leqslant 1$；对于面阵，$\boldsymbol{u}=(u,v)$，且 Ω 为 $u^2+v^2 \leqslant 1$。

天线方向图于天线的激励权值之间的关系可以用映射 $\mathrm{T}:\mathbb{C}^N \to C(\Omega)$ 表示，即 $\mathrm{T}(\boldsymbol{w})=F(\boldsymbol{u})=\boldsymbol{w}^{\mathrm{H}}\boldsymbol{a}(\boldsymbol{u})$，其中 $C(\Omega)$ 所有定义在 Ω 上的连续函数。可知 T 是一个线性映射，因为 $\mathrm{T}(\alpha\boldsymbol{w}_1+\beta\boldsymbol{w}_2)=\alpha\mathrm{T}(\boldsymbol{w}_1)+\beta\mathrm{T}(\boldsymbol{w}_2)$。

对于 $C(\Omega)$ 的 $\mathscr{L}_2$ 范数，有

$$
\begin{aligned}
\|F(\boldsymbol{u})\|^2 &= \int_{\Omega} \boldsymbol{w}^{\mathrm{H}}\boldsymbol{a}(\boldsymbol{u})\boldsymbol{a}(\boldsymbol{u})^{\mathrm{H}}\boldsymbol{w}\mathrm{d}\boldsymbol{u} \\
&= \boldsymbol{w}^{\mathrm{H}}\left(\int_{\Omega}\boldsymbol{a}(\boldsymbol{u})\boldsymbol{a}(\boldsymbol{u})^{\mathrm{H}}\mathrm{d}\boldsymbol{u}\right)\boldsymbol{w} \\
&= \boldsymbol{w}^{\mathrm{H}}\boldsymbol{P}\boldsymbol{w}
\end{aligned}
\tag{C.1}
$$

其中，矩阵 $\boldsymbol{P}$ 的第 m 行第 n 列元素为 $C_{mn}=\int_{\Omega}\exp\left\{\mathrm{j}\dfrac{2\pi}{\lambda}(\boldsymbol{r}_m-\boldsymbol{r}_n)^{\mathrm{T}}\boldsymbol{u}\right\}\mathrm{d}\boldsymbol{u}$。

矩阵 $\boldsymbol{P}$ 可以简单地近似为单位矩阵，此时 T 是一个线性保范映射，因此

$$
\|\boldsymbol{w}_1-\boldsymbol{w}^{\mathrm{ref}}\| < \|\boldsymbol{w}_2-\boldsymbol{w}^{\mathrm{ref}}\| \Leftrightarrow \|F_1-F^{\mathrm{ref}}\| < \|F_2-F^{\mathrm{ref}}\|
\tag{C.2}
$$

其中，$F_1=\mathrm{T}(\boldsymbol{w}_1)$，$F_2=\mathrm{T}(\boldsymbol{w}_2)$ 以及 $F^{\mathrm{ref}}=\mathrm{T}(\boldsymbol{w}^{\mathrm{ref}})$。根据式 (C.2)，权值空间的逼近等价于方向图空间的逼近，也就是说，激励匹配和方向图匹配是等价的。

实际上，$\boldsymbol{P}$ 的取值取决于阵元的空间分布特征，下面给出两种典型情况下矩阵 $\boldsymbol{P}$ 的计算结果。

情况一：均匀线阵，阵元间距为半波长。对于这种情况，有

$$
\begin{aligned}
C_{mn} &\stackrel{\mathrm{ULA}}{=} \int_{\Omega}\mathrm{e}^{\mathrm{j}\frac{2\pi d}{\lambda}(m-n)u}\mathrm{d}u \\
&\stackrel{d=\lambda/2}{=} 2\frac{\sin\pi(m-n)}{\pi(m-n)}
\end{aligned}
\tag{C.3}
$$

因此，$\boldsymbol{P}=2\boldsymbol{I}$，且

$$
\|F(u)\|^2 = 2\|\boldsymbol{w}\|^2
\tag{C.4}
$$

情况二：平面阵。定义 $\bar{r}_{mn} \overset{\text{def}}{=} \dfrac{r_m - r_n}{\lambda}$，其中，$\bar{r}_{mn,x}$，$\bar{r}_{mn,y}$ 是阵元位置 $\bar{r}_{mn}$ 在阵面坐标系中的坐标分量，则

$$
\begin{aligned}
C_{mn} &= \int_{\Omega} \mathrm{e}^{\mathrm{j}\frac{2\pi d}{\lambda}(r_m - r_n)^{\mathrm{T}} u} \mathrm{d}u \\
&= \iint_{u^2 + v^2 \leqslant 1} \mathrm{e}^{\mathrm{j}2\pi(\bar{r}_{mn,x}u + \bar{r}_{mn,y}v)} \mathrm{d}u\mathrm{d}v
\end{aligned} \tag{C.5}
$$

在可见区内，令 $u = \rho\sin\varphi$，$v = \rho\cos\varphi$，$\xi = \arctan\dfrac{\bar{r}_{mn,y}}{\sqrt{\bar{r}_{mn,x}^2 + \bar{r}_{mn,y}^2}}$，可得

$$
\begin{aligned}
C_{mn} &= \int_0^1 \rho \int_0^{2\pi} \mathrm{e}^{\mathrm{j}2\pi\|\bar{r}_{mn}\|\rho\sin(\varphi+\xi)} \mathrm{d}\varphi\mathrm{d}\rho \\
&= \int_0^1 2\pi\rho J_0(2\pi\|\bar{r}_{mn}\|\rho)\mathrm{d}\rho \\
&= \frac{J_1(2\pi\|\bar{r}_{mn}\|)}{\|\bar{r}_{mn}\|}
\end{aligned} \tag{C.6}
$$

其中，J_0、J_1 分别为 0 阶和 1 阶贝塞尔函数。注意到 $P \approx \pi I$，因此

$$
\|F(u)\|^2 \approx \pi\|w\|^2 \tag{C.7}
$$

假设所有阵元都分布在格上（即第 2 章的阵元位置格），则阵列方向图为正弦空间坐标系中的周期函数，其周期性由第 2 章的阵因子周期格确定。图 C.1 给出了两种阵元典型分布情况下的方向图的周期性，其中矩形栅格情况下阵元间距为 $\lambda/2$，三角栅格分布情况下阵元间距为 $\lambda/\sqrt{3}$。图中由经纬度栅格标注的圆为可见区，即 $u^2 + v^2 \leqslant 1$。

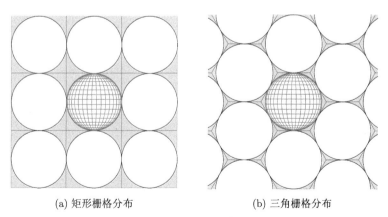

(a) 矩形栅格分布　　　　　　　　　　　(b) 三角栅格分布

图 C.1　两种阵元典型分布情况对应的 $F(u)$ 的周期性示意图

图 C.1中最小的正方形和正六边形区域分别为两种情况下 $F(\boldsymbol{u})$ 的最小正周期。对于图 C.1(a) 所示的阵元矩形栅格分布的情况,有 $\int_{\text{single-period}} \boldsymbol{a}(\boldsymbol{u})\boldsymbol{a}(\boldsymbol{u})^{\mathrm{H}}\mathrm{d}\boldsymbol{u} = 4\boldsymbol{I}$;对于图 C.1(b),则有 $\int_{\text{single-period}} \boldsymbol{a}(\boldsymbol{u})\boldsymbol{a}(\boldsymbol{u})^{\mathrm{H}}\mathrm{d}\boldsymbol{u} = 2\sqrt{3}\boldsymbol{I}$。因此激励匹配和方向图匹配在二范数意义下等价(其中方向图应为单周期区域内的方向图)。事实上,T 是傅里叶变换,因此在其单周期内是线性保范的。

彩 图

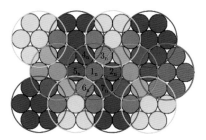

图 1.22 EADS 星载天线阵面重叠子阵划分示意图

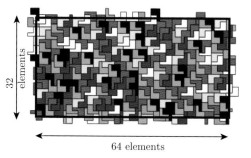

(a) 文献首次提出的八联骨牌阵面划分

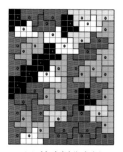

(b) 精确划分实例

图 1.29 Mailloux 提出的典型的多联骨牌阵面划分

图 1.30 阵面划分方案的遗传算法搜索结果 (64×64)

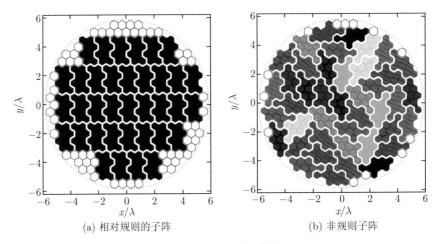

(a) 相对规则的子阵

(b) 非规则子阵

图 3.7　准精确划分实例

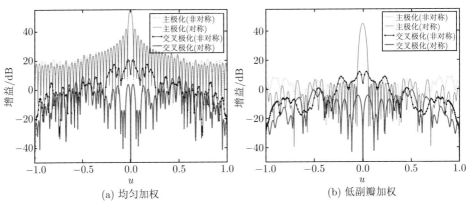

(a) 均匀加权

(b) 低副瓣加权

图 3.16　主极化和交叉极化方向图对比

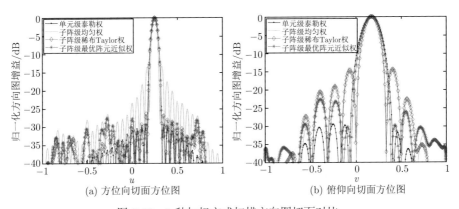

(a) 方位向切面方位图

(b) 俯仰向切面方位图

图 3.19　3 种加权方式扫描方向图切面对比

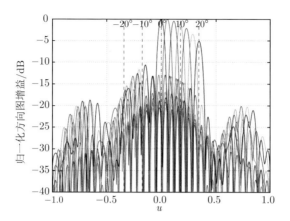

图 3.27   波束指向变化时方向图

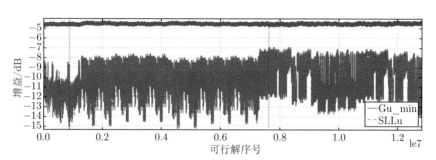

图 3.28   方位向电性能指标曲线，波束指向（20°,0°）

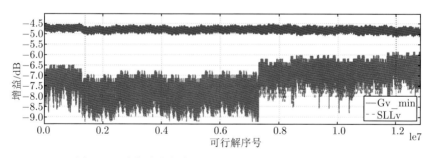

图 3.29   俯仰向电性能指标曲线，波束指向（0°,20°）

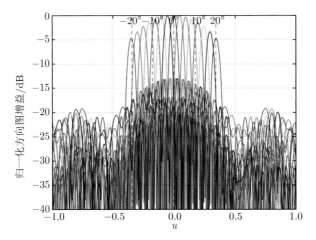

图 3.32　最优划分方案的波束扫描方向图

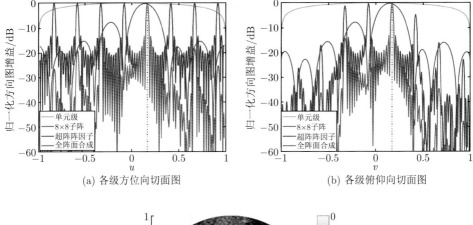

(a) 各级方位向切面图　　　　　　　　(b) 各级俯仰向切面图

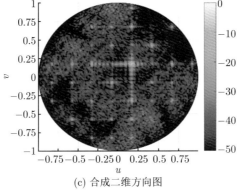

(c) 合成二维方向图

图 3.36　方案一扫描至 $[10°, 10°]$ 对应方向图

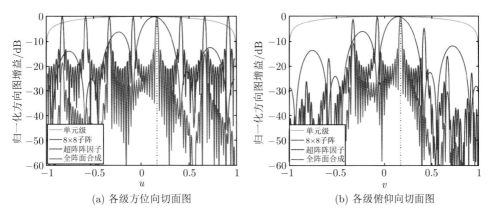

(a) 各级方位向切面图　　　　　　　　(b) 各级俯仰向切面图

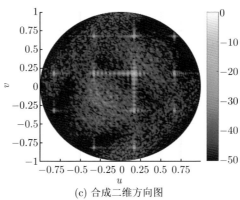

(c) 合成二维方向图

图 3.37　方案二扫描至$[10°, 10°]$对应方向图

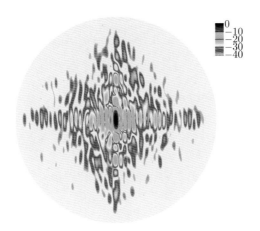

图 3.41　法向实测结果

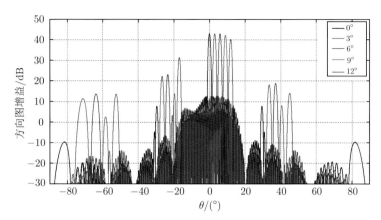

图 4.5　全阵综合方向图

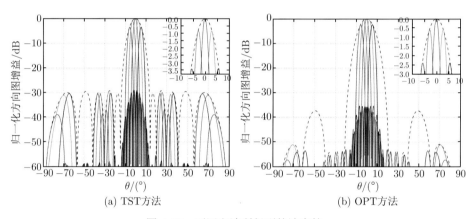

(a) TST方法

(b) OPT方法

图 4.16　不同方法所得到的波束簇

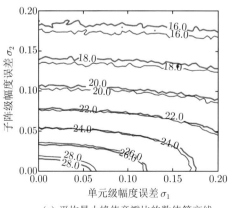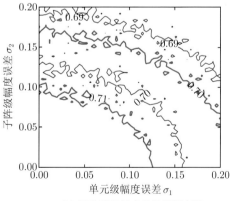

(a) 平均最小峰值旁瓣比的数值等高线

(b) 平均锥削效率的数值等高线

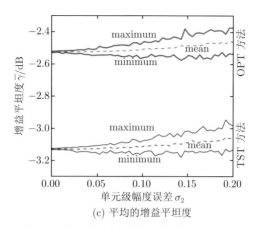

(c) 平均的增益平坦度

图 4.19　多次实验得到的方向图性能平均值

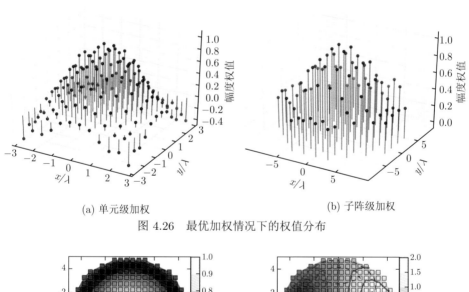

(a) 单元级加权　　　　　　　　　　　(b) 子阵级加权

图 4.26　最优加权情况下的权值分布

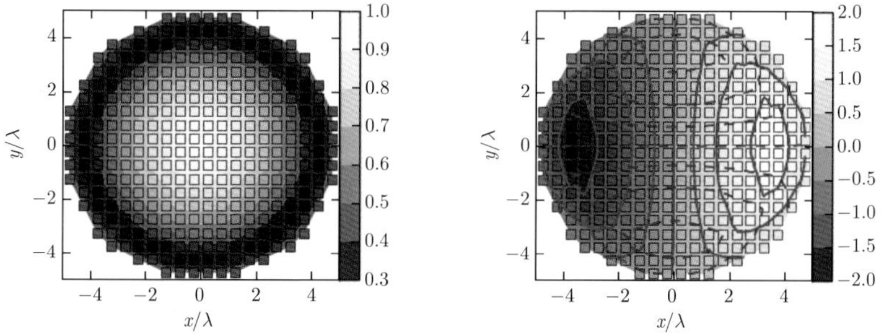

(a) Taylor加权分布　　　　　　　　　(b) $\mathcal{H}^{\text{da}}$分布及划分示意图

图 5.2　Nickel 划分方法示意图

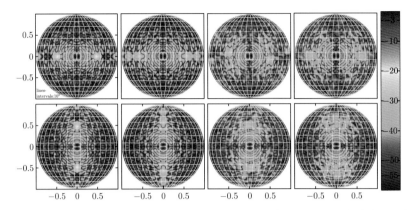

图 5.14 整个可见区内的差波束方向图对比（上：方位差波束；下：俯仰差波束；从左至右依次对应 NM、CPM-NM、CM、GCM）

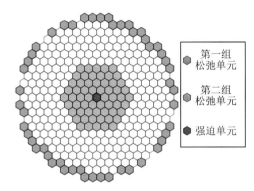

第一组
松弛单元

第二组
松弛单元

强迫单元

图 6.8 松弛单元和强迫单元的选取实例

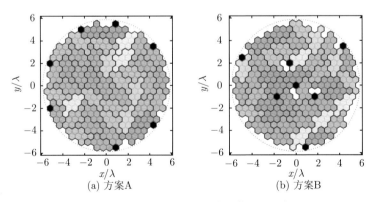

(a) 方案A

(b) 方案B

图 6.9 旁瓣对消系统的两种天线设计方案

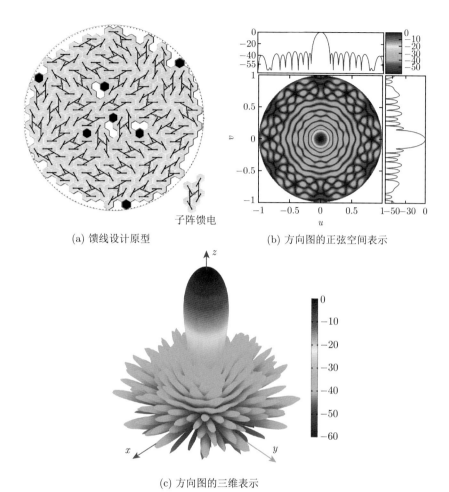

(a) 馈线设计原型   (b) 方向图的正弦空间表示

(c) 方向图的三维表示

图 6.10   方案 B 的阵列设计原型及方向图

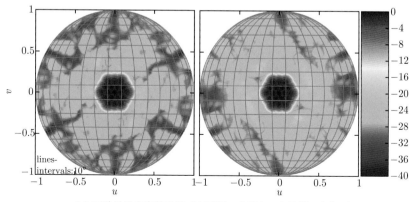

(a) 两种设计方案的对比（左子图：方案A；右子图：方案B）

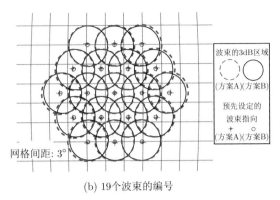

(b) 19个波束的编号

图 6.11　两种阵面划分方案得出的 19 个波束的波束簇

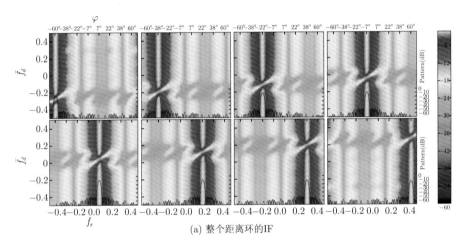

(a) 整个距离环的IF

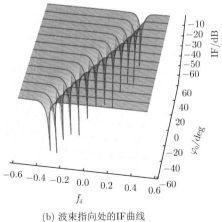

(b) 波束指向处的IF曲线

图 6.22　波束扫描情况下最优子阵划分方案的改善因子